ro
ro
ro

ro
ro
ro

Einst zweifelten nur bibeltreue Amerikaner, inzwischen hat sich ihnen sogar der Wiener Kardinal Christoph Schönborn angeschlossen: Die Theorien vom Urknall und der Evolution, die für das moderne Wissen vom Anfang der Welt und des Lebens stehen, geraten in die Kritik. Reichen sie aus, um die Vielfalt der Gestirne und des Lebens zu erklären? Oder war da nicht doch ein Gott am Werk, der die Naturgesetze so klug formulierte, dass sich aus Atomen Moleküle und aus Molekülen unser Leben entwickeln konnte? Henning Genz fasst in seinem Buch zusammen, was die moderne Naturwissenschaft über die Entstehung des Kosmos und des Lebens zu sagen hat. Das perfekte Zusammenspiel von Naturgesetzen und Naturkonstanten im Makro- und Mikrokosmos ist tatsächlich staunenswert – aber man braucht keinen Gott, um es zu erklären. Und würde die Wissenschaft überall dort, wo sie noch vor offenen Fragen steht, einen geheimnisvollen Gott unterstellen, gäbe sie sich selbst auf. Dieses Buch kommt zur rechten Zeit, um die Trennungslinie zwischen Wissen und Glauben noch einmal deutlich nachzuziehen.

Henning Genz, geboren 1938 in Braunschweig, lehrte bis zu seiner Pensionierung 2003 am Institut für Theoretische Teilchenphysik der Universität Karlsruhe.

Henning Genz

War es ein Gott?

Zufall, Notwendigkeit und Kreativität in der Entwicklung des Universums

Rowohlt Taschenbuch Verlag

Veröffentlicht im Rowohlt Taschenbuch Verlag,
Reinbek bei Hamburg, September 2008

Umschlaggestaltung ZERO Werbeagentur, München
(Illustrationsnachweis: Andrew Judd / Masterfile)
Satz LexiconNo1 (InDesign)
Gesamtherstellung CPI – Clausen & Bosse, Leck
Printed in Germany
ISBN 978 3 499 62382 0

Woher stammen [...] die Ordnung und Schönheit,
die wir in der Natur erblicken?
[Newton 1979a, S. 369]

Was mich eigentlich interessiert, ist,
ob Gott die Welt hätte anders machen können;
das heißt, ob die Forderung der logischen Einfachheit
überhaupt eine Freiheit lässt.
Albert Einstein, zitiert nach [Straus 1956 a]

Wenn Sie religiös sind, dann ist es so,
als ob man das Antlitz Gottes sähe.
Der amerikanische Astrophysiker George Smoot
am 23. April 1992 bei der Vorstellung der Daten des
Satelliten COBE, deren Verfeinerung durch den
Satelliten WMAP die Abb. 21 zeigt. Zitiert nach
[Singh 2005a, S. 470]

War es ein Gott der diese Zeichen schrieb?
[Goethe 1994a, S. 471]

Inhalt

1 *Einleitung*

Auf dem Niveau des alltäglichen Lebens sind die Effekte der Quantenmechanik – charakterisiert durch die Planck'sche Konstante *h* – und der Speziellen Relativitätstheorie – charakterisiert durch die Lichtgeschwindigkeit *c* – unmerklich klein. Fragt man aber, worauf die Eigenschaften unserer Lebenswelt beruhen, so zeigt sich, dass es gerade die unmenschliche Kleinheit von *h* und die Größe von *c* sind, die diese Eigenschaften bestimmen – und zwar, zusammen mit anderen Naturkonstanten, so, dass Leben möglich ist. Die gegenseitige Anziehung von Massen, charakterisiert durch Newtons Gravitationskonstante *G*, bestimmt die Eigenschaften der Welt im Großen – die Bildung von Planetensystemen und Galaxien. Sie hat zumindest einen Planeten ermöglicht, der so groß ist, dass er dem Leben hinreichend Raum bietet und eine Atmosphäre festhalten kann, aber nicht so groß, dass seine niederdrückende Schwerkraft Leben auf ihm unmöglich machen würde.

Wir wissen, dass die Oase der Werte der Naturkonstanten, die unser Leben ermöglichen, von einer Wüste von Werten umgeben ist, die eben dies nicht tun – Leben ermöglichen. Ob es auch andere solche Oasen in oder jenseits dieser lebensfeindlichen Wüste gibt, wissen wir nicht. Sicher ist aber unsere Form des Lebens von anderen Formen, wenn es sie denn gibt, durch Lücken im Raum der Werte der Naturkonstanten geschieden. Statt durch ihre Leben ermöglichende Wirkung will Steven Weinberg (Physiknobelpreis 1973) die möglichen Werte von Naturkonstanten durch ihre logische Konsistenz eingeschränkt wissen: Ihre tatsächlichen, selbstverständlich logisch konsistenten Werte sind laut Weinberg von allen anderen, ebenfalls logisch konsistenten, durch Lücken – wir sagen Wüsten – von Werten geschieden, die der logischen Konsistenz entbehren. Die Naturgesetze mit ihren Werten der Naturkonstanten vergleicht Weinberg mit einem Stück feines Porzellan, das man nicht verbiegen kann, ohne es zu zerbrechen.

Dieses Buch widmet sich der Frage, wie jene Eigenschaften des Universums erklärt werden können, die die Fülle des Lebens möglich machen. Beruhen sie auf Zufall, Notwendigkeit oder einem Zusammenspiel beider? Kann die Physik angesichts der Entdeckung des letzten Jahrzehnts, dass eine unerklärte Kraft den Kosmos *beschleunigt* expandieren lässt, ihren Traum von der Einheit des Universums weiterträumen? Dass nämlich alle Eigenschaften des Universums schlussendlich durch parameterfreie, auf nichts als Prinzipien beruhende Naturgesetze verstanden werden können? Oder muss sie zugeben, dass das uns zugängliche Universum nur ein Teil eines unendlich viel größeren Multiversums ist, das sowohl lebensfreundliche als auch lebensfeindliche Universen in sich vereinigt? Von denen wir selbstverständlich nur in einem lebensfreundlichen auftreten und uns erhalten konnten? Wie es außer dem einen, lebensfreundlichen Planeten, den wir bewohnen, andere, lebensfeindliche gibt, die wir nicht bewohnen könnten? Letztlich geht es nicht darum, dass das Leben nur in lebensfreundlichen Nischen aufgetreten ist und sich erhalten konnte – das ist selbstverständlich –, sondern darum, dass es überhaupt derartige Nischen geben kann und gibt.

Was aber zeichnet «unser» Leben vor anderen Lebensformen wie denen der Hunde, Fliegen oder der Bakterien, ja vor der notwendigen Bedingung allen bekannten Lebens, dem Element Kohlenstoff, so sehr aus, dass wir uns über die Enge der Parameterwerte der Naturkonstanten und der Anfangsbedingungen des Universums, die dies alles gleichermaßen erlauben, vor allem deshalb wundern, weil sie «uns» hervorbringen konnten? Uns, die wir uns darüber wundern *können*? Vor allem zeichnet unsere Lebensform nämlich aus, dass wir *Beobachter* sind. Auf der Erde sind wir allemal die Einzigen, im gegenwärtig beobachtbaren Universum vielleicht ebenfalls. Beobachter wie wir sein zu können stellt die höchsten, uns bisher als realisiert bekannten Anforderungen an die Komplexität eines Gebildes, an das Gehirn des Menschen.

Auf der Stufenleiter vom Kohlenstoff über Bakterien, Fliegen, Hunde bis zu dem Menschen mit seinem Gehirn nimmt die Komplexität zu. Die Fähigkeit, sich und seine Art selbst zu erhalten, beginnt irgendwo zwischen dem Kohlenstoff und den Bakterien. Auf den Stufen zwischen den Bakterien, der Fliege und dem Hund sind komplexe Organe wie Augen und Gehirne entstanden. Was auch immer genau wir unter Intelligenz verstanden wissen wollen, wir sind doch berechtigt und verpflichtet, den Hunden, Affen, Delphinen und Papageien, nicht aber den Insekten Intelligenz zuzusprechen. Zweifelsfrei ist ein Hund intelligent, der Stofftiere dadurch herausfindet, dass sie ihm noch nicht vorgestellt worden sind. Aber ein *Beobachter* ist der Hund nicht. *Wir*, und nur wir, sind auf Erden Beobachter, sodass wir mit viel Recht und grundsätzlich Welten dadurch unterscheiden, ob sie Entwicklung und Erhalt von Beobachtern zulassen – gar erzwingen? Dem Argument, den Menschen zeichne vor allen anderen Lebewesen (auch?) aus, dass allein er Bewusstsein besitzt, erwidere ich, dass das zwar so sein mag, die Unterscheidung durch «Beobachter sein» aber klarer ist, als sie durch «Bewusstsein besitzen» sein kann. Einvernehmlich und präzise zu sagen, was unter einem Beobachter zu verstehen sei, mag schwerfallen, ist aber nicht unmöglich. Aber unter einem Besitzer von Bewusstsein? Immerhin erkenne ich dem Hund, den offenbar ein schlechtes Gewissen quält, weil er die Hühnerleber vom Küchentisch gefressen hat, Bewusstsein zu.

Indem wir die Eigenschaft des Menschen, Beobachter zu sein, von allen uns bekannten Eigenschaften auf der nach oben offenen Skala des Staunens am höchsten bewerten, erkennen wir dieser Eigenschaft ein Eigenleben zu, das sie vom Menschen unabhängig macht. Bei Wesen, die sie auf Silizium statt Kohlenstoff als materieller Basis besäßen, müssten wir sie gleich hoch bewerten. Vom Menschen abstrahierend, ist die Fähigkeit, Beobachter hervorzubringen, die erstaunlichste Eigenschaft des Universums. Für dasjenige, was wir weiterhin zu sagen haben werden, reicht aber die Fähigkeit des Universums, *intelligentes* Leben hervorzubringen, aus. Zu seiner Fähigkeit, Kohlenstoff, Leben überhaupt und dann Bakterien auftreten zu lassen, muss etwas naturwissenschaftlich im Prinzip Benennbares, etwa die Photosynthese, hinzukommen, wenn auch noch intelligentes Leben auftreten soll – was genau das sein könnte, wissen wir nicht. Gibt es aber intelligentes Leben, hängt dessen Entwicklung hin zu beobachtendem Leben von keiner benennbaren naturwissenschaftlichen Voraussetzung mehr ab. Deshalb sind es die Voraussetzungen der Entwicklung intelligenten Lebens, denen allein wir in späteren Kapiteln unsere Aufmerksamkeit widmen werden.

In einer bizarren Schleife hat der amerikanische theoretische Physiker John Archibald Wheeler (geb. 1911) die Existenz des Universums darauf zurückgeführt, dass es Beobachter entwickelt hat (z. B. Wheeler [1994 a] und [1994 b], S. 292): Ohne Beobachter kann es laut Wheelers Interpretation der Quantenmechanik keine Existenz geben, sodass Universen mit Eigenschaften, die es nicht zulassen, dass sich Beobachter bilden, schlichtweg nicht existieren können. Dem schließen wir uns nicht an. «Anthropisches Prinzip» ist das in die Irre leitende Modewort für alle auf das Universum zielenden Argumente, die menschliche Eigenschaften einbeziehen. PAP ist die Kurzform für Wheelers Partizipatorisches Anthropisches

Prinzip, das von dem Kolumnisten Martin Gardner in einem Essay [Gardner 1986a] unter dem schönen Titel «WAP, SAP, PAP, and FAP» als CRAP – Completely (Vollständig) Ridiculous (Lächerliches) Anthropisches Prinzip – bezeichnet worden ist. FAP für «Finales Anthropisches Prinzip» schließt aus Eigenschaften des Menschen auf das endgültige Schicksal des Universums und gehört für uns wie für Gardner ebenfalls zur Kategorie CRAP – «Fehlwurf beim Würfelspiel» oder unaussprechlich schlimmer laut *Langenscheidts Großem Schulwörterbuch Englisch-Deutsch*. Darauf werde ich nicht eingehen. Von WAP und SAP sogleich.

Geprägt wurde der Begriff des Anthropischen Prinzips 1970 durch den Astrophysiker Brandon Carter. Ursprünglich auf den Menschen gemünzt, besagte es in seiner «schwachen» Form des «Weak Anthropic Principle» WAP einfach, dass «wir» als Messinstrumente wie andere auch dienen können: Dass es uns gibt, besagt offenbar, dass es uns geben kann, und daraus folgt beispielsweise, dass die Parameterwerte des Universums so geartet sind, dass dieses weder nach dem Urknall sofort wieder zusammengestürzt ist noch durch rasche Expansion so ausgedünnt wurde, dass sich keine Galaxien, Sterne und Planeten bilden konnten. Später werden wir sehen, dass außerhalb eines sehr engen Bereichs um die tatsächlichen Parameterwerte herum entweder das eine oder das andere hätte eintreten müssen. Sofortiger Zusammenbruch oder zu schnelle Expansion des Universums hätte selbstverständlich nicht nur unser Auftreten verhindert, sondern das jeglichen Lebens und mit ihm das von Beobachtern. Wenn es auf der Erde kein Wasser mit seinen besonderen Eigenschaften gäbe, hätten zwar wir mit unseren Besonderheiten nicht auftreten können, andersgeartete Beobachter, nach denen als Außerirdische ja intensiv gesucht wird, aber möglicherweise. Dass bisher keine außerirdischen Träger von Intelligenz nachgewiesen werden konnten, kann darauf hindeuten, dass Intelligenz und Beobachtertum nur selten erreicht werden, da sie nur schwer erreicht werden können. Wie insbesondere der kanadische Philosoph John Leslie (dem dieses Buch viel verdankt) hervorhebt, hat Carter sein Anthropisches Prinzip von vornherein als Beobachterprinzip verstanden wissen wollen (Leslie [1996 a], [1998 b] und private Mitteilung). Auch als solches ist das WAP, dessen Bezeichnung wir beibehalten wollen, tautologisch [Leslie 1998b, S. 295]: «Unsere Position in Raum und Zeit ist mit Notwendigkeit dadurch ausgezeichnet, dass sie mit unserer Existenz als Beobachter vereinbar ist.» Es ist die Tautologie, dass wir nicht unter Bedingungen leben können, die Leben unmöglich machen, die uns zu verstehen hilft, dass wir unsere Beobachtungen nicht im sehr frühen Universum oder im Zentrum der Sonne machen. «Die Tautologie», so Leslie in einer seiner erhellenden Geschichten, denen wir ein Kapitel gewidmet haben, «dass drei mal vier zwölf ergibt, kann uns davon überzeugen, dass es besser ist, einen Wald nicht zu betreten, in den drei Rudel von je vier Löwen hineingegangen, aus dem aber nur elf Löwen herausgekommen sind.»

Die Notwendigkeit, von der das WAP in der obigen Formulierung spricht, ist natürlich als logische, nicht als kausale Notwendigkeit aufzufassen. Anderenfalls stellte das WAP ja keine Tautologie, sondern eine die tatsächliche kausale Reihenfolge umkehrende, höchst problematische Forderung an die Natur dar. John Leslie hält für möglich, dass eine höhere Instanz, der Gott seines neuplatonischen Glaubens, die Parameter des Universums so ausgewählt hat, dass beobachtendes Leben entstehen musste. Dieser Gott ist nicht als Person, sondern als Prinzip der Güte aufzufassen, das zur Verwirklichung drängt. Für Leslie stellt diese Verwirklichung eines Prinzips eine Möglichkeit dar, bei der man bei dem Versuch, die Natur zu verstehen, *ankommen* kann, von der man aber keinesfalls als Forderung *ausgehen* darf.

Mehrere Autoren haben, sich auf Carter berufend – ob berechtigt oder nicht, ist mir auch mit Hilfe von Leslie [1996a, S. 132–136], der sich mit dem Thema ausführlich auseinandersetzt, nicht klar geworden –, ein Starkes Anthropisches Prinzip SAP eingeführt, das in einer Neuinterpretation der «Notwendigkeit» des WAP besteht. Demnach wäre das Ziel, zur Beobachtung befähigte Wesen hervorzubringen, kausaler Grund von Eigenschaften des Universums, von allem Anfang an gewesen. Das dickste Buch [Barrow und Tipler 1986 a] zum Anthropischen Prinzip, eine Fundgrube für alles bis zu dessen Erscheinungsjahr 1986 dazu Erschienene, definiert auf S. 21 (dort englisch) das SAP so: «Das Universum muss Eigenschaften besitzen, die die Entwicklung von Leben irgendwann in seiner Geschichte erlauben.» Neben undeutlichen Arabesken deutet diese «starke» Form des Anthropischen Prinzips vor allem die Notwendigkeit des WAP von einer logischen in eine kausale um.

Die These dieses Prinzips fordert dazu auf, die Welt teleologisch, also vom Ergebnis her, zu interpretieren und somit die Suche nach naturwissenschaftlichen Erklärungen von *Entwicklungsprozessen im Universum* einzustellen, die durchaus eine naturwissenschaftliche Erklärung besitzen können. Außerhalb der Wissenschaft, als sozusagen metaphysischer Glaube, ist die These akzeptabel. Tritt sie aber als Konkurrenz zu naturwissenschaftlichen Erklärungen auf, muss gefragt werden, was sie naturwissenschaftlich leistet – und versagt kläglich. Gefährlich ist sie in ihrer Tendenz, sich mit übernatürlichen Erklärungen anstelle von natürlichen zufriedenzugeben, ja übernatürliche höher zu bewerten als natürliche und diese statt jener anzustreben.

Intelligent Design[1] als übernatürliche Erklärung der Herkunft gewisser hochkomplexer biologischer Gebilde statt der natürlichen Erklärung durch Evolution vertreten besonders in den USA mehr und mehr Gruppen militanter Christen.

Aus politischen, für die USA spezifischen Gründen stellen sie *Intelligent Design* nicht als religiöse, sondern als wissenschaftliche Alternative zur Evolution dar. Die religiöse Interpretation, die sie eigentlich im Sinn haben, überlassen sie ihren Adressaten: Nachdem der Lehrer einer Schulklasse erklärt hat, dass etwa der chemische Bewegungsapparat von Bakterien sich nicht durch natürliche Prozesse entwickelt haben kann und damit dem *Intelligent Design* sein Dasein verdankt, kann er offenlassen, wer der Designer gewesen ist.

Dem Deckmantel der Wissenschaftlichkeit verdankt die These des *Intelligent Design* aus zwei Gründen einen Großteil ihres Erfolges. Unter ihm können ihre Vertreter erstens den Anschein erwecken, als seien *Intelligent Design* und Evolutionslehre zwei konkurrierende, im Prinzip gleichberechtigte Wissenschaftsdisziplinen, die in Schulen denn auch gleichberechtigt gelehrt werden müssten. Zweitens können sie Vertreter der Evolutionslehre zum wissenschaftlichen Disput bitten und dadurch vor das Dilemma stellen, entweder durch ihre Teilnahme die Unterstellung der Wissenschaftlichkeit von *Intelligent Design* zu verstärken oder durch Verweigerung den Eindruck zu erwecken, sie fürchteten die Auseinandersetzung. Am Ende können Auseinandersetzungen dieser Art nur auf einen Machtkampf zwischen Ideologie und Wissenschaft hinauslaufen. Wobei für die glaubensbereite Öffentlichkeit, die keine Ahnung hat, was Wissenschaft eigentlich ist, die dem Marketing angemessene Vertretung von Ideologien immer überzeugender ist als die sachliche von Wissenschaft.

Die These des *Intelligent Design* macht keine experimentell überprüfbaren Vorhersagen, wie sie von naturwissenschaftlichen Theorien erwartet werden. Als ihr Hauptargument verweist sie auf ungelöste Probleme der Evolutionsbiologie, die es zweifelsfrei gibt, und unterstellt, dass zu deren Lösung übernatürliche Erklärungen herangezogen werden müssen. Gelingt es der Evolutionsbiologie dann, eines dieser Probleme zu lösen, verweist sie auf ein anderes, ungelöstes Problem mit immer demselben Resultat, dass anstelle des Suchens nach einer natürlichen Lösung eine übernatürliche Erklärung vonnöten sei. Und so weiter, ad infinitum. Denn die These des *Intelligent Design* besagt nicht, dass die Evolutionsbiologie ganz und gar falsch sei, wohl aber, dass es eine Restmenge von Problemen gebe, die von ihr nicht gelöst werden könnten und daher übernatürliche Erklärungen erforderten. Spräche sie von Gott, was sie klüglich vermeidet, müsste ihr Gott als Lückenbüßergott aufgefasst werden, dem verbliebene Lücken in wissenschaftlichen Antworten zu schließen aufgegeben wäre. Zur Taktik der Ideologen des *Intelligent Design* gehört auch, es so scheinen zu lassen, als sei die Evolutionsbiologie innerhalb der Biologie selbst wissenschaftlich umstritten. Dem ist nicht so; Einzelfragen freilich werden kontrovers diskutiert.

Indem die Ideologie des *Intelligent Design* davon abhängt, dass es Phänomene gibt, die niemals verstanden werden können, müssen ihre Vertreter darauf hoffen, dass immer ein Rest ungelöster Probleme übrig bleibt. Dieser Hoffnung steht die Methode der abendländischen Naturforschung gegenüber, die das Ziel verfolgt, die Welt zumindest im Prinzip ganz zu verstehen. Es ist dieser Grundkonsens, diese Einstellung zur Natur, die es zu einer Sache der Menschenwürde macht, das Ziel des tatsächlichen Verständnisses, so gut es geht, anzustreben. Ja, der Menschenwürde. Denn von allen uns bekannten Systemen ist nur der Mensch zu diesem Streben in der Lage. Zum Sehen geboren, zum Schauen bestellt, wie er als Beobachter ist, macht er durch den Versuch, Verständnis zu erlangen, den besten Gebrauch vom komplexesten System des Universums, das wir kennen, seinem Gehirn. Wird der Mensch, wenn er das Universum mehr und mehr versteht, Sinn darin entdecken? Ich denke nicht. Steven Weinberg: «Je begreiflicher uns das Universum wird, umso sinnloser erscheint es auch.» Sollten wir deshalb den Versuch aufgeben, das Universum zu verstehen? Selbstverständlich nicht, denn gerade dieser Versuch macht unsere Würde aus. Steven Weinberg, zehn Zeilen weiter unten am Schluss seines Buches *Die ersten drei Minuten* [Weinberg 1977 a]: «Doch wenn die Früchte unserer Forschung uns keinen Trost spenden, finden wir zumindest eine gewisse Ermutigung in der Forschung selbst. [...] Das Bestreben, das Universum zu verstehen, hebt das menschliche Leben ein wenig über eine Farce hinaus und verleiht ihm einen Hauch von tragischer Würde.» In der Woche, in der ich dies schreibe, ist übrigens auf der Meinungsseite der *New York Times* ein Kommentar des Erzbischofs von Wien, Kardinal Schönborn, erschienen [Schönborn 2005 a], der die Ideologie des *Intelligent Design* zu einer Lehrmeinung der katholischen Kirche zu erheben versucht und der eine Flut besorgter Kommentare ([Morris 2005 a], [Jones 2005 a], [Coyne 2005 a] und [Krauss et al. 2005 a]) von Wissenschaftlern hervorgerufen hat. Ich hoffe und denke, dass, wenn dieses Buch die Leserin erreicht, Schönborns Attacke auf die *Tatsache der Evolution* abgebrochen worden ist.

Denn bereits der Vorgänger Johannes Paul II. des gegenwärtigen Papstes hat in einem bedeutenden Brief an die Päpstliche Akademie 1996 anerkannt, dass die Evolution im wissenschaftlichen Sinn erstens eine Tatsache und zweitens mit dem christlichen Glauben vereinbar ist. Verdeutlicht (zitiert nach [Krauss et. al. 2005 a]) hat diesen Standpunkt die Internationale Theologische Kommission unter dem Vorsitz von Benedikt XVI., damals noch Kardinal Ratzinger, mit den Worten: «Durch natürlich wirkende Gründe hat Gott jene Bedingungen Wirklichkeit werden lassen, die für die Entstehung und den Erhalt von Lebewesen, auch für ihre Fortzeugung und Auseinanderentwicklung erforderlich sind.»

Design-Argumente fallen weit hinter diese Linie zurück.

Gar hinter Kopernikus, der als Erster auf nichts als dem Augenschein beruhenden Argumenten eine Absage erteilt hat. Auf Argumente dieser Art beruft sich nun wieder Kardinal Schönborn, wenn er von der «überwältigenden Evidenz für Zweck und Design in der modernen Wissenschaft» schreibt. Bis Kopernikus konnte keine Entdeckung Eingang in die Wissenschaft finden, die auf unmittelbaren Erfahrungen beruhenden Intuitionen widersprach: Da die Sonne offenbar im Osten auf- und im Westen untergeht, muss sie die Erde doch wohl von Ost nach West umlaufen.

Anders als Lavieren kann ich die Betrachtungsweise heutiger Vertreter göttlichen Designs nicht bezeichnen. Sie begnügen sich ja nicht damit, dass möglicherweise ein Designer-Gott die Welt in einem Zustand erschaffen hat, aus dem heraus die Menschenwelt sich mehr oder weniger notwendig entwickeln musste – durch *Diffuse Kausalität*, wie ich zu sagen liebe –, sondern halten für wahr, dass Gott dann und wann in das weltliche Geschehen eingreift. Indem sie die Entwicklung der Lebewesen sowohl auf Evolution – dann nämlich, wenn deren Wirken unbestreitbar ist – als auch auf Design zurückführen, entwerfen sie eine sonderbar hybride Welt, in der manches durch Evolution entsteht, anderes aber fertig vom Himmel fällt [Morris 2005 a]. Im Extremfall durch offenbare Wunder, die im Gegensatz zu aller Naturerkenntnis stehen; milder durch verborgenes Steuern chaotischer Abläufe, die zwar deterministischen Naturgesetzen gehorchen, die in der jeweiligen Situation anzuwenden aber unmöglich ist. Diesen Standpunkt vertritt der zum Priester der anglikanischen Kirche geweihte theoretische Physiker und Fellow des Queen's College der Universität von Cambridge John Polkinghorne in seinen Büchern [Polkinghorne 1989a, 1996 a und 1998 a]. Der Designer-Gott dieser Gläubigen kann am ehesten mit einem Konstrukteur technischer Details von Lebewesen verglichen werden, deren Ursprung die Wissenschaft noch nicht versteht. Weil aber die Wissenschaft ständig alte Lücken des Verständnisses schließt und neue öffnet, müssen sich die erforderlichen Einflussnahmen eines Designer-Gottes dauernd ändern [Kanitscheider 2001 a].

«Die Annahme, dass das Auge mit all seinen unnachahmlichen Einrichtungen [...] durch natürliche Zuchtwahl entstanden sei, erscheint [...] im höchsten Grade als absurd.» Dies könnte Kardinal Schönborn geschrieben haben. Tatsächlich aber ist es der erste Satz des Kapitels «Organe von äußerster Vollkommenheit und Verwicklung» von Charles Darwins (1809–1882) *Entstehung der Arten* [Darwin 2004 a]. «Als zum ersten Mal ausgesprochen wurde, die Sonne stehe still und die Erde drehe sich um sie, hielt man allgemein diese Meinung für falsch; dem alten Sprichwort ‹vox populi, vox dei› darf aber die Wissenschaft kein Vertrauen schenken», wendet sich Darwin dann an jene, die dem Augenschein Vorrang vor wissenschaftlichen Einsichten einzuräumen geneigt sind. Dabei ist das Auge der Wirbeltiere keinesfalls ein «Organ von äußerster Vollkommenheit», sondern weist einen gravierenden Konstruktionsfehler auf, der wohl keinem Konstrukteur mit dem Auge als Ziel unterlaufen wäre, der also nur durch dessen evolutionäre Entwicklung erklärt werden kann: Die Nerven, die die Lichtreize der lichtempfindlichen Schicht des Auges weiterleiten, liegen nicht unter-, sondern oberhalb dieser Schicht! «Bevor das Licht in unseren Augen auf die Sensoren in der Netzhaut trifft, muss es [im «blinden Fleck»] erst die Schicht der Nervenfasern passieren, die die visuelle Information zum Gehirn leiten», schreibt der Professor für Genetik des University College, London, Steve Jones in seinem Artikel *Gott pfuscht auch* [Jones 2005 a] und fügt hinzu: «Das entspräche einer Kamera, bei der die lichtempfindliche Seite des Films auf der falschen Seite liegt.» Wir folgern mit Jones, dass das Auge genau genommen «eine perfekte Widerlegung der Design-Idee» ist. «Wenn es darum geht, ein eigentlich schwächliches Design zu verbessern, tut die Evolution ihr Bestes. Aber ihr Bestes ist nicht besonders beeindruckend.» Tatsächlich ist es der Evolution nahezu unmöglich, eine einmal getroffene Entscheidung für ein «eigentlich schwächliches Design» rückgängig zu machen. Sie verlegt sich stattdessen auf Verbesserungen, bei denen sie sich nach Kräften des Materials bedient, das sie bereits hervorgebracht hat. So wurde [Morris 2005a] das transparente Material unserer Augenlinsen schon vor Milliarden Jahren von Mikroorganismen zu ganz anderen Zwecken entwickelt – «aber zufällig eigneten sich diese Proteine eben auch für den Einsatz in einer Augenlinse. Die Natur ist raffiniert, aber eben auch opportunistisch.»

Die These militanter Christen, dass die Wissenschaften bei Fragen angekommen sind, die wissenschaftlich nicht beantwortet werden können, sodass Zuflucht bei übernatürlichen Erklärungen gesucht werden muss, vertritt auch der englische Quäker und Kosmologe George F. Ellis in seinem Buch *Before the Beginning* [Ellis 1994a]. «Das Universum existiert, damit die Menschheit (oder auch andere, der Ethik und ihres Selbst bewusste Wesen) existieren können», konkretisiert Ellis die obenangeführte These des SAP auf S. 127 seines Buches mit bemerkenswerter Deutlichkeit. Dies, nachdem er die Forderung nach der Existenz eines Universums, das als Arena für so geartete Wesen dienen kann, folgendermaßen eingeführt hat ([Ellis 1994a], S. 118; dort englisch): «Wir nehmen an, dass das Universum auf einem grundlegenden Niveau speziell so konstruiert ist, dass es moralisches Verhalten, insbesondere selbstlose Aufopferung, von empfindenden Wesen mit freiem Willen unterstützen kann und ermöglicht: Wir können sogar sagen, dass das der Zweck des Universums ist.»

Das kann weder bewiesen noch widerlegt werden und kann folglich auch nicht Bestandteil einer wissenschaftlich fundierbaren Theorie sein. Ellis besteht darauf, dass Verifizierbarkeit – statt, wie im Gefolge Karl Poppers (1902–1994) allgemein akzeptiert, Falsifizierbarkeit – das Hauptkriterium wissenschaftlicher Theorien sei. Dementsprechend soll seine Theorie gleich gut wie andere sein, die ebenfalls nicht verifiziert werden können. Aber keine Theorie, die den Namen verdient, kann das. Anders als seine sind die konkurrierenden Theorien falsifizierbar.

Zur Unterstützung seiner These vom Zweck des Universums führt Ellis all jene Tatsachen an, die laut WAP einer Erklärung bedürfen. In der von Ellis angenommenen Form ist das SAP für ihn Erklärung genug. Besäße – um eins seiner Beispiele anzuführen – eine den Physikern wohlbekannte Konstante der Atomphysik, die Feinstrukturkonstante, einen nur etwas anderen Zahlenwert als ihren tatsächlichen, könnte das Universum seinen von Ellis angenommenen Zweck nicht erfüllen. Damit es das aber kann, besitzt die Feinstrukturkonstante laut Ellis ihren Zahlenwert – und das kann, wenn keine andere Erklärung in Aussicht steht, der Erklärung genug sein.

Nun spricht auch für Ellis kein naturwissenschaftliches Argument dagegen, dass Naturkonstanten berechnet werden können. Aber bei anderen ungeklärten naturwissenschaftlichen Fragen postuliert er, dass keine Erklärung durch die Wissenschaft möglich sei. Dieser der Ideologie des *Intelligent Design* nahe Aspekt seiner Auffassungen von Ziel und Zweck des Universums, vermöge dessen diese, statt schlicht eine metaphysische Interpretation zu sein, in die Wissenschaft selbst eingreifen sollen, ruft vor allem meine Ablehnung hervor. Nehmen wir den bei Tieren und Menschen zu beobachtenden Altruismus. Dieser könne durch die übliche Evolutionslehre, der Ellis zustimmt, nie und nimmer erklärt werden – Altruismus widerspreche geradezu der Evolutionstheorie. Daher liege er außerhalb des Gebietes der Wissenschaft und erfordere zu seiner Erklärung ein weitergehendes Prinzip –

eben das von Ellis. In der Tat ist Altruismus ein Problem der Evolutionsbiologie, aber eins, das die Wissenschaft in diesem Rahmen zu klären versucht. Zum Beispiel behaupten einige Evolutionsbiologen, dass der Evolutionserfolg von Gruppen durch Altruismus ihrer Mitglieder gefördert wird. Ob solch ein Ansatzpunkt nun richtig ist oder nicht – auf jeden Fall würde die Annahme des Prinzips von Ellis auf diesem Gebiet die Forschung behindern.

Wie kontrovers das SAP in der Form von [Barrow und Tipler 1986a] sowie [Ellis 1993a] ist, will ich durch zwei Äußerungen belegen. Einerseits hat Thomas Mann das Prinzip 1952 in seinem Radiovortrag *Lob der Vergänglichkeit* (Band X von [Mann 1960–1974a], S. 383) vorweggenommen und sich so zu ihm bekannt: «In tiefster Seele hege ich die Vermutung, dass es bei jenem ‹Es werde›, das aus dem Nichts den Kosmos hervorrief, und bei der Zeugung des Lebens aus dem anorganischen Sein auf den Menschen abgesehen war [...].» Ob auf den Menschen als moralisches Wesen, Beobachter oder ganz allgemein als Krone der Schöpfung, lassen wir mit Thomas Mann offen.

Andererseits argumentiert der amerikanische Physiknobelpreisträger von 1969 Murray Gell-Mann über das SAP in seinem Buch *Das Quark und der Jaguar* ([Gell-Mann 1994a], S. 303): «In seiner stärksten Version... würde dieses Prinzip sich vermutlich auch auf die Dynamik der Elementarteilchen und den Anfangszustand des Universums erstrecken und diese grundlegenden Gesetze des Universums so zurechtschneidern, dass sie den Menschen hervorbringen. Diese Idee erscheint mir derart lächerlich, dass sie keiner weiteren Erörterung bedarf.»

Raum für ein anderes, wenn auch von dem WAP nur marginal verschiedenes SAP können laut Leslie die multiplen Universen der Physik eröffnen. Leslies SAP ist wie das WAP eine Tautologie. Es steht unter der Voraussetzung, dass es uns als Beobachter gibt und besagt, dass mindestens eins aller existierenden Universen so beschaffen sein muss, dass es im Verlauf seiner Geschichte Beobachter hervorbringen konnte. Vom WAP unterscheidet das SAP in dieser Form offenbar nur, dass in ihm «Unsere Position in Raum und Zeit» durch «Mindestens ein existierendes Universum» ersetzt ist. Damit sind Situationen vorstellbar, in denen dasselbe Prinzip von einem Autor als WAP und von einem anderen als SAP interpretiert wird – und zwar beides mit demselben Recht. Eine in jenem Bereich, in dem sie getestet werden kann, empirisch erfolgreiche physikalische Theorie besage nämlich, dass etwelche Naturkonstanten tatsächlich nicht konstant sind, sondern für uns unmerklich vom Ort und / oder von der Zeit abhängen. Dann mag der eine Autor Regionen mit anderen Werten der Naturkonstanten als die unsern, weil, wenn auch unerreichbar, mit «Unserer Position in Raum und Zeit» verbunden, so einordnen, dass die Voraussetzungen des WAP zutreffen, während ein anderer Autor das «weil» und «wenn auch» des ersten vertauscht und inhaltlich dasselbe Prinzip zum SAP ernennt.

Es bleibt auf die Selbstverständlichkeit hinzuweisen, dass wissenschaftliche Theorien nur als ganze zurückgewiesen werden oder Bestand haben können. Sowohl ihre experimentell überprüften und überprüfbaren als auch ihre so nicht überprüfbaren Aussagen gehören zum Bestand einer jeden Theorie. Es ist deren logischer Zusammenhang, die gegenseitige Abhängigkeit ihrer Annahmen, die ihren nicht überprüfbaren Thesen dieselbe Glaubwürdigkeit verleihen kann wie denen, die überprüft werden könnten, aber nicht wurden. Die tatsächlich überprüften machen auch unter den überprüfbaren niemals mehr als eine verschwindend kleine Minderheit aus.

Die Einsicht, dass es uns als Beobachter nur unter sehr speziellen Bedingungen geben kann, erfordert eine Präzisierung des kopernikanischen Prinzips, welches in seiner ursprünglichen Form besagt, dass unsere Erde nicht im Mittelpunkt des Universums steht, sondern als ein Planet unter anderen die Sonne umfliegt. Verallgemeinert soll das Prinzip besagen, dass «wir» keine irgendwie besondere Position im Universum einnehmen. Wörtlich genommen, stimmt das natürlich nicht, und das folgt bereits daraus, dass wir Beobachter sind, uns also nicht im Zentrum der Sonne befinden können. Die Kosmologie hat das kopernikanische Prinzip in die Annahme überführt, dass auf der Entfernungsskala von Galaxienhaufen das Universum von jeder Position aus im Mittel gleich aussieht. Das können wir dahingestellt sein lassen. Uns interessieren die Korrekturen zum kopernikanischen Prinzip, die daraus folgen, dass wir Beobachter sind.

Keinesfalls dürfen wir alle unsere Eindrücke auf das Universum insgesamt übertragen. Denn diese Eindrücke können das Resultat von Auswahleffekten sein, die auf unserer speziellen Position im Raum und in der Zeit beruhen. In Fällen, in denen das so ist, kann es ohne Einsicht in sie kein Verständnis geben. Ein schönes Beispiel ([Barrow und Tipler, S. 4]) bildet das durch Kopernikus erreichte Verständnis eines der Hauptprobleme der antiken Astronomie, der Bewegungen der Planeten, insbesondere ihrer gelegentlich rückwärts gewandten. Sie hat der antike Astronom Ptolemäus dadurch zu verstehen versucht, dass er den Planeten in seinem System mit der Erde als Zentrum komplizierte Kreisschleifen auf Kreisen um die Erde als Bewegungsformen zugeschrieben hat. Im System des Kopernikus mit der Sonne als Zentrum der nahezu kreisförmigen Bewegungen aller Planeten sind deren von uns beobachtete Bewegungen aber einfach ein Artefakt dessen, was wir von einem selbst die Sonne umlaufenden Planeten aus beobachten. Dividieren wir den von uns als Beobachter induzierten Effekt aus den beobachteten Bahnen heraus, erweisen sie sich als nahezu kreisförmig. Analog können auch das gegenwärtige Alter des Universums und seine beobachtbare Ausdehnung dadurch erklärt werden (S. 110 f), dass erstens für die Entstehung von Beobachtern Zeit, Platz und Materie erforderlich sind. Zweitens kann vermutet werden, dass es in der fernen Zukunft, die wie alle Zukunft unsicher ist, keine Beobachter mehr geben können wird.

Können also manche oder alle Eigenschaften des Universums nur anthropisch verstanden werden? Durch die vielen Welten eines Multiversums oder gar durch eine höhere Instanz, die die Eigenschaften des Universums mit dem Ziel festgelegt hat, dass sich beobachtendes Leben entwickeln könne? Vielleicht nicht als Endzweck, sondern als Nebenprodukt der Realisierung von Werten als Zweck, die mit der Existenz von Beobachtern einhergehen? Wie es John Leslie als eine mögliche Interpretation physikalischer Sachverhalte, George F. Ellis als ihre Voraussetzung ansieht?

2 Überblick und erste Beispiele

Notwendigkeit und Zufall – sie bestimmen zusammen die Eigenschaften der Welt. Notwendige Eigenschaften als solche zu erkennen ist die wohl wichtigste Aufgabe der Physik. Aber könnten nicht alle Eigenschaften der Welt notwendig sein? Oder alle zufällig? Und wie können wir Notwendigkeit und Zufall unterscheiden?

Prinzipiell so: Notwendige Eigenschaften folgen aus einem Prinzip, das keinen freien Parameter kennt; zufällige entstammen, irgendwie ausgewählt, einem Vorrat von Möglichkeiten. Einem Glaubensbekenntnis kommt gleich, was sich der eine oder andere Physiker über die Ausmaße von Zufall und Notwendigkeit in der Welt denkt. Dieser – sozusagen – ontologische Glaube kommt insofern nicht über ein Glaubensbekenntnis hinaus, als aus ihm allein keine experimentell überprüfbaren Aussagen folgen. Auf dem Niveau dessen, was wir wissen und wissen können, wurden manche Aussagen über die Natur aus Prinzipien ohne Parameter abgeleitet, bei anderen ist das nicht gelungen. Symmetrien der Naturgesetze sind eines der Prinzipien, die bisher erfolgreich waren und von denen Physiker erwarten, dass sie weiterhin erfolgreich sein werden.

Tatsächlich wäre es ein müßiges Unterfangen, die Naturgesetze bereits aus einem Prinzip, das wir mit Albert Einstein «Einfachheit» oder mit Steven Weinberg «logische Notwendigkeit» nennen können, sozusagen «a priori» ableiten zu wollen. Nicht logisch notwendig und keinesfalls einfach ist, dass in der Welt die Quantenmechanik herrscht. Aber so ist es, und gerade Albert Einstein hat wieder und wieder auf die Komplikationen hingewiesen, die sich aus der Herrschaft der

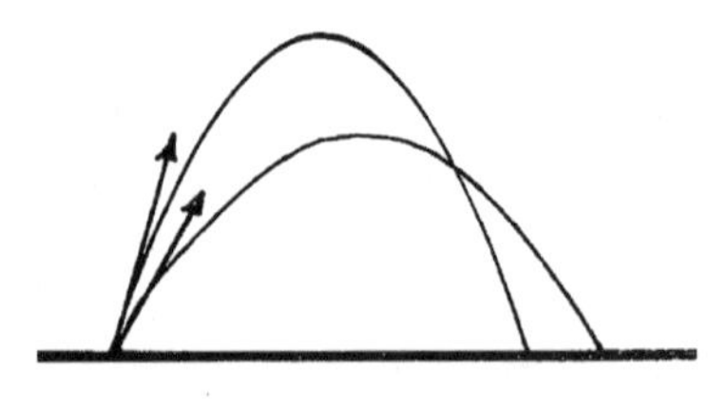

Abbildung 1: Ein Ball, der auf der Erdoberfläche zweimal mit unterschiedlichem Schwung in unterschiedliche Richtungen geworfen wurde, durchmisst aufgrund des Naturgesetzes der hier herrschenden Schwerkraft zwei verschiedene Bahnen. Die Richtungen der Pfeile stehen für die Richtungen, in die der Ball die beiden Male geworfen wurde, und ihre Längen stehen für seine anfänglichen Geschwindigkeiten. Den Widerstand der Luft haben wir vernachlässigt. Richtung und Geschwindigkeit am Anfang eines Wurfes heißen zusammen dessen Anfangsbedingungen. Sie können wir (innerhalb natürlicher, durch die Erdoberfläche gegebener Grenzen) beliebig wählen. Darin sind wir frei; in dem aber, was weiter geschieht, sind wir Knechte: Das, also die Flugbahn und wie sie im Laufe der Zeit durchlaufen wird, legen die Gesetze der auf der Erde herrschenden Schwerkraft fest. Die Physik unterscheidet bei allen Abläufen, mit dem Anbeginn des Universums als einziger möglicher Ausnahme – davon viel weiter unten – zwischen Naturgesetzen und Anfangsbedingungen. Erst beide zusammen legen Abläufe fest. Gleichberechtigt sind sie aber nicht: Die jeweilige Anfangsbedingung gilt nur für einen einzigen Ablauf; das Naturgesetz für die im Allgemeinen unendlich vielen, die unter es fallen. Wie im Text erwähnt, gilt auf dem Mond ein anderes Gesetz der Schwerkraft als auf der Erde, sodass bei gleichen Anfangsbedingungen die Abläufe dort anders ausfallen: Die Flugbahnen reichen höher und weiter. Newtons Gesetz der allgemeinen Gravitation führt die Unterschiede auf die verschiedenen Massen von Erde und Mond zurück. Dass auch dann noch etwas zu erklären bleibt, zeigt eine tiefliegende Eigenschaft der Flüge, ihre Unabhängigkeit bei gleichen Anfangsbedingungen von Masse und Natur des geworfenen Balles. Erst Einsteins Allgemeine Relativitätstheorie hat 1916 diesen Sachverhalt verständlich gemacht.

Quantenmechanik ergeben würden, wenn sie denn gälte, was er eben wegen der Komplikationen nicht wahrhaben wollte. Es ist weder logisch notwendig noch so einfach wie denkbar, dass es überhaupt etwas statt nichts gibt. Das aber folgt aus der Quantenmechanik. Ein Herrscher ohne Land kann die Quantenmechanik nicht sein, weil zu ihrem Wesen Schwankungen gehören. Herrscht sie, tritt in dem nichtigsten Nichts, das sie zulässt, notwendig «Etwas» auf und verschwindet wieder. Ist es also eine der Vorbedingungen der Quantenmechanik, dass es Zeit und Raum gibt, in denen Schwankungen von etwas auftreten können? Oder ist es vielmehr so, dass sie selbst die Bühne aus Raum und Zeit erschafft, die alsdann ihre schwankenden Gestalten bevölkern? Eine schwankende Bühne, versteht sich, errichtet aus Schwankungen von Raum und Zeit, die eine noch unbekannte Form der Quantenmechanik erzwingt, die dem Raum und der Zeit vorangeht, zeitlos und insofern ewig ist? Vermutlich. Als – sozusagen – praktische Theorie kennen wir die Quantenmechanik nur in der Form, die sie annimmt, wenn es zwar Raum und Zeit, Schwerkraft aber nicht gibt. Die Schwerkraft einbezogen, müssen sich die Schwankungen der Quantenmechanik auch auf Zeit und Raum selbst auswirken; wie genau, wissen wir (noch) nicht. Dies herauszufinden ist die anvisierte Aufgabe der großen, alle Kräfte der Natur vereinigenden Theorie der Zukunft namens TOE für «Theory Of Everything» – zu Deutsch Universaltheorie –, der von unseren heutigen Theorien aus Kleider anzumessen wir versuchen. Was kann sie tatsächlich leisten, und was muss auch sie dem Zufall überlassen?

Die Physik weiß und bezieht in ihre Überlegungen zu Zufall und Notwendigkeit ein, dass ihre Grundgleichungen zwar möglicherweise für die Welt zufallsfrei aus Prinzipien folgen, für die Gleichungen selbst aber mehrere Lösungen existieren, die neben- und / oder nacheinander realisiert sind, sodass der Zufall entscheidet, welche Lösung mit ihren effektiven Naturgesetzen sich wo und wann durchsetzt. Weil es uns gibt, wissen wir, dass mindestens eine der Lösungen Eigenschaften aufweist, die intelligentes, bewusstes und beobachtendes Leben erlauben. Daran, dass es so ist, *damit* es uns geben könne, glaubt die Physik nicht.

Es geht hier nicht um die naturgesetzlichen Konsequenzen von Anfangsbedingungen für Prozesse, sondern um die Festlegung der effektiven Gesetze selbst, die hier oder anderswo und jetzt oder zu einem anderen Zeitpunkt gelten. Wie ein Ball fliegt, hängt selbstverständlich davon ab, in welche Richtung und mit welchem Schwung er geworfen wurde – der Flug des Balles ist eine Konsequenz seiner Anfangsbedingungen (Abb. 1). Darum geht es uns aber nicht, sondern um die Naturgesetze, vermöge deren sich der Ablauf entfaltet. Dasselbe Fortschleudern des Balles würde auf dem Mond einen anderen Ablauf ergeben. Wir verstehen bis ins letzte Detail, weshalb das so ist. Vor allem liegt es an der Schwerkraft, die auf dem Mond geringer ist als auf der Erde.

Genauer ist es so, dass – sieht man von dem Einfluss der Atmosphäre ab, die es zwar auf der Erde, nicht aber auf dem Mond gibt – die Wurfgesetze auf dem Mond sich von denen auf der Erde *nur* durch den Zahlenwert einer Konstanten, eben der Schwerkraft, unterscheiden; die *Form* der Gesetze, in denen die Konstante auftritt, ist hingegen dort dieselbe wie hier. Das wirkt sich so aus, dass dort wie hier die möglichen Flugbahnen eines Balls Parabeln sind; nicht aber dieselben bei denselben Anfangsbedingungen eines Wurfs. Allgemeiner lassen Spekulationen über Welten, die sich von unserer unterscheiden, zwar zu, dass die Naturkonstanten, die in deren Naturgesetze eingehen, sich von den vertrauten unterscheiden. Die Gesetze selbst sind aber dieselben – sprich, sie besitzen dieselbe Form. Spekulationen, die dies nicht voraussetzten, müssten sich ins Bodenlose verlieren.

Soweit die Illustration. Tatsächlich geht es um die Stärke der Schwerkraft selbst, um den Wert des Parameters G in den fundamentalen Naturgesetzen, der die Stärke beschreibt, mit der Massen, beliebige Massen, sich gegenseitig anziehen. Es geht um die Größe der Atome und die Farbe des Lichtes, das sie aussenden. Die Werte dieser Parameter treten in den fundamentalsten Naturgesetzen auf, die wir kennen, und wir wissen nicht, warum es gerade diese Werte sind. Wären es ganz andere, es gäbe niemand, der Fragen nach ihnen stellen könnte. Die Werte, so, wie sie nun einmal sind, ermöglichen nämlich offenbar das Auftreten und den Erhalt von intelligentem Leben an gewissen Orten und zu gewissen Zeiten – jetzt und hier beispielsweise. Wären die Werte aber nur geringfügig anders, hätte intelligentes Leben nirgendwo und nirgendwann in der Geschichte des Kosmos auftreten können.

Uns, jetzt im Wortsinn, kann es nur geben, weil das Universum seit dem Anfang seiner Existenz im Urknall so alt und so groß werden konnte, dass es die Entwicklung der Elemente, aus denen wir bestehen, und unseres Lebensraums Erde ermöglicht hat. Hielten die Kräfte im Universum nicht die Balance, die sie halten, hätte dieses über eine Spanne von knapp vierzehn Milliarden Jahren hinweg nicht den Bestand haben können, den es brauchte, um aus seiner Ursuppe unmittelbar nach dem Urknall Galaxien, Generationen von Sternen, Sonnensysteme mit Planeten wie die Erde und in vier Milliarden Jahren dieser Zeit Leben, alsdann in einem Katzensprung von Millionen Jahren uns Menschen hervorzubringen. Dies alles vorgegeben, verstehen wir, dass das Universum jetzt so alt ist, wie es ist. Warum aber die Parameter des Universums Werte besitzen, die gerade diese Entwicklung bewirkt haben, verstehen wir nicht.

Leben, nicht erst intelligentes Leben, ist ein chemischer Prozess, sodass Leben ohne die Vielfalt chemischer Verbindungen unmöglich wäre. Dass es chemische Vielfalt geben kann und tatsächlich gibt, beruht ebenfalls auf Werten von physikalischen Parametern, die nach allem, was wir wissen, nicht so sein müssen, wie sie sind. Wären sie anders, gäbe es keine Chemie und alsdann kein Leben.

Zumindest aber wäre bereits bei wenig veränderten Parameterwerten die Chemie eine andere als die tatsächliche und mit ihr vielleicht das Leben ein anderes als das unsere. Nehmen wir das Verhältnis der Massen der beiden Bauteile des Wasserstoffatoms, Elektron und Proton: Das Elektron ist um den Faktor 1836 leichter als das Proton. Auf diesem Massenverhältnis beruht eine Reihe von Eigenschaften der Atome und Moleküle, deren Bedeutung für das Leben der italienische Physiker Tullio Regge so formuliert hat (nach [Barrow und Tipler 1986 a], S. 305; dort englisch, ich habe einige technische Passagen vereinfacht): «Für beliebige Werte des Massenverhältnisses von Proton und Elektron könnte es seltsame, aber selbstkonsistente Universen geben [...]. Unser Universum würde dadurch festgelegt, dass nur die Wahl 1837 für dieses Verhältnis garantiert, dass lange Kettenmoleküle von der richtigen Art und Größe existieren, um biologische Phänomene zu ermöglichen. Zum Beispiel könnte die kleinste Änderung dieser Parameter die Größe und Länge der Ringe der Erbsubstanz DNS so ändern, dass diese sich nicht mehr vervielfältigen kann. In diesem Sinn können wir sagen, dass das Massenverhältnis den Wert[2] 1837 nur deshalb besitzt, weil es uns gibt.»

Was aber wäre, wenn trotz allem der Traum der Physik in Erfüllung ginge, dass die uns bekannten Naturgesetze sich als Annäherungen herausstellten an ein Universalgesetz, das aus einem Prinzip so folgt, dass es bis zum letzten Detail nicht anders sein kann, als es ist? Das keinen beobachtbaren Zahlenwert, ob nun für das Leben relevant oder nicht, unbestimmt lässt? Mit der Entdeckung dieses Gesetzes wäre die Suche der Physik nach dem Urgrund der Welt und alles Geschehens in ihr abgeschlossen. Die Physik selbst wäre damit freilich nicht am Ende. Denn ihre Aufgabe ist nicht nur die Suche nach den Gesetzen der Natur, sondern auch die Zurückführung von Phänomenen auf die Gesetze. Und das ist eine ganz andere Sache. So kennen wir bereits alle fundamentalen physikalischen

Naturgesetze für die Phänomene der Chemie, ja des Lebens, sodass die Suche nach ihnen abgeschlossen ist, alle Chemie und alles Leben im Prinzip also verstanden sind. Aber auch nur im Prinzip! Denn das bedeutet nicht, dass wir den Ablauf komplizierter chemischer Reaktionen bereits aus den fundamentalen Naturgesetzen der Quantenmechanik berechnen könnten. Soweit die Berechnung derartiger Abläufe überhaupt möglich ist, stützt sie sich auf *effektive* Gesetze. Eine präzise Abteilung aus den fundamentalen Gesetzen ist nicht gelungen, vielmehr berücksichtigen die effektiven Gesetze anders als die fundamentalen Gesetze auch Zufälle. Mehr noch gilt dies für das Leben. Wenn wir – so das Credo des übelbeleumundeten Reduktionismus, dem ich anhänge – sagen, dass alle Phänomene auf einen endlichen Satz fundamentaler Naturgesetze zurückgeführt werden können, bedeutet das zweierlei. Erstens eine Einstellung gegenüber der Natur und zweitens die Ermutigung zu Forschungsprogrammen mit dem Ziel, den sich aus dem Credo des Reduktionismus ergebenden Anspruch zu erfüllen. Das ist bei einfachen Systemen gelungen, stellt bei komplexen eine Herausforderung dar und wird bei den komplexesten wie dem Leben wohl unmöglich bleiben – ohne dass dadurch der Reduktionismus als Einstellung gegenüber der Natur beschädigt würde. Merkwürdig ist aber, dass ohne Rekurs auf tiefere Ebenen, letztlich auf die fundamentalen Naturgesetze selbst, für Abläufe auf höheren Ebenen sinnvolle Gesetze formuliert werden können, die nur Begriffe ebendieser Ebenen verwenden. So konnte die Medizin eine sinnvolle Sprache entwickeln, in der zwar Bluthochdruck, Leberwerte und Schmerzen, aber weder Quarks noch Elektronen auftreten. Seltsam.

Alles Leben, das wir kennen, ist irdisches Leben und beruht auf der Verfügbarkeit der sechs Elemente Wasserstoff, Kohlenstoff, Sauerstoff, Stickstoff, Phosphor und Schwefel hier auf Erden. Sie machen zusammen 99% der Trockenmasse eines jeden Lebewesens vom Bakterium bis zum Menschen aus. Dass auch der Prozentsatz, mit dem jede dieser Substanzen in jedem einzelnen Lebewesen auftritt, derselbe ist, deutet auf einen gemeinsamen Ursprung alles irdischen Lebens hin. Dasselbe gilt für die Spiraltendenz derjenigen – fast aller! – Moleküle der Lebewesen, die wie eine rechte und eine linke Hand mit ihrem Spiegelbild nicht zur Deckung gebracht werden können: Sie ist bei allen, selbstverständlich irdischen, Lebewesen, die wir kennen, dieselbe. Würde außerirdisches Leben entdeckt, wäre es offenbar eine der spannendsten Fragen, ob das bei ihm genauso ist. Oder ganz anders. Denn, wie Robert Shapiro und Gerald Feinberg [Shapiro und Feinberg 1982 a] ausführen, Leben könnte es auch auf ganz anderen Grundlagen als der Chemie des uns bekannten Lebens geben – mit Ammoniak statt Wasser als Lösungsmittel bei –50 Grad Celsius, oder mit Silizium statt Kohlenstoff bei Temperaturen oberhalb von 1000 Grad, bei denen Silizium flüssig ist. Shapiro und Feinberg erwähnen auch den Saturnmond Titan, auf dem 2005 ein Projektil der ESA – European Space Agency – möglicherweise Leben beherbergende Meere von flüssigem Methan bei –179,3 Grad Celsius nachgewiesen hat. Doch auch von der Chemie ganz unabhängige «physikalische» Lebensformen halten diese Autoren für möglich: «Plasmoben» innerhalb von Sternen, Leben in festem Wasserstoff sowie «Radioben», lebende Strahlung, die geordnet von isolierten Atomen und Molekülen in einer dichten Wolke ausgetauscht werden könnte. Tatsächlich kann die Wirklichkeit phantastischer sein, als die Phantasie unserer Science-Fiction-Autoren sich auszumalen vermag. Abstrakt gesehen, so abschließend Shapiro und Feinberg, deutet auch bei den irdischen Bausteinen des Lebens, Proteinen und Nukleinsäuren, nichts auf ihre wunderbaren Werke wie Elefanten und Sequoia-Bäume hin.

Wir werden sehen, wie gut das irdische Leben an die Eigenschaften des Wassers angepasst ist. So außerordentlich gut, dass es sogar so scheinen kann, als ob Leben ohne Wasser unmöglich sei. Diese Auffassung hat die NASA zur Grundlage ihrer Suche nach außerirdischem Leben gemacht: Suche nach Leben interpretiert sie als Suche nach Wasser. Dabei könnten [Ball 2005 a] tatsächlich auch andere flüssige Substanzen wie Ammoniak (flüssig zwischen −78 und −33 Grad Celsius) in den Jupiter umgebenden Wolken und das bereits erwähnte Methan auf dem Saturnmond Titan Heimstatt von Leben sein. Wird Leben auf Ammoniak oder Methan als Basis nicht gefunden, könnte es doch gelingen, Leben dieser Art im Labor zu erzeugen.

Weder wissenschaftliche noch Science-Fiction-Spekulationen über außerirdische Lebensformen sind aber erforderlich, um die Brüchigkeit unserer durch Pflanzen, Tiere und Menschen genährten Vorstellungen von den Voraussetzungen des Lebens überhaupt zu erweisen. Denn den Sauerstoff, auf dessen Austausch das pflanzliche und tierische Leben beruht, hat es zu Beginn des Lebens auf der Erde nicht gegeben. Er ist ein Produkt der Photosynthese, die vor etwa zwei Milliarden Jahren von Bakterien erfunden worden ist, die selbst vor gut vier Milliarden Jahren als erstes Leben auf der Erde entstanden sind. Das vom Sonnenlicht unabhängige Leben vor der Photosynthese konnte den für die Synthese von Kohlenstoffverbindungen notwendigen Wasserstoff so lange direkt aus der Atmosphäre beziehen, bis dieser verbraucht bzw. als leichtes Gas in den Weltraum entwichen war. Die Photosynthese setzte mit Hilfe des Sonnenlichts als Energiequelle den im Wasser gebundenen Wasserstoff frei – mit dem Sauerstoff, der für das gegenwärtige tierische Leben so wichtig ist, als Abfallprodukt. Von den Bakterien haben die sich entwickelnden Pflanzen die Photosynthese übernommen. Auf die meisten Bakterien wirkte der freigesetzte Sauerstoff wegen seiner großen chemischen Reaktivität, die sich für uns am deutlichsten beim Verbrennen zeigt, hingegen als Gift. Ausgestorben sind die vom Licht unabhängigen Bakterien aber nicht. Sie haben sich nur zurückgezogen in Gebiete des lichtlosen Meeresbodens, in denen aus Spalten der Erdkruste wasserstoffreiche Gase hervortreten, denen sie die Energie entnehmen, die sie zum Leben brauchen. Das Wasser in diesen Gebieten ist bei hohem Druck mehrere hundert Grad Celsius heiß. Wenn wir es nicht besser wüssten, würden wir es für unmöglich halten, dass es unter diesen Bedingungen Leben geben kann.

Die Erde bildet eine Nische in einem insgesamt lebensfeindlichen Universum, in der sich unser Leben – manifest intelligentes Leben – entwickeln und erhalten konnte. Unser Leben bedient sich über die bereits erwähnten Elemente Wasserstoff, Kohlenstoff, Sauerstoff, Stickstoff, Phosphor und Schwefel hinaus auch zahlreicher anderer bis hin zum Jod. Fraglos hätte das Leben Mittel und Wege gefunden, ohne Jod auszukommen, wenn das Element nicht existierte (oder auch nur auf der Erde nicht vorkäme). Aber ohne Kohlenstoff, Sauerstoff, Stickstoff? Oder nur mit Wasserstoff? Oder ohne jedes chemische Element überhaupt? Das sicher[3] nicht. Dabei ist die Tatsache, dass es im Universum anstelle der drei Bausteine Proton, Neutron und Elektron aller chemischen Elemente nicht nur elektrisch neutrale Neutronen gibt, einem unverstandenen und winzigen Masseunterschied zu verdanken, der weiter unten (S. 128 f) dargestellt werden soll.

Zunächst will ich aber eine der unabdingbaren Vorbedingungen jedes Lebens, ja des Zusammenhalts der Materie überhaupt im Detail beschreiben: die Gleichheit der Beträge der elektrischen Ladungen von Proton und Elektron. Das Vorzeichen elektrischer Ladungen ist durch historische Zufälle so festgelegt worden, dass Elektronen negativ, Protonen positiv geladen sind. Atome enthalten gleich viele Protonen wie Elektronen, sodass Atome dann und nur dann insgesamt elektrisch ungeladen sind, wenn die Ladungen von Elektro-

Abbildung 2: Dass Professor Schmidt die Haare zu Berge stehen, liegt daran, dass er sich an eine Spannungsquelle von 200 000 Volt angeschlossen und dadurch seine ausgeglichene Gesamtladung von Elektronen und Protonen zugunsten der Protonen um 10^{-11}% beider Beiträge abgeändert hat.

nen und Protonen bis auf das Vorzeichen übereinstimmen. In der Schule haben wir auch gelernt, dass Ladungen mit demselben Vorzeichen sich gegenseitig abstoßen, Ladungen mit entgegengesetztem sich aber anziehen. Die aus Protonen und (elektrisch neutralen) Neutronen aufgebauten Atomkerne schließen sich wegen der gegenseitigen Anziehung mit Elektronen zu Atomen zusammen. Stimmten nun die Ladungen von Protonen und Elektronen bis auf das Vorzeichen nicht genau überein, würde sich das auf die einzelnen Atome kaum auswirken. Gewiss, die Bahnen der Elektronen in den Atomen verliefen ein bisschen anders, aber das wäre es auch schon. Atome als ganze aber wären elektrisch geladen, sodass sie einander abstoßen würden – mit überwältigenden Einflüssen auf die Materie insgesamt.

Makroskopische Stücke Materie bestehen aus Vielfachen von 10^{23} Protonen und Elektronen; bei meinen 85 Kilogramm Lebendgewicht sind es bereits etwa 10^{27} von ihnen. Wäre die Ladungsbalance von Protonen und Elektronen um nur 10^{-11}% gestört, stünden meine Haare zu Berge wie die meines Kollegen Volker Schmidt von der Universität Freiburg in der Abbildung 2. Zur Demonstration dessen, dass Spannung ohne Strom ungefährlich ist, hat er sich unter die Hochspannung von 200 000 Volt gesetzt und dadurch die Bilanz seiner positiven und negativen elektrischen Ladungen um eben diese 10^{-11} % gestört. Daraus, dass unsere Haare normalerweise nicht zu Berge stehen, können wir also schließen, dass die Beträge der Ladungen von Elektronen und Protonen mindestens so genau übereinstimmen, wie es diese Prozentzahl angibt.

Dass bei diesem Mangel an Übereinstimmung unsere Haare ständig zu Berge stünden, würde unser Leben selbstverständlich nicht unmöglich machen. Verfolgen wir aber die Auswirkungen eines hypothetischen Unterschiedes der Beträge der Ladungen von Elektronen und Protonen weiter, und beginnen wir mit einem Vergleich der Stärken der Schwerkraft und der elektrischen Kraft. Dieser Vergleich ist zweifelsfrei möglich, weil beide Kräfte auf dieselbe Weise vom Abstand der aufeinander einwirkenden Körper abhängen: Gerichtet sind beide entlang der Verbindungslinie der Körper, und sie nehmen auf dieselbe Weise mit deren Abstand ab, sind genauer zu dem Quadrat des Abstandes umgekehrt proportional. Es ist eine einfache Übungsaufgabe für Schüler im Leistungskurs Physik, das Verhältnis der anziehenden Schwerkraft zweier Protonen zu der abstoßenden elektrischen Kraft zwischen ihnen zu berechnen – mit dem Ergebnis $9 \cdot 10^{-37}$; für Elektronen, die um den Faktor 0,0005 leichter sind als Protonen und dem Betrag nach dieselbe Ladung wie sie besitzen, ergibt sich $2 \cdot 10^{-43}$. Um eine Vorstellung von der Größe der elektrischen Kraft im Vergleich zur Schwerkraft zu gewinnen, wollen wir zunächst fragen, wie viele Protonen zwei gleiche Körper besitzen müssen, damit sie sich durch ihre gegenseitige Schwerkraft so stark anziehen, wie sich zwei Protonen durch die zwischen ihnen wirkende elektrische Kraft abstoßen; das sind – immer etwa – 10^{18} Protonen oder zwei Materiestücke mit je 0,000001 Gramm Masse: zwei Kügelchen Wasser mit je 0,1 Millimeter Radius.

Das sieht nicht sehr eindrucksvoll aus, ist es aber, wenn man bedenkt, dass hier Kräfte zwischen Elementarteilchen mit Kräften zwischen zumindest nahezu sichtbaren Körpern verglichen werden. Wahrhaft eindrucksvoll wird dieselbe Betrachtung, wenn, wie bei Volker Schmidts Haaren, die Größe der Ladungen von Elektronen und Protonen, die einander in gewöhnlicher Materie kompensieren, einbezogen wird. Haare stehen, wie bereits gesagt, ab einem Ladungsunterschied von 10^{-11} % zu Berge; eine Zahl, die sich ob ihrer Kleinheit jeder Vorstellung entzieht. Nehmen wir also mit Richard P. Feynman am Anfang seiner Vorlesung über Elektrodynamik [Feynman u. a. 1991] an, zwei Personen stehen sich auf Armeslänge gegenüber und jeder fehlt 1 % ihrer Elektronen; wie groß wäre die Kraft, mit der sie sich abstoßen? Groß genug, um das Empire State Building anzuheben? Größer! Groß genug, um den Mount Everest zu tragen? Noch größer! Die Abstoßung würde ausreichen, um ein «Gewicht» mit der Masse der Erde zu tragen. Illustrativ: Ein an einem Katzenfell geriebener Glasstab zieht Papierschnitzel stärker an als die Schwerkraft der ganzen Erde!

Wir finden unser Thema der lebensrelevanten Gleichheit der Beträge der Ladungen von Elektronen und Protonen wieder, wenn wir fragen, wie genau diese übereinstimmen müssen, damit Leben entstehen konnte und sich erhalten kann. Himmelskörper ziehen sich durch die Schwerkraft an und bilden durch sie die himmlischen Systeme, die wir kennen und die Leben ermöglichen. Insofern die Ladungsbilanz von Elektronen und Protonen nicht ausgeglichen wäre, käme zur anziehenden Schwerkraft die abstoßende elektrische Kraft hinzu. Wäre die zweite größer als die erste, würden die Himmelskörper, sofern sie sich überhaupt hätten bilden können, einander abstoßen, und Leben hätte nicht auftreten können. Gleich wären beide Kräfte, wenn sich die Ladungen von Elektronen und Protonen um 10^{-16} % unterschieden. Das kumulierte Wissen um den Ladungsunterschied erweist ihn als kleiner als 10^{-19} %. Die Forderung, dass die elektrische Abstoßung den auf viel stärkeren Kräften als der Schwerkraft beruhenden Zusammenhalt der Materie nicht beeinträchtigt, ergibt natürlich nur eine viel größere Obergrenze für den Ladungsunterschied. Die Sonne, die durch die Schwerkraft entstanden ist und zusammengehalten wird, könnte es selbstverständlich nicht geben, wenn die abstoßenden elektrischen Kräfte die Schwerkraft überwiegen würden. Sie überwiegen sie eben nicht. Die Schwerkraft ist nach unserer besten Kenntnis um einen Millionenfaktor bis zu einhundert Millionen stärker als die durch den gegenwärtig experimentell höchstmöglichen Ladungsunterschied von Elektronen und Protonen begrenzte abstoßende elektrische Kraft.

Es ist immer eine schwierige, für die Interpretation einer experimentell ermittelten Grenze des Wertes einer Naturkonstante wie des hypothetischen Ladungsunterschieds von Elektronen und Protonen zugleich aber wichtige Frage, um wie viel diese Grenze unter- oder, wie hier, überschritten werden kann, ohne dass Leben – wir unterscheiden hier nicht zwischen intelligentem und anderweitigem Leben – unmöglich gemacht würde. Wird der Grenzwert, der aus der unbestreitbaren Existenz von Leben folgt, durch den beobachteten Grenzwert oder – besser noch – Wert geradeso erfüllt oder übererfüllt? Könnte das Leben im Wesentlichen unbeeinträchtigt sich entwickelt und erhalten haben, wenn der Ladungsunterschied von Elektronen und Protonen nicht kleiner wäre als die experimentell höchstmöglichen 10^{-19} %, sondern – sagen wir – nur 10^{-18} % betrüge? Wir wollen gar nicht versuchen, diese Frage zu beantworten. Denn wahrscheinlich ist der tatsächliche Ladungsunterschied von Elektronen und Protonen wesentlich kleiner als die bisher experimentell etablierte Obergrenze. Folgt man den Grundideen des anerkannten Standardmodells der Theorie der Elementarteilchen, muss der Ladungsunterschied sogar exakt null sein. Damit haben wir ein Beispiel dafür vor uns, dass der tatsächliche Wert einer Naturkonstante den lebensnotwendigen Wert um Größenordnungen verbessert, sodass die Lebensnotwendigkeit des Wertes zu seiner Erklärung nicht ausreicht. Traut man den Ideen, die dem Standardmodell zugrunde liegen, könnte mehr noch der exakte Wert null auf gültigen Prinzipien beruhen. Hilflos stünden Teleologie und Physik – sie nur gegenwärtig – aber einem Wert gegenüber, der experimentell zwar um Größenordnungen kleiner wäre als der größte anthropisch erlaubte, aber nicht null. So steht es mutatis mutandis um die erneuerte Kosmologische Konstante Albert Einsteins.

Wenn es ein Gott war, der mit Leben als Ziel nicht nur h, G und c so festgelegt[4] hat, dass es Leben gebe, sondern auch – wenn überhaupt – eine Abweichung der Ladungen voneinander, reichte ein Wert kurz unterhalb der durch das Leben selbst gesetzten Obergrenze zu seinen Zwecken aus und könnte durch diese erklärt werden. Wenn aber der tatsächliche Wert oder die tatsächliche Grenze die Forderung nach Lebensfreundlichkeit übererfüllt, kann diese für sich allein Wert oder Grenze nicht erklären: Eine zusätzliche oder andere Erklärung ist erforderlich.

Wie die einzelne Gattung ist auch das Leben insgesamt auf Nischen angewiesen, die es ermöglichen. Die Erde bildet, wie wir gesehen haben, eine solche Nische; eine, auf die ausführlich einzugehen sein wird. Richtet man den Blick von der Erde auf die fundamentalen Gesetze der Physik mit ihren Naturkonstanten, stellt sich die Frage nach den Nischen neu: Warum sind die Gesetze so beschaffen, dass es Nischen wie die Erde für das Leben geben kann? Das ist gar nicht selbstverständlich, und bereits ein Unterschied der Beträge der Ladungen von Elektronen und Protonen könnte ein nirgendwo und niemals überwindbares Lebenshindernis bilden. Die vielleicht radikalste Idee der gegenwärtigen fundamentalen Physik besagt, dass die Naturgesetze mit ihren Konstanten eben nicht überall und immer dieselben sind, sondern dass es ein in Raum und/oder in Zeit ausgebreitetes Multiversum gibt, das aus zahlreichen «Universen» besteht, in denen andere Gesetze mit anderen Naturkonstanten gelten als in dem speziellen Teil des Multiversums, den wir bewohnen. Dies bildete dann eine Nische für das Leben überhaupt; etwa so, wie die Erde eine Nische für das irdische Leben vor dem Hintergrund der hier und jetzt geltenden Naturgesetze bildet. In vollkommener Analogie zu dem Obigen reicht diese Idee zur Erklärung tatsächlicher Werte von Naturkonstanten dann und nur dann aus, wenn diese die durch das Leben gesetzten Grenzen nicht allzu sehr übererfüllen. Beispielsweise kann die Forderung, dass Leben möglich sei, die tatsächliche Lebensdauer des Protons von wenigstens 10^{32} Jahren (S. 136) nicht erklären. Denn für die Erfüllung dieser Forderung reicht bereits aus, dass das Proton im Mittel länger als 10^{16} Jahre lebt. Für die Übererfüllung der lebensrelevanten Forderung um den gigantischen Faktor 10^{16} muss also ein anderer Grund als die Auswahl eines Subuniversums dadurch, dass wir in ihm auftreten und uns erhalten konnten, verantwortlich sein. Die Physik kann die tatsächliche Lebensdauer des Protons bisher nicht erklären, denkt aber, das alsbald durch eine Erweiterung des Standardmodells der Elementarteilchenphysik zu einem umfassenderen Modell namens Grand Unified Theory, kurz GUT, zu können.

Beide Ansätze zur Interpretation der lebensfreundlichen Werte der Naturkonstanten – gottgegebene Notwendigkeit einer- und Auswahl aus zufälligen Werten andererseits – verlieren folglich für sich allein ihr Erklärungspotenzial, wenn die tatsächlichen Werte die durch das Leben gesetzten Grenzen allzu weit übererfüllen. Der traditionellen Physik, die auf eine noch zu schildernde Art und Weise die Naturgesetze mit ihren Konstanten als notwendige Eigenschaften des Universums deuten will, liegen Betrachtungen wie die obigen seit je fern. Nun besteht tatsächlich Hoffnung, die Kleinheit des Ladungsunterschiedes durch naturwissenschaftliche Notwendigkeit zu erklären. Dies insbesondere, da nach allem, was wir wissen, als dessen tatsächlicher Wert null angenommen werden darf. Denn gar kein Unterschied ist naturwissenschaftlich stets leichter zu verstehen als einer von – sagen wir – 10^{-49} %.

Die abendländische Geschichte von einem, wie heute gesagt wird, Designer-Gott, der die Welt als Lebensraum für den Menschen geschaffen hat, beginnt mit der biblischen Schöpfungsoffenbarung. Abstrakter ist die von den griechischen Philosophen vor Sokrates, den Vorsokratikern, abstammende Auffassung des Verhältnisses des Menschen zur übrigen Natur als eine Verwirklichung von Prinzipien. Auch von dieser in den Vorstellungen des deutschen Mathematikers und Philosophen Gottfried Wilhelm Leibniz (1646–1716) von der Welt als der «besten aller möglichen Welten» gipfelnden Tradition wird noch die Rede sein. Zwar hatte der Glaube, dass sicheres Wissen möglich sei, bis weit in das 20. Jahrhundert hinein festen Bestand, aber seit der Wissenschaftlichen Revolution des 16. und 17. Jahrhunderts sowie der Aufklärung des 17. und 18. Jahrhunderts reicht der Hinweis, dass ein behaupteter Sachverhalt offenbart worden sei, zu dessen Begründung nicht mehr aus: Vernunftgründe mussten bei Beweisführungen mehr und mehr an die Stelle von Offenbarungen treten. Fiel die Schöpfungsoffenbarung als Grund für die Angepasstheit von Mensch und übriger Natur aus, musste aber gerade die Angepasstheit als Vernunftgrund für die Existenz eines Designer-Gottes eintreten. Ihren Höhepunkt erlebte diese Auffassung in der *Natürlichen Theologie*

Abbildung 3: Kunstwerke längst vergangener Epochen wie die Höhlenzeichnungen der Grotte von Lascaux weisen zu Recht darauf hin, dass sie einem intelligenten Urheber ihr Dasein verdanken. Genauso wird einer, der am Strand eine komplizierte Maschine – etwa eine Uhr – findet, die er niemals gesehen hat, auf einen intelligenten Urheber schließen. Dies auch dann, wenn er die Wirkungsweise der Maschine nicht begreift. Nun zu den Gestaltungen der Organe von Lebewesen, die perfekt dem Zweck, den sie offenbar erfüllen, angepasst sind. Wären Analogieschlüsse beweiskräftig, würden sie zeigen, dass ein übergeordnetes Wesen als Designer die Lebewesen mit ihren angepassten Organen so, wie sie heute noch sind, erschaffen hat. Beweiskräftig sind Analogieschlüsse aber nicht.

des englischen Geistlichen William Paley (1743–1805). Zur Begründung, dass es einen Designer-Gott geben müsse, hat Paley einen Analogieschluss angeführt, der berühmt werden sollte. Findet jemand am Strand einen komplizierten Mechanismus, etwa eine Uhr (Abb. 3), schließt er aufgrund des raffinierten Ineinandergreifens seiner Teile, dass er zu einem ihm möglicherweise unbekannten Zweck konstruiert worden ist: Aus dem Funktionieren des Mechanismus soll folgen, dass er einem Zweck dient, und daraus dann, dass er seine Existenz einem Designer verdankt, der die Erfüllung dieses dem Betrachter möglicherweise unbekannten Zwecks als Ziel hatte. Dies vorausgesetzt, fordert Paley seine Adepten zu dem Analogieschluss auf, dass auch das Ineinandergreifen der Teile komplizierter Organismen auf einen Zweck und alsdann auf einen Designer verweist, der diesen Zweck durch sinnreich

Wöhnlich im Wechselgespräch beim angenehm
schmeckenden Portwein

Saßen Professor Klöhn und Fink der würdige Doktor.
Aber Jener beschloß, wie folgt, die belehrende Rede:
„Oh, verehrtester Freund! Nichts gehet doch über die hohe
Weisheit der Mutter Natur. — Sie erschuf ja so mancherlei
Kräuter,

Auch erschuf sie die Thiere, erfreulich, harmlos und nutzbar;
Hüllte sie außen in Häute, woraus man Stiefel verfertigt,
Füllte sie innen mit Fleisch von sehr beträchtlichem
Nährwerth;
Aber erst ganz zuletzt, damit er es dankend benutze,
Schuf sie des Menschen Gestalt und verlieh ihm die
Öffnung des Mundes.

Harte und weiche zugleich, doch letztere mehr zu Gemüse.

Aufrecht stehet er da, und Alles erträgt er mit Würde."

Hastig begibt er sich fort; indessen die Würde ist mäßig.

ABBILDUNG 4: *Illustration des von dem altgriechischen Philosophen Aristoteles (384–322 v. Chr.) stammenden Credo ([Aristoteles 1995 a], S. 16) der* Natürlichen Theologie *durch Wilhelm Busch in seinem* Fipps der Affe: *«Man sieht [...] einmal, dass die Pflanzen der Tiere wegen, und dann, dass die anderen animalischen Wesen der Menschen wegen da sind, die zahmen zur Dienstleistung und Nahrung, die wilden, wenn nicht alle, doch die meisten, zur Nahrung und zu sonstiger Hilfe, um Kleidung und Gerätschaften von ihnen zu gewinnen. Wenn nun die Natur nichts unvollständig und auch nichts umsonst macht, so muss sie alle um des Menschen willen gemacht haben.»*

Box 1: In seinem satirischen Roman [Voltaire 2001 a] Candide *lässt Voltaire den Philosophen Pangloss gegenüber dem «mit der ganzen Zutraulichkeit seines Alters und Wesens» lauschenden Candide die «metaphysisch-theologische Kosmolonigologie» von Leibniz vertreten. «Er wies aufs bewundernswürdigste nach, dass es keine Wirkung ohne Ursache gäbe» und dass die wirkliche Welt die beste aller möglichen Welten sei. Voltaire macht es seinen Figuren durch die scheußlichsten Scheußlichkeiten, denen er sie im Lauf des Romans aussetzt, schwerer und schwerer, auf diesem Standpunkt zu beharren. Vorerst ist die Welt aber noch in der besten aller möglichen Ordnungen: «Es ist erwiesen», so Pangloss, «dass die Dinge nicht anders sein können, als sie sind, denn da alles um eines Zwecks willen geschaffen ist, dient alles notwendigerweise dem besten Zweck. Bemerken Sie bitte, dass die Nasen geschaffen wurden, um Brillen zu tragen, so haben wir denn auch Brillen. Die Füße wurden sichtlich gemacht, um Schuhe zu tragen; und so haben wir Schuhe. Die Steine wurden gebildet, damit man sie zuhaue und daraus Schlösser baue, und so besitzt seine Gnaden [der größte Baron der Provinz] ein schönes Schloss. Und da die Schweine zum Essen gemacht sind, essen wir das ganze Jahr hindurch Schweinernes. Infolgedessen ist die Behauptung, es sei alles auf dieser Welt gut eingerichtet, eine Dummheit; vielmehr müsste man sagen, dass alles aufs beste eingerichtet ist.»*

konstruierte Organismen zu erfüllen trachtet. Insbesondere vergleicht Paley das Auge mit der am Strand gefundenen Uhr, aber auch das, wie wir heute sagen, Ökosystem Erde kann als Konstruktion eines Designer-Gottes mit intelligentem menschlichem Leben als Ziel interpretiert werden. «God of the gaps» – zu Deutsch vielleicht Lückenbüßergott – heißen seither Instanzen, welche die Annahme ihrer Existenz nur dem verdanken, dass sie sollen enträtseln können, was ohne sie zu enträtseln unmöglich zu sein scheint. Wie zuvor der französische Schriftsteller und Philosoph Voltaire durch seinen Roman *Candide* die Auffassungen von Leibniz (Box 1, oben) hat auch Wilhelm Busch (1832–1908) in seinem *Fipps der Affe* (Abb. 4) die Behauptungen der Natürlichen Theologie satirisch überhöht.

Zu Fall kam Paleys *Natürliche Theologie* durch Darwins Einsichten in die Entwicklung der Arten. Die Analogie zwischen Uhr und Auge, die Paley bei seinen Analogieschlüssen unterstellt hatte, gibt es tatsächlich nicht. Augen haben sich durch zufällige Veränderungen des Erbguts und die Verfestigung erfolgreicher Varianten entwickelt. Aber wie stand und steht es um die lebensspendenden Eigenschaften der Erde? Atmosphäre, Temperatur und Schwerkraft wirken in ihren gerade richtigen Ausmaßen so zusammen, dass sie unser Erdenleben ermöglichen. Aber weshalb? Darwin hilft hier nicht weiter. Könnten wir über den Tellerrand der Erde nicht hinausblicken, müssten wir in der Tat darüber staunen, dass die hiesigen Lebensumstände für uns gerade richtig sind. Unser Leben braucht *flüssiges* Wasser, und die Temperaturen auf der Erde sind so, dass dieses in großen Bereichen nahezu immer bereitsteht. Wir brauchen auch eine Atmosphäre zum Atmen, und die Schwerkraft der Erde ist so stark, dass die Atmosphäre aus Sauerstoff und Stickstoff nicht entweichen kann – nicht aber so stark, dass wir zerquetscht würden, und auch nicht so stark, dass die ursprüngliche Atmosphäre aus den leichteren Gasen Wasserstoff und Helium nicht hätte entweichen müssen. Generationen von Sternen haben in ihrem Innern aus den unmittelbaren Überbleibseln des Urknalls schwerere Elemente als Wasserstoff und Helium erzeugt, diese dann, explodierend und schwere Elemente weiter erzeugend, im Weltall verstreut, sodass sich aus ihnen weitere Sterne und Planetensysteme mit ihnen als Beimengungen zu Wasserstoff und Helium bilden konnten. Anders als die Sonne und die schweren Riesen- oder auch Gasplaneten Jupiter und Saturn ist die Erde ihre ursprüngliche Last an Wasserstoff und Helium wieder losgeworden. Eine der Sonne ausgesetzte Kruste konnte sich auf der Erde mit ihrer «gerade richtigen» Masse bilden. Sie hat «unser» intelligentes Leben auf Kohlenstoffbasis – ein Element, dessen Ursprung erörtert werden soll – ermöglicht.

Stellen wir uns nun einmal vor, wir würden als Hypothetische Wesen nur unseren Lebensbereich, die Erde, kennen und hätten keine Ahnung, dass sie in einen größeren Kosmos eingebettet ist. Dann würden wir – sie sei als Beispiel gewählt – die Anziehungskraft der Erde, die wir durch *g* abkürzen wollen, für eine Naturkonstante halten, für deren tatsächlichen Wert wir keinen Grund anzugeben wüssten. Wir wüssten aber, dass ein wesentlich größeres oder kleineres *g* Leben, wie wir es kennen, unmöglich machen würde. Von den Erklärungsversuchen, die sich anböten – beispielsweise das Interesse einer höheren Instanz an der Existenz der Hypothetischen Wesen –, hätte, wenn sich die Wolken über deren Lebensraum sichteten, nur jener Bestand, dass *g* eben keine universelle Konstante, sondern ein Zufallsprodukt ist. Es gibt nämlich andere Welten, Leerräume, Planeten und Sonnen, die entweder kein *g* kennen oder deren *g* so beschaffen ist, dass es kein Leben erlaubt. Aber nicht nur um *g* kann es gehen; kein lebensfreundlicher Planet außerhalb der Erde ist in Sicht, sodass die Tatsache, dass wir uns hier befinden, keiner anderen Erklärung bedarf als der, dass wir uns nur hier befinden können: Von zahlreichen realisierten und realisierbaren Planeten besitzen vielleicht einige, vermutlich aber nur wenige lebensfreundliche Eigenschaften, und dies vorgegeben, ist es kein Wunder, dass wir uns auf einem von ihnen befinden. Es wäre müßig, das lebensfreundliche *g* allein aus den Naturgesetzen ableiten zu wollen. Die zufallsbedingten Umstände, unter denen sie wirken, müssen hinzugenommen werden. Kann es aber Planeten mit lebensfreundlichem *g* geben, ist es selbstverständlich, dass wir auf einem Planeten mit einem solchen *g* aufgetreten sind und uns erhalten. «Uns» könnte es weder auf dem Merkur noch dem Jupiter geben. Mehr noch: Auf keinem bekannten Planeten außer der Erde scheint es überhaupt Leben zu geben.

Erstaunlich ist die Vielzahl der zufälligen lebensfreundlichen Eigenschaften unseres Planeten. Wie wir später sehen werden, gäbe es uns hier nicht, wenn erstens die Drehachse der Erde deutlich stärker oder deutlich weniger stark gegenüber der Ebene ihrer Umlaufbahn um die Sonne geneigt wäre, als sie das ist, und wenn zweitens die Bahn der Erde um die Sonne weniger kreisförmig wäre, als sie das ist, und wenn, und wenn – ich verweise auf das zuständige Kapitel.

Setzt man an die Stelle der Erde unser Universum und an die Stelle der Planeten das Multiversum, können auch die lebensfreundlichen Werte der fundamentalen physikalischen Naturkonstanten wie G statt g als regionale Zufallsprodukte verstanden werden. Die philosophisch-theologische Alternative, sie als Gotteswerk zu verstehen, habe ich erwähnt. Dass diese Alternative der Physik nicht behagt, ist klar. Sie gleicht einer Kapitulation. So wie die Eigenschaften der Erde einer physikalischen Erklärung durch Notwendigkeit und Zufall zugänglich sind, sollten das nach Auffassung der Physik auch die lebensfreundlichen Werte der fundamentalen Naturkonstanten sein.

Besser noch, natürlich, allein durch Notwendigkeit. Dass Erklärungsbedarf besteht, zeigt die Vielzahl der Werte von Naturkonstanten, die in engen Bereichen liegen müssen, damit Leben möglich sei. Natürlich ist es ihr Zusammenspiel, das intelligentes Leben ermöglicht und, wäre es anders, unmöglich machen könnte. Nicht aber unbedingt würde! Nimmt man nämlich einige wenige, sehr fundamentale Eigenschaften des Universums aus – Eigenschaften, die die Existenz von mehr als Strahlung ermöglichen –, könnte sich intelligentes Leben auch auf einer ganz anderen Basis als der des unseren entwickelt haben. Da unser Leben auf dem chemischen Element Kohlenstoff beruht, gäbe es ohne ihn kein Leben, wie wir es kennen. Wäre intelligentes Leben auch auf der Basis anderer chemischer Elemente – am häufigsten wird Silizium genannt – möglich? Wir wissen es nicht. Sollten unsere Computer einmal ein Eigenleben entwickeln, wäre es vermutlich ein Leben auf Siliziumbasis. Aber hätte das Computerleben auch ohne uns entstehen können, also ohne Kohlenstoffbasis? Wir wissen es nicht. Der englische Astronom und Mathematiker Sir Fred Hoyle (1915–2001), auf dessen Vorhersage einer Atomkernresonanz durch das historisch früheste anthropisch deutbare Argument einzugehen sein wird, konnte in seiner wunderbaren Science-Fiction-Geschichte «Die schwarze Wolke» [1986a] sogar die Idee plausibel erscheinen lassen, dass eine interstellare Wolke Intelligenz besitzt.

Der Bereich der Werte der Naturkonstanten, bei denen unser Leben sich hätte entwickeln und erhalten können, ist sicher eng. Aber wie eng ist er? Bedarf es tatsächlich der extremen Feinabstimmung der tatsächlichen Werte mit den für unser Leben optimalen? Vermutlich nicht. Doch der Bereich der möglichen Werte ist praktisch unendlich groß, verglichen mit jenem Korridor, der bei großzügigster Auslegung Leben erlaubt.

3 *Unsere einsame Erde*

Wespen, so groß wie Rebhühner, mit eineinhalb Zoll langen Stacheln, die so spitz wie Nähnadeln waren, haben den Reisenden Gulliver nach Auskunft seines Erfinders Jonathan Swift bedroht, als es ihn als Schiffbrüchigen nach Brobdingnag, das Land der Riesen, verschlagen hatte [Swift 1958a]. Aber die Wespe, mit der Gulliver in der Abbildung 5 ficht, könnte als geometrische Vergrößerung einer hiesigen Wespe nicht einmal kriechen, geschweige denn fliegen. Warum das so ist, wusste schon Galileo Galilei.

Nehmen wir die Wespenbeine. Man braucht keine großartige naturwissenschaftliche Einsicht für die Einsicht, dass sie als vergrößerte Beine die vergrößerte Wespe nicht würden tragen können. Galilei [Galilei 1985a] wendet dieselbe Einsicht auf «Menschen, Pferde und andere Thiere» an, indem er schreibt, dass deren Knochen «nicht übergross sein und ihrem Zweck entsprechen [könnten], denn solche Thiere könnten nur dann so bedeutend vergrößert werden, wenn die Materie fester wäre und widerstandsfähiger, als gewöhnlich; sonst müssten bedeutende Verdickungen der Knochen gedacht werden, damit keine Deformationen einträten [...].» So ist es. Aber warum ist es so? Weil das Gewicht mit den Abmessungen stärker wächst als die Widerstandskraft der Knochen. Hierfür ein Zahlenbeispiel. Der Körper eines Pferdes ist zwar keine Schachtel, kann aber für unsere Zwecke mit einer solchen verglichen werden. Länge mal Breite mal Höhe, so berechnet sich das Volumen einer Schachtel. Werden also die drei Abmessungen des Pferdekörpers verdoppelt, wächst sein Volumen dreimal um den Faktor zwei, insgesamt folglich um den Faktor acht. Proportional zu seinem Volumen wächst das

Gewicht des Pferdekörpers, sodass verdoppelte Abmessungen ein verachtfachtes Gewicht nach sich ziehen. Getragen werden muss der vergrößerte Körper durch Beine, deren Abmessungen ebenfalls um den Faktor zwei gewachsen sind. Aber es ist nicht deren Volumen, das den Körper stützt und trägt, sondern ihre Querschnittsflächen sind es: Sie, insbesondere die schräggestellten, dürfen nicht zu gleiten beginnen, auf dass sie nicht brechen. Flächen aber wachsen bei der geometrischen Verdopplung aller Abmessungen nicht wie das Gewicht um den Faktor acht, sondern wie Länge mal Breite um den geringeren Faktor vier. Das doppelt so große Pferd mit seinem achtfachen Gewicht würde also Beine besitzen, deren Tragfähigkeit nur um den Faktor vier gewachsen wäre. Bei dieser Diskrepanz um den Faktor zwei mag das vergrößerte Pferd stehen, vielleicht gar laufen können. Aber bei der Vergrößerung einer Wespe auf Rebhuhngröße, sagen wir um den Faktor einhundert, wachsen Gewichte um den Faktor eine Million, Querschnitte aber nur um den Faktor zehntausend, sodass die Diskrepanz auf den Faktor einhundert ansteigt – nein, damit bei beiden Abmessungen Leben möglich sei, können nicht alle drei Abmessungen und die Festigkeiten der Extremitäten dieselben bleiben. Galilei, der dies als Erster so gesehen hat, illustriert seinen Schluss durch die Darstellung zweier Knochen, deren größerer «die gewöhnliche Länge ums Dreifache übertrifft und der in dem Maße verdickt wurde, dass er dem entsprechend grossen Thiere ebenso nützen könnte, wie der kleinere Knochen dem kleineren Thiere. Wer also bei einem Riesen die gewöhnlichen Verhältnisse beibehalten wollte, müsste entweder festere Materie finden, oder er müsste verzichten auf die Festigkeit, und den Riesen schwächer als Menschen von gewöhnlicher Statur werden lassen; bei übermässiger Grösse müsste er durch das Eigengewicht zerdrückt werden und fallen.» Entgegen den Mythen müssten Riesen also Schwächlinge sein.

Abbildung 5: *Die Unterstellung von Jonathan Swift in seinem Buch «Gullivers Reisen» [Swift 1958a], dass fünfzigfach vergrößerte Wespen fliegen könnten, ist sicher falsch.*

Wenn wir fragen, unter welchen Umständen Leben, und zwar intelligentes Leben, möglich sei, dürfen wir die Verhältnisse, unter denen wir uns allem Anschein nach entwickelt haben und prächtig gedeihen, nicht als die für intelligentes Leben einzig möglichen voraussetzen. So bereits Galilei in seinen Voraussetzungen für das Leben übergroßer Tiere und in den Ausweichmöglichkeiten, auf die er hinweist. Materie, die «fester wäre und widerstandsfähiger, als gewöhnlich», würde als Baumaterial geometrische Vergrößerungen existierender Tierarten ermöglichen; ein Ausweg, der der Natur auf Erden nicht eingefallen ist. Eingefallen ist ihr aber, wie Galilei ebenfalls erwähnt, die Möglichkeit, dass im Wasser nicht die Knochen das Fleisch tragen, sondern dass das Fleisch die Knochen trägt. Lebewesen – Wale – mit Abmessungen, die auf dem Lande nicht auftreten können, kann es demnach im Wasser geben, und es gibt sie auch. Ob sie sich dort hätten entwickeln können, bleibe dahingestellt. Wir steuern auf Überlegungen zu, die mangels genaueren Wissens Unterschiede dieser Art nicht werden berücksichtigen können.

Die Schwerkraft an der Oberfläche unseres Planeten beschränkt das Größenwachstum. Wäre sie, aus welchen Gründen auch immer, weniger stark, könnte es Tiere geben, die uns und die unsrigen um Größenordnungen überragen. Nun ist die Schwerkraft an der Oberfläche eines Himmelskörpers umso schwächer, je kleiner der Himmelskörper ist. Die Sprünge der Astronauten auf dem Mond legen hiervon beredtes Zeugnis ab. Also – und das erstaunt dann doch – können auf *kleineren* Planeten *größere* Lebewesen ihr Leben fristen. Wäre umgekehrt die Erde größer, könnten auf ihr nur Winzlinge wie Gullivers Liliputaner existieren. Die grünen – weshalb so gefärbt, kann mir vielleicht eine Leserin erklären – Marsmenschen stellen wir uns immer auch als klein vor. Dies wohl deshalb, weil der Mars kleiner ist als die Erde. Welch ein Fehler! Je kleiner ein Planet, desto größer können die Wesen auf ihm werden.

Bleiben wir noch eine Weile bei intelligenten Lebewesen, die uns mehr oder weniger gleichen. Auf einem Planeten, so klein wie der des Kleinen Prinzen in der nach ihm benannten Geschichte von Antoine de Saint-Exupéry, könnten «wir» bereits deshalb nicht leben, weil seine Schwerkraft nicht ausreichte, eine Atmosphäre festzuhalten, die wir nicht nur zum Atmen, sondern auch zum sprachlichen Kommunizieren – zu unserer kulturellen Entwicklung also – brauchen. Was an deren Stelle treten könnte, entzieht sich unserer Einbildungskraft. Hüpfen sollten wir auf dem Planeten des Kleinen Prinzen besser nicht, da wir uns sonst in den Weltraum katapultierten. Auf dem größten Planeten des Sonnensystems, dem Jupiter, ist die Schwerkraft etwa dreimal so stark wie auf der Erde. Könnten wir dort leben, den Jupiter besiedeln? Wobei wir von allen Gegebenheiten außer eben der Schwerkraft, von der sich abzuschirmen als einziger bereits prinzipiell unmöglich ist, absehen. Wahrscheinlich ja. Denn wenn wir den Faktor drei, um den die Schwerkraft dort stärker ist, auf Größe und Gewicht verteilen, sind kleine Dünne auf dem Jupiter derselben Schwerkraft ausgesetzt wie große Dicke auf der Erde. In der Achterbahn wirken typischerweise

Kräfte auf uns ein, die um den Faktor sieben größer sind als die Schwerkraft, und Astronauten wird beim Abheben das Zehnfache der Schwerkraft zugemutet. Zwar kann es wesentlich größere Planeten als den Jupiter nicht geben – sie wären Sonnen –, aber ausgebrannte Sterne mit nur einem Dutzend Kilometer Durchmesser und der Masse von zehn Sonnen gibt es. Auf ihrer Oberfläche würden wir zerquetscht; dort zu leben wäre uns unmöglich. Aber nicht nur uns: Kein Leben auf Molekülbasis – kann es ein anderes geben? – wäre dort möglich. Denn Moleküle würden der dortigen Schwerkraft nicht widerstehen können. Sie ist so stark, dass durch sie Moleküle zu Atomen zerstückelt würden.

Von allen tatsächlichen und möglichen Himmelskörpern mit ihren verschiedenen Abmessungen erlauben also nur wenige das Auftreten und den (zumindest zeitweiligen) Erhalt intelligenten Lebens. Ein Planet mit unserer Lebensform braucht außerdem offenbar eine wärmespendende Sonne als Stern in seiner Nähe, aber doch nicht zu nah. Nicht so nah nämlich, dass sein Wasser verdampfte, und nicht so fern, dass es gefröre.

Überhaupt das Wasser (Abb. 6)! Keine andere Substanz vereinigt in sich so viele lebensfreundliche Eigenschaften. Mehr noch: In manchen von ihnen übertrifft das Wasser alle anderen. Erstens dehnt sich Wasser als einzige Substanz beim Gefrieren aus. Eis schwimmt im Wasser, sodass es offensichtlich leichter ist als flüssiges Wasser. Tatsächlich ist Wasser bei 4 Grad Celsius am schwersten, sodass bei Minustemperaturen nicht Eis, sondern flüssiges Wasser nach unten sinkt. Gewässer frieren daher nicht von unten, sondern von oben zu. Ebendeshalb tauen sie auch von oben nach unten auf. Wäre es anders, würden sich die Gewässer von Winter zu Winter mehr und mehr mit Eis anfüllen – mit verheerenden Folgen nicht nur für das Leben der Fische, sondern auch für den Wasserhaushalt der Erde.

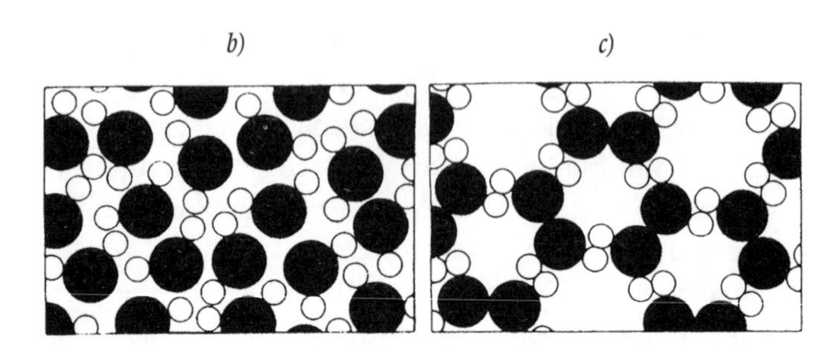

Abbildung 6: *Im Wassermolekül H_2O von a) – der große dunkle Kreis stellt das Sauerstoffatom O, die beiden offenen kleinen stellen die beiden Wasserstoffatome H dar – zieht das Sauerstoffatom aus Gründen, die hier darzustellen uns zu weit von unserem eigentlichen Thema «Zufall und Notwendigkeit» hinwegführen würden, die Elektronen der beiden Wasserstoffatome zu sich herüber. Deshalb bildet das Wassermolekül insgesamt einen elektrischen Dipol, an den sich elektrisch geladene Atome anlagern und so in Lösung gehen können. Letztlich beruhen alle Eigenschaften des Wassers, die es vor anderen Substanzen auszeichnen, auf den fundamentaleren von Sauerstoff und Wasserstoff. Das Eis in c) benötigt pro Molekül offenbar mehr Platz als das flüssige in b), sodass Eis weniger dicht ist als flüssiges Wasser – Eis schwimmt auf Wasser. Die erhöhte Wärmebewegung bei höheren Temperaturen zerstört den Zusammenhalt der Wassermoleküle im Eis. Die Unterstellung von b) und c), dass die Moleküle H_2O in Wasser und Eis ebene Strukturen ausbilden, ist selbstverständlich falsch, gibt aber einen wesentlichen Grund für die besonderen Eigenschaften des Wassers richtig wieder: den Wert des Winkels zwischen den beiden H-Atomen, vom Mittelpunkt des O-Atoms aus gesehen. Aufgrund seiner kann das Wasser eine räumliche Brückenstruktur ausbilden.*

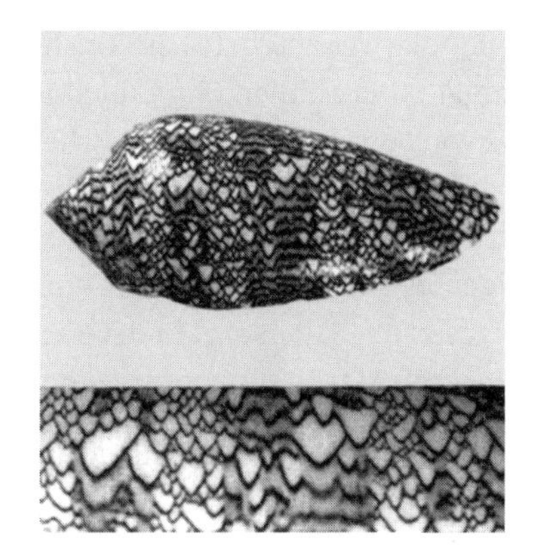

Abbildung 7: *Der ästhetische Reiz des Panzers der Meeresschnecke kann darüber hinwegtäuschen, dass in ihm nur Abfallprodukte ihres Stoffwechsels abgelagert wurden.*

Zweitens kann Wasser als nahezu einzige Substanz zahlreiche andere auflösen, ohne sie zu verändern. Offenbar wichtig für das irdische Leben ist diese Lösungskraft bei der Verteilung von Substanzen über die Erdoberfläche. Auch deshalb taugt das Wasser des Körpers hervorragend als Transportmittel für Substanzen im Blut sowie bei der Aufnahme von Nahrungsmitteln und dem Ausscheiden von Abbauprodukten. Es geht aber auch anders: Meeresschnecken scheiden hochmolekularen Abfall nicht durch Abbau aus, weil sich dadurch giftige Substanzen bilden würden, sondern direkt durch Einbau in ihre Schalen, die dadurch (Abb. 7) ästhetischen Reiz gewinnen.

Wasser hilft auch in höherem Maße, als andere Flüssigkeiten das könnten, die Temperatur sowohl der Lebewesen als auch der Kontinente und der Erde insgesamt konstant zu halten. Dies beruht drittens, viertens und fünftens[5] auf den ungewöhnlichen Fähigkeiten des Wassers, Wärmeenergie aufzunehmen oder abzugeben. Ich will das und Weiteres, etwa die Fähigkeit des Wassers, in Baumgipfel aufzusteigen, nicht ausspinnen, sondern verweise auf [Henderson 1913 a], dem diese Darstellung viel verdankt, sowie auf [Barrow und Tipler 1986a] und das populärwissenschaftliche Buch [Greenstein 1991a]. Noch einmal zu erwähnen (S. 35) bleibt die Umwandlung der Energie von Sonnenlicht in chemische Energie durch die Photosynthese. Aus Wasser und Kohlendioxyd erzeugt sie energiereiche Glukose mit Sauerstoff als Abfallprodukt. Unser intelligentes Leben beruht auch auf dem hierdurch *aus Wasser* freigesetzten Sauerstoff. In der Tat stammen, wie man durch radioaktive Markierungen weiß, die Sauerstoffmoleküle O_2 der Luft aus dem Sauerstoff des Wassers H_2O, nicht aus dem des Kohlendioxyds CO_2. Insgesamt ist es also nicht erstaunlich, dass wir uns auf einem Planeten mit viel flüssigem und dampfförmigem Wasser befinden – vorausgesetzt natürlich, dass es eine Substanz wie Wasser, die zahlreiche lebensfreundliche Eigenschaften in sich vereinigt, überhaupt geben kann und dass die Entstehungsgeschichte des Universums die Entstehung einer solchen Substanz sowie eines aufnahmebereiten Planeten erlaubt.

Dem Wasser als lebensfreundlicher Substanz kommt nur Ammoniak nahe, bei dessen Siedepunkt von −78 Grad Celsius chemische Prozesse aber so langsam ablaufen, dass die Entwicklung von Leben in einer Ammoniak- statt einer Wasserumgebung wohl längere Zeit als das bisherige Weltalter erfordert hätte. Aber wer weiß (S. 34)? Die Spannung, ob es vielleicht auf dem Saturnmond Titan in flüssigem Methan bei −179 Grad Celsius Lebensspuren gibt, wollen wir uns nicht nehmen lassen.

Die Bahn eines Planeten bildet aufgrund der Gesetze Newtons eine, irgendeine Ellipse mit der Sonne in einem ihrer beiden Brennpunkte. Allzu exzentrisch darf diese aber nicht sein, wenn sich auf dem Planeten Leben erhalten soll. Denn die lebensfeindlichen Temperaturunterschiede, denen ein Planet ausgesetzt ist, sind umso größer, je mehr seine Bahn von einer Kreisbahn abweicht. Auf seiner Bahn sollte der Planet sich nicht so drehen, dass er seiner Sonne immer dieselbe

Seite zukehrt, da sonst auf dieser Seite lebensbedrohende Hitze, auf der anderen, von der Sonne abgewandten Seite tödliche Kälte herrschen würde. Um Doppelsterne taumeln ihre Planeten herum, wenn sie denn welche besitzen, sodass sich auch auf ihnen kein Leben erhalten, geschweige denn bilden könnte. Die dauerhaft stabilen Lebensumstände, die das Leben braucht, könnte kein Sonnensystem bieten, das immer mal wieder durch den Vorbeizug eines Sterns in seinen Grundfesten erschüttert würde. Planeten, auf denen sich Leben auch nur erhalten kann, brauchen stabile Bahnen um ihren Stern. Also kann im Universum nur dort Leben auftreten, wo die Abstände zwischen den Sternen viel, viel größer sind als die Sterne selbst. Dazu erforderlich sind Galaxien, die vereinzelten Planetensystemen wie dem Sonnensystem Raum bieten. Auch dass die Planetenbahnen, statt als stark exzentrische Ellipsen in den Weltraum hinauszureichen, nahezu Kreise bilden, hat zur Stabilität der Lebensbedingungen auf der Erde beigetragen. Denn würde die Bahn der Erde die Bahn eines anderen Planeten kreuzen, würden beide bei einer Annäherung aus ihren eigenen Bahnen geworfen – mit verheerenden Folgen für das tatsächliche oder mögliche Leben auf ihnen.

Dass die Erde diese Bedingungen erfüllt, zeigt, dass sie erfüllt werden können. Das aber ist gar nicht selbstverständlich, sondern erfordert Feinabstimmungen von Naturkonstanten und / oder Anfangsbedingungen des Universums, auf die in größeren Zusammenhängen einzugehen sein wird. Gegenüber dem Universum stellt sich hierdurch die historische Frage neu, die der deutsche Astronom Johannes Kepler (1571–1630) in Bezug auf das Sonnensystem zu beantworten gesucht hat: Woher die Abstände der Planeten auf ihren Bahnen? Kepler wollte die Verhältnisse dieser Abstände zueinander durch ein geometrisches Konstrukt aus den fünf Platonischen Körpern gesetzmäßig beantworten (Abb. 8). Das von

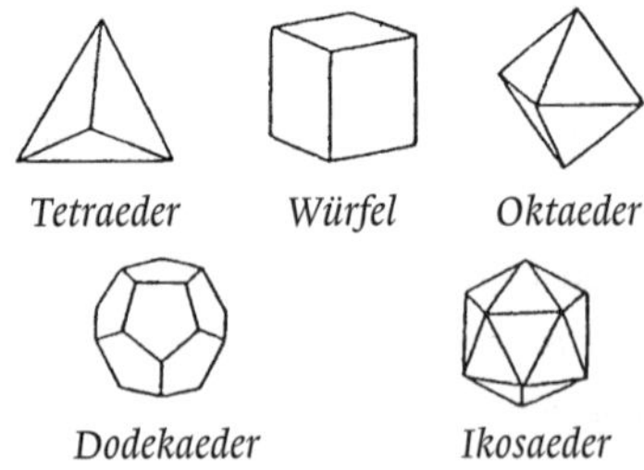

Abbildung 8: *Die fünf regelmäßigen, nach Platon benannten Körper hat Kepler so ineinandergeschachtelt, dass die Bahnen der sechs Planeten, die er kannte, Kreise in den ihnen eingeschriebenen und umschriebenen Kugeln bilden.*

Newton entdeckte Naturgesetz für die Bahnen von vereinzelten Planeten, das beliebige Ellipsen um die Sonne in einem Brennpunkt zulässt, lässt keinen Raum für eine gesetzmäßige Begründung dieser Relationen, sondern führt sie auf historische Zufälle bei der Entstehung des Planetensystems zurück. Dass der Planet, auf dem wir leben, gerade einen Abstand in dem Bereich von der Sonne hat, bei dem seine Oberflächentemperatur das Vorkommen von flüssigem Wasser erlaubt, lässt sich also nur anthropisch erklären: Wenn das anders wäre, wären wir nicht hier.

Diese anthropische Erklärung ist offenbar von ganz anderer Art als die gesetzmäßige, die Kepler angestrebt hatte: Statt unsere Existenz zu erklären, erklärt sie sich durch unsere Existenz. Diese Erklärung wäre nichts als eine verblüffende Tautologie, wenn es außer der Erde keinen Planeten im Universum gäbe. In Anbetracht aber der acht Planeten des Sonnensystems und der vermutlich unzähligen anderen Planeten im übrigen Universum in verschiedenen Abständen von ihrem jeweiligen Zentralgestirn ist die anthropische Erklärung des Abstands der Erde von der Sonne nichts als «common sense» [Weinberg 2000 a] (der bei der Übersetzung in «gesunder Menschenverstand» ein nicht gemeintes Geschmäckle hinzugewinnt).

Ins Gigantische erhoben – mit dem dann nur noch sogenannten Universum statt der Erde und einem Multiversum aus zahllosen Universen statt unseres Universums – ist für zumindest eine Naturkonstante – Einsteins berühmt-berüchtigte Kosmologische Konstante statt des Bahnradius eines Planeten – keine andere Erklärung in Sicht als die anthropische: dass wir nämlich in einem Universum leben, dessen Kosmologische Konstante zufällig dem Wertebereich entstammt, dem sie entstammen muss, damit sich Leben bilden und erhalten kann. Hierüber besteht weitgehende Einigkeit unter Physikern und Kosmologen. Ob aber die Kosmologische Konstante die einzige unter den Naturkonstanten ist, die nur einer anthropischen Erklärung zugänglich ist – und, wenn nicht sie allein, wie viele und welche es dann sind –, ist umstritten. Auf jeden Fall wäre ohne die unterstellte Vielfalt der Universen, ein jedes mit seinem eigenen Urknall und daher seinen eigenen Werten der Naturkonstanten, die anthropische Erklärung dieser Werte wiederum nichts als eine verblüffende Tautologie; mit dieser Vielfalt ist sie hingegen einfach Common Sense. Zwar wäre es für Physiker enttäuschend, stellte sich heraus, dass für fundamental gehaltene Werte von Naturkonstanten nur anthropisch, also durch Zufälle, erklärt werden können. Aber das historische Beispiel zeigt, dass wir lernen können, damit zu leben.

4 *Die beste aller möglichen Welten? Über Design und Evolution*

Kann Ordnung in der Natur, die einen Zweck erfüllt, durch diesen Zweck begründet werden? Die Stellung des Daumens gegenüber den anderen vier Fingern der Hand durch den Zweck, Feinarbeit leisten zu können? Die Antwort hängt davon ab, wie wir «Zweck» interpretieren. Eine Interpretation drängt sich auf und hat Tausende Jahre – als frühesten Vertreter werden wir Xenophon von Athen (etwa 426 bis etwa 354 v. Chr.) kennenlernen – bis zu Darwins bereits erwähntem Werk «Über die Entstehung der Arten» des Jahres 1859 die Diskussion beherrscht: dass die Ordnung und der Zweck, den sie erfüllt, auf derselben Stufe stünden; einander sowohl logisch als auch zeitlich gleichgeordnet wie die Henne dem Ei. Und beide von einem Designer-Gott füreinander geschaffen – wobei die Betonung mal auf der zweckmäßigen Einrichtung der Lebewesen für ihre Umwelt, mal auf der zweckmäßigen Einrichtung der Umwelt für ihre Lebewesen gelegen hat.

Umgestoßen hat diese zumindest im zeitlichen Mittel bestehende Symmetrie Charles Darwin. Lebewesen, so seine Einsicht, die wir heute Detail für Detail belegen können, passen sich im Laufe der Evolution aneinander und an ihre Umwelt an. Aber auch die Umwelt ist in diesem Spiel keine Konstante. Grundgegebenheiten der irdischen Existenz kann das Leben selbstverständlich nicht verändern – nicht z.B. die Bahn der Erde um die Sonne. Wohl aber übt es entscheidenden Einfluss auf die Oberfläche der Erde und ihre Atmosphäre aus. «Das Leben existiert», schreiben [Margulis und Sagan 1995a auf S. 28], «eigentlich nicht *auf* der Erdoberfläche, sondern es ist die Erdoberfläche.» Unsere Einflussnahme auf die Atmosphäre durch die Verbrennung von fossilem Material ist besonders eindrucksvoll. Dies deshalb, weil sie sich jetzt und schnell auswirkt. Den nachhaltigsten Einfluss auf die Atmosphäre hat wohl die bereits beschriebene (S. 35) Erfindung der Fotosynthese vor zwei Milliarden Jahren durch Bakterien gehabt. Eindrucksvoll für jedermann ist der Vergleich von bewaldeten mit steinernen Bergen, aus denen sich das sichtbare Leben zurückgezogen hat. Korallenriffe und durch Biber veränderte Flussläufe bilden weitere Beispiele für die Landschaftsgestaltung durch das Leben. Zahllos sind die von Menschen verursachten Veränderungen der Erdoberfläche; man denke nur an irgendeine Autobahn.

Durch Darwins Erklärung der Entwicklung der Arten kann verstanden werden, wie das Leben sich und seine Umwelt an die unveränderbaren Vorgaben der Erde angepasst hat. Entstanden ist das Leben unter Bedingungen, die auf das heutige tierische und pflanzliche Leben verheerend wirken würden. Ich verweise auf die schönen Bücher *Microcosmos* und *Leben* von Lynn Margulis und Dorion Sagan [Margulis und Sagan 1987a und 1995a]. Durch Anpassung hat das Leben Nische um Nische auf der Erde erobert und ist dabei, sich im Sonnensystem weitere Nischen zu schaffen.

Durch ihre unveränderbaren Vorgaben bildet die Erde eine Nische für «unser» intelligentes Leben. Auf keinem anderen Planeten oder Mond des Sonnensystems hätten «wir» auftreten können. Damit stellt sich die Frage nach einem Design der Lebensbedingungen auf der Erde neu. Waren die frühen Advokaten des Designs von der Einzigartigkeit sowohl des Lebens auf der Erde als auch seiner irdischen Bedingungen ausgegangen, bleibt nach Darwin nur noch die Frage nach einem Design der Lebensbedingungen übrig. Betrachtet man die allgemeinen Naturgesetze in dem Sinn als vorgegeben, dass sie die Entwicklung lebensfreundlicher Himmelskörper ermöglichen, reduziert sich die Frage nach dem Design «unserer» Lebensbedingungen auf das Problem, warum mindestens ein Himmelskörper mit lebensfreundlichen Eigenschaften tatsächlich aufgetreten ist.

Zerbrochen ist die Frage nach einem Designer-Gott seit Darwin also in zwei Teilfragen, deren eine, die nach der zweckmäßigen Einrichtung von Lebewesen bei vorgegebenen Lebensbedingungen, durch ihn im Prinzip beantwortet wurde, ohne eine höhere Instanz bemühen zu müssen, und deren zweite, nach den das Leben erst ermöglichenden Umständen, noch immer nicht beantwortet ist.

Die lebensfreundlichen Eigenschaften des Wassers können durch die Naturgesetze, wie sie nun einmal sind, erklärt werden. Aber das Zusammentreffen von intelligentem Leben und Wasser auf der Erde ist eine andere Sache. Bei der Bewertung dieser Koinzidenz müssen wir stets berücksichtigen, dass wir als Fragesteller hier existieren. Tatsächlich müssen wir (S. 25) bei der Interpretation *aller* Beobachtungen, die wir machen, die Tatsache berücksichtigen, dass *wir* es sind, die beobachten. Beliebt als Paradigma ist das eines Fischers, der sich darüber wundert, dass er keine Fische unterhalb von zehn Zentimeter Länge fängt. Dies deshalb, geht die Geschichte weiter, weil die Maschen seines Netzes mehr als zehn Zentimeter weit sind.

Darwins Einsicht in die Entstehung der Arten durch Zufall und Auswahl hat eben diese Entstehungen bei Vorgabe der jeweiligen Nischen als naturnotwendig erscheinen lassen. Musste da nicht auch die «Fitness of the Environment» – so der Titel eines Buches von 1913 – naturnotwendig sein, allein auf Naturgesetzen beruhen? Darwins «Fitness» – laut *Langenscheidts Großem Schulwörterbuch Englisch-Deutsch* als «Eignung, Fähig-, Tauglichkeit» zu übersetzen; ich will es bei «Fitness» belassen –, Darwins Fitness also kann nach Auskunft des Buches des amerikanischen Physikochemikers Lawrence

J. Henderson nicht nur bedeuten, dass sich die Organismen an die Umwelt anpassen, sondern auch, dass die Umwelt so beschaffen ist, dass sie das können. Das Rätsel, warum das so ist, kann er selbstverständlich nicht lösen – genauer: Wie die Biologen vor Darwin die Eignung von Organismen für ihre Zwecke nur durch eben diese Zwecke begründen konnten, so kann Henderson die Eignung der Umwelt für die Organismen nur durch die Eignung als Zweck begründen –, aber er kann das Rätsel neu durch die Eignung der Wasserstoff-, Kohlenstoff- und Sauerstoffchemie in überraschendem Detail vor Augen führen.

Bedeutender noch als das Wasser mit seiner Liste förderlicher Eigenschaften für das Leben, wie wir es kennen, ist der Kohlenstoff. Er bildet die Basis allen irdischen Lebens von dessen Anbeginn vor mehr als vier Milliarden Jahren an. Den Advokaten außerirdischen *chemischen* Lebens ist vor allem das mit dem Kohlenstoff chemisch verwandte[6] Silizium als alternative Basis eingefallen – ein Element, dessen Bildung, nebenbei sei es gesagt, die von Kohlenstoff zur Voraussetzung hatte. An ein zentrales Atom C des Kohlenstoffs können Atomgruppen angehängt werden, die durch Design (auch in der pharmazeutischen Industrie) oder Zufall die Bildung einer Vielzahl lebenswirksamer Moleküle ermöglichen (Abb. 9).

Hendersons Verdienst ist auch, an die mit der Fitness der Umwelt verbundenen Details erinnert zu haben, die bei den Biologen nach dem mit «erschreckender Plötzlichkeit» über sie hereingebrochenen Erfolg der Darwin'schen Hypothese in Vergessenheit geraten waren. Er zitiert den Beitrag von W. Whewell aus dem Jahr 1833 zu einer Serie von Schriften namens «Bridgewater Treatrises», die zur Erhärtung der Vorstellung dienen sollten, dass ein Designer-Gott die Welt erschaffen habe: «Gezeigt wurde, dass zahlreiche Größen und Gesetze nach allem Anschein beim Bau des Universums

$CH_3{-}CH_2{-}CH_2OH$ · $CH_3{-}CHOH{-}CH_3$ · $CH_3{-}CH{=}CHOH$ · $CH_3{-}COH{=}CH_2$ · $CH_2OH{-}CH{=}CH_2$ · $CH_2{=}C{=}CHOH$ · $CHO{-}CH{=}CHOH$ · $CHOH{=}C{=}CO$ · $CHO{-}C{\equiv}COH$

$CH_3{-}C{\equiv}COH$ · $CH_2OH{-}C{\equiv}CH$ · $CH_3{-}CHOH{-}CH_2OH$ · $CH_2OH{-}CH_2{-}CH_2OH$ · $CH_3{-}COH{=}CHOH$ · $CH_2OH{-}CH{=}CHOH$ · $CH_2OH{-}CHOH{-}CHO$ · $CH_2OH{-}CO{-}CH_2OH$ · $CH_2OH{-}COH{=}CO$ · $CHO{-}COH{=}CHOH$ · $CH_2OH{-}CO{-}CHO$ · $CHO{-}CHOH{-}CHO$

$CH_2OH{-}COH{=}CH_2$ · $CHOH{=}C{=}CHOH$ · $CH_2OH{-}C{\equiv}COH$ · $CH_2OH{-}CHOH{-}CH_2OH$ · $CH_2OH{-}COH{=}CHOH$ · $CHO{-}COH{=}CO$

$CH_3{-}CH_2{-}CHO$ · $CH_3{-}CO{-}CH_3$ · $CH_3{-}CH{=}CO$ · $CHO{-}CH{=}CH_2$ · $CO{=}C{=}CH_2$ · $CHO{-}C{\equiv}CH$ · $CH_3{-}CHOH{-}COOH$ · $CH_2OH{-}CH_2{-}COOH$ · $COOH{-}COH{=}CH_2$ · $COOH{-}CH{=}CHOH$ · $COOH{-}C{\equiv}COH$ · $CH_2OH{-}CHOH{-}COOH$

$CH_3{-}CO{-}CHO$ · $CHO{-}CH_2{-}CHO$ · $CHO{-}CH{=}CO$ · $CO{=}C{=}CO$ · $CHO{-}CO{-}CHO$ · $COOH{-}COH{=}CHOH$ · $COOH{-}CHOH{-}COOH$

$CH_3{-}CH_2{-}COOH$ · $COOH{-}CH{=}CH_2$ · $COOH{-}C{\equiv}CH$ · $COOH{-}CH_2{-}COOH$ · $CH_3{-}CO{-}COOH$ · $CHO{-}CH_2{-}COOH$ · $COOH{-}CH{=}CO$ · $COOH{-}CO{-}COOH$

$CH_3{-}CHOH{-}CHO$ · $CH_2OH{-}CH_2{-}CHO$ · $CH_2OH{-}CO{-}CH_3$ · $CH_3{-}COH{=}CO$ · $CH_2OH{-}CH{=}CO$ · $CHO{-}COH{=}CH_2$ · $CH_2OH{-}CO{-}COOH$ · $CHO{-}CHOH{-}COOH$ · $COOH{-}COH{=}C{=}O$

ABBILDUNG 9: *Eine Auswahl der bereits Henderson bekannten Verbindungen des Kohlenstoffatoms C mit den Atomen von Wasserstoff H und Sauerstoff O. Gegenwärtig bekannt [Ulmschneider 2003a, S. 51] sind zehn Millionen Kohlenstoffverbindungen, deren sich sowohl die Natur als auch die chemische Industrie zur Erfüllung ihrer Zwecke bedienen. Ihnen stehen nur zweihunderttausend anorganische Verbindungen aller anderen Elemente gegenüber.*

zu dem Zweck *ausgewählt* wurden, dass […] sie dem Unterhalt von Pflanzen und Tieren in einem Maße dienen, das ausgeschlossen wäre, wenn die Eigenschaften und Mengen der Elemente nicht die wären, die sie sind.» Es folgt, von Henderson angeführt, eine Liste von 19 Eigenschaften der Umwelt, die zum Erfolg der Organismen zumindest beitragen, sie vielleicht sogar zur Voraussetzung haben. Neben Eigenschaften der Erde wie ihrer Masse, die «sich aus ihrer Größe und Dichte ergibt», nennt Whewell vor allem Eigenschaften von Wasser und Luft. Die Begründung des ersten Postens der Liste ist für uns besonders interessant. «Die Länge des Jahres», die laut Whewell zu den Errungenschaften des Designer-Gottes gehört – tatsächlich hätte sich das Leben wohl auch an andere Jahreslängen anpassen können –, ergibt sich aus «der Anziehung der Erde durch die Sonne und ihrer Entfernung von der Erde». Henderson kommentiert die seinen Intentionen weitgehend entsprechende Liste mit den Worten: «Schwer zu verstehen ist, dass die Ideen dieser Art in Vergessenheit geraten konnten.»

In den Vorstellungen der Naturforscher und Philosophen vor Darwin vermischte sich die Fitness der Umwelt der Lebewesen so heillos mit deren eigener Fitness, dass in dem nachfolgenden Scheidungsprozess die Umwelt zunächst als vorgegeben gedacht und nur die Anpassung der Lebewesen an sie eingehender Betrachtung unterzogen wurde. Für Henderson besitzt die Erde, wie sie nun einmal ist mit ihrer festen, von flüssigem Wasser teilweise bedeckten Oberfläche und ihrer Atmosphäre aus Sauerstoff, Kohlendioxyd und Wasserdampf, die maximal mögliche Fitness für Leben, welcher Art auch immer. Optimal für Leben aller Art sind, wie erwähnt, neben den Eigenschaften von Wasser die Verbindungsfähigkeiten des Kohlenstoffs. Andererseits ist die Hand laut Henderson optimal an alle überhaupt möglichen Umwelten angepasst. Aber es gibt auch Fälle, in denen Fitness der Umwelt und des Lebens nur in wechselseitiger Relation verstanden werden können. Wenn man etwa die Beziehung des Ozeans zu seinen Fischen betrachtet.

Wir folgen dem bereits erwähnten Monumentalwerk «The Anthropic Cosmological Principle» von John D. Barrow und Frank J. Tipler [Barrow und Tipler 1986a], das Design und Teleologie fast 200 seiner 706 Seiten gewidmet hat, indem wir feststellen, dass Henderson in seinen Betrachtungen von Adaption und Fitness zwei bedeutende Vorläufer hatte. Erstens den schottischen theoretischen Physiker und Entdecker

Abbildung 10: *Der Analogieschluss der Katze, dass sie ein Hund sei, ist nicht korrekt. «Verhalten sich», so die Definition des Analogieschlusses unter diesem Stichwort in [Mittelstraß 1995 a], «zwei Arten S1 (Hunde) und S2 (ich, die denkende Katze) einer Gattung M (bitte selbst wählen, z. B. Tiere) analog, d. h. gibt es eine Eigenschaft Q (vier Beine haben), für die ‹alle S1 sind Q› und ‹alle S2 sind Q› gilt, so kann man von ‹alle S1 sind P (Hund sein)› per analogiam auf ‹alle S2 sind P› schließen, falls ‹alle Q sind P› gilt. Die letzte Bedingung wird bei unkorrektem Analogieschluss häufig vergessen» – beispielsweise hier. Während nun aber korrekte Analogieschlüsse nichts ergeben können, was nicht bereits aus weniger Annahmen (nämlich ‹alle S2 sind Q› zusammen mit ‹alle Q sind P›) durch die logische Figur des Syllogismus folgt, sind unkorrekte niemals zwingend. Wie unser Beispiel zeigt, gleichen sie «induktiven Beweisen» darin, dass sie keine Beweise sind. Vor allem als rhetorische Figuren können sie eindrucksvoll erhellend sein – wenn etwa geschrieben wurde (Stichwort tertium comparationis in [Mittelstraß 1995 a]), Prinz Eugen «habe die Flammen des Krieges zu löschen gewusst». Weil auf Analogieschlüssen beruhende Formulierungen kurz und knapp die Meinung und den Kommentar des Schreibenden klarmachen können, werden sie gern in Schlagzeilen verwendet, was aber in der Hitze des Geschäftes nicht gerade selten in die Hose geht – «Bei den erneuerbaren Energien hat das Wasser die Nase vorn» – und im Hohlspiegel nachgelesen werden kann. Schöner noch: «Der Zahn der Zeit, der so manche Träne getrocknet hat, wird auch über diese Wunde Gras wachsen lassen.»*

der nach ihm benannten Gleichungen James Clerk Maxwell (1831–79). Vor der *British Association* hat er 1873 darauf hingewiesen, dass die Moleküle, aus denen Organismen bestehen, der Evolution nicht unterliegen [Maxwell 1890a] – sie, die «Grundpfeiler des materiellen Universums bleiben, wie sie immer waren, unzerbrochen und unbekannt». Die Moleküle waren Henderson zwar 1913 bekannt, aber vor dem tieferen Sinn von Maxwells Begehr nach Aufklärung musste auch er kapitulieren: Warum sind auf seinem tieferen – heute abermals tieferen – Niveau als dem der Moleküle die Naturgesetze mit ihren Konstanten so beschaffen, dass sie Leben erlauben, fördern oder gar erzwingen?

Der zweite Vorläufer Hendersons – sowohl als Professor für Chemie an beider Wirkungsplatz Harvard als auch intellektuell – war Josiah Cooke. Dass die Natur geordnet sei, sah er aufgrund von Eigenschaften der Naturgesetze und chemischer Substanzen, beispielsweise des Wassers, als erwiesen an [Cooke 1880a, S. 161]. Für ihn, wie bereits gut zwei Jahrhunderte früher für Isaac Newton, bedurfte Ordnung keines über sie hinausgehenden Zwecks und Ziels, um bemerkenswert zu sein. Wie konnte es anders sein für Naturforscher, die ihr Leben damit verbrachten, Naturereignisse gesetzmäßig zu ordnen? Dies anerkannt, beanspruchten die Zwecke der Ordnung auch bei Josiah Cooke ihr Recht.

Von den frühesten altgriechischen Philosophen bis zu den Vertretern der *Natürlichen Theologie* im 19. Jahrhundert war weithin anerkannt, dass einem Designer-Gott sowohl die Anpassung der Organismen an ihre Umwelt als auch die Fitness der Umwelt für die in ihr lebenden Organismen zu verdanken sei. Dies sowohl naiv mit dem Analogieschluss von Wirkung auf Zweck, von Design auf Designer, als auch philosophisch überhöht. Aus der unermesslichen Literatur zu diesen Vorstellungen beschränken wir uns einerseits auf Xenophon, Cicero (106–43 v. Chr.) und Paley, andererseits auf Kant, Leibniz, Hume und Aristoteles, dessen Version der naiven Teleologie wir in der Legende der Abb. 4 (S. 45) wiedergegeben und zum Credo der *Natürlichen Theologie* ernannt haben.

Wie von den geordneten, aufgabenerfüllenden Werken des Menschen auf Menschen als Schöpfer geschlossen werden kann, schlossen die Vertreter der naiven Teleologie von den analogen Werken der Natur auf die Existenz eines Designers und Schöpfers. Nun ist jeder Analogieschluss – um einen solchen handelt es sich hier offensichtlich – *bei korrekter Anwendung* tautologisch, will sagen, kann nichts ergeben, was nicht vermöge der Logik aus seinen Prämissen gefolgert werden kann (Abb. 10, S. 68). Bei inkorrekter Anwendung erschließt er bereits aus der (Stichwort *Analogieschluss* in [Meyer 1981 a]) «Übereinstimmung zweier verschiedener Arten bezüglich bestimmter (festgestellter) Merkmale [...] die Übereinstimmung bezüglich bestimmter weiterer (noch nicht festgestellter bzw. noch nicht feststellbarer) Merkmale». Offensichtlich rechtfertigt die festgestellte Übereinstimmung des Merkmals Zweckmäßigkeit von Uhr und Auge nicht den Schluss, dass beide auch in dem Merkmal, ihr Dasein einem Designer zu verdanken, übereinstimmen müssen.

Bereits der schottische Philosoph David Hume (1711–1776) hatte in seinem Buch *Dialoge über natürliche Religion* [Hume 1981 a] darauf hingewiesen, dass Analogieschlüsse mit Vorsicht angewendet werden müssen. Er ist nicht so weit gegangen, alle Analogieschlüsse als irrelevant zu verdammen, die nicht äquivalent als logische Folgerungen ausgesprochen werden können. Denn zahlreiche anerkannte wissenschaftliche Konklusionen seiner Zeit beruhten auf wenig mehr als ihnen. «Es gab», so der amerikanische Philosoph Robert H. Hurlbutt III in seinem Buch *Hume, Newton and the Design argument* [1985a, S. 145], «bis zu dem Foucault'schen Pendel keinen direkten Beweis dafür, dass die Erde sich bewegt. Aus teleskopischen Beobachtungen, die zeigten, dass die Sonne, die Venus und der Saturn sich bewegen, zog Galilei den Analogieschluss, dass sich auch die Erde bewege.» Anders als wir heute hat Hume wissenschaftliche Analogieschlüsse dieser Art als gültig angesehen. «Das Beharren zahlreicher Theologen darauf, dass das Design-Argument der Wissenschaft angehört», ist laut Hurlbutt darauf zurückzuführen, «dass es auf Analogieargumenten beruht» – auf Argumenten also, die unter Theologen weiterhin fälschlich als wissenschaftlich gelten.

Die Regel der Analogie, dass aus gleichen Wirkungen auf gleiche Ursachen geschlossen werden darf, anerkennt Hume unter der Voraussetzung, dass Erfahrung die Gleichheit der Wirkungen lehrt. Aber gerade das ist bei einem so gewaltigen Gegenstand wie dem Universum als Teilhaber am Vergleich eine unerfüllbare Voraussetzung. Uns geht es nicht um Hume, sondern um die Möglichkeiten der Argumentation, die er aufweist, sodass wir uns nicht darum zu bekümmern brauchen, wer von den drei Teilnehmern der *Dialoge* namens Cleanthes, Philo und Demea die Ansichten Humes am ehesten vertritt. Darüber, dass es Philo ist, besteht unter seinen Interpreten Einigkeit, die allerdings dadurch getrübt wird, dass Philo im letzten der zwölf Dialoge Ansichten zu vertreten scheint, die seinen zuvor geäußerten diametral entgegenstehen. Dies wird als subtile Form der Ironie und/oder als Zugeständnis an das Gefühl interpretiert; wir kümmern uns darum nicht und beschränken uns auf die ersten elf Dialoge, in denen Philo uneingeschränkt rational und skeptisch argumentiert.

Nachdem Cleanthes den Standardvergleich der Welt mit einer Maschine dazu benutzt hat, von dem Schöpfer der Maschine auf einen der Welt zu schließen, anerkennt Philo zunächst, dass wir aus dem Anblick eines Hauses mit größter Gewissheit darauf schließen, «dass es einen Architekten oder Erbauer hatte; denn dies ist genau die Art von Wirkung, die nach unserer Erfahrung aus dieser Art von Ursache entsteht. Aber sicher willst du nicht behaupten, das Universum habe eine derartige Ähnlichkeit mit einem Haus, dass wir mit derselben Gewissheit auf eine ähnliche Ursache schließen können; mit anderen Worten, du willst doch nicht behaupten, dass wir es hier mit einer vollkommenen und ungeschwächten Analogie zu tun haben. Die Unähnlichkeit ist so augenfällig, dass du hier äußerstenfalls den Anspruch erheben kannst, im Wege des Ratens oder Vermutens auf eine ähnliche Ursache zu schließen.» Insbesondere ist es der Schluss auf einen Geist als Architekten und Erbauer des Universums, der durch keine Erfahrung begründet werden kann, sodass wir in dieser Hinsicht auf Schlüsse *a priori* angewiesen sind. Dies eröffnet zahlreiche andere Möglichkeiten, deren erste durchaus als Credo der gegenwärtigen Physik interpretiert werden kann: «*A priori* betrachtet, kann die Materie ebenso gut wie der Geist das Entstehungsprinzip von Ordnung schon immer in sich enthalten. Und es bereitet keine größere Schwierigkeit, sich vorzustellen, dass die verschiedenen Elemente der Materie aus einer inneren, uns unbekannten Ursache heraus sich zu einer ganz einzigartigen Ordnung zusammenfügen, als sich vorzustellen, dass ihre Urbilder in dem großen allumfassenden Geist aus einer entsprechenden inneren, uns unbekannten Ursache heraus diese Ordnung annehmen. Beide Hypothesen sind gleichermaßen möglich. [...] Welches besondere Vorrecht besitzt diese kleine Bewegung im Gehirn, die wir Denken nennen, dass wir sie [...] zum Modell des gesamten Universums machen müssten?» Wozu die Physik hinzufügt, dass die Hypothese eines materiellen Ursprungs der in der Welt beobachteten, in Teilbereichen wachsenden Ordnung der Forschung zugänglich ist, die des geistigen Ursprungs aber nicht. Aber verfolgen wir den Gedankengang Philos noch etwas weiter: «Wenn jemand sagt, dass die verschiedenen Ideen, welche die Vernunft des höchsten Wesens ausmachen, von selbst und durch ihre eigene Natur eine feste Ordnung annehmen, so redet er im Grunde ohne einen bestimmten Sinn. Anderenfalls möchte ich gern wissen, warum man nicht ebenso sinnvoll sagen kann, dass die Teile der *materiellen* Welt von selbst und durch ihre eigene Natur eine feste Ordnung annehmen. Kann die eine Auffassung verständlich sein, die andere aber nicht?»

Wir haben bereits angedeutet und werden ausführlich darauf zurückkommen, dass unser Universum mit seinen lebensfreundlichen Eigenschaften möglicherweise nur eins von praktisch unendlich vielen, tatsächlich «parallel» in Raum und / oder Zeit existierenden ist, in denen kein Leben, wie wir es kennen, auftreten konnte. Eine physikalische Möglichkeit, auf die wir eingehen werden, ist auch, dass Universen Tochteruniversen mit leicht veränderten Eigenschaften gebären, von denen unseres eins mit lebensfreundlichen Eigenschaften ist. Hören wir Hume: «Viele Welten mögen während einer Ewigkeit stümperhaft zusammengestoppelt worden sein, bis das gegenwärtige System gefunden war: viel verlorene Arbeit; viele vergebliche Versuche; und während unendlicher Zeiträume ein langsamer, doch stetiger Fortschritt in der Kunst der Weltgestaltung.»

Der Analogieschluss von der erfahrenen Welt auf einen vernunftbegabten Architekten und Erbauer lässt laut Hume außer Acht, dass es Teile des Universums gibt, die zu dessen Struktur insgesamt eine noch größere Ähnlichkeit aufweisen als von Menschen erfundene Maschinen wie eine Uhr oder ein Webstuhl «und die daher eine zuverlässigere Vermutung hinsichtlich des gesamten Ursprungs dieses Systems gestatten. Diese Teile sind Tiere und Pflanzen. Die Welt gleicht offensichtlich mehr einem Tier oder einer Pflanze als einer Uhr oder einem Webstuhl. Deshalb gleicht die Ursache der Welt mit größerer Wahrscheinlichkeit der Ursache der Ersteren. Deren Ursache ist Zeugung oder Wachstum. Wir können also schließen, dass die Ursache der Welt etwas ist, das zu Zeugung oder Wachstum eine Ähnlichkeit oder Analogie aufweist. [Ich, Philo, folgere], wenn ich ein Tier sehe, dass es durch Zeugung entstanden ist – und zwar mit ebenso großer Sicherheit, wie du [Cleanthes] angesichts eines Hauses zu dem Schluss kommst, dass es das Resultat einer Planung ist. [...] Dass uns nun Wachstum und Zeugung, nicht weniger als Vernunft, in der Erfahrung als Ordnungsprinzipien in der Natur begegnen, lässt sich nicht leugnen. Wenn ich mein theoretisches System der Weltentstehung lieber auf die beiden Erstgenannten als auf die Letztere gründe, so steht das in meinem Belieben. [...] Auf der Basis unserer begrenzten und unvollkommenen Erfahrung gilt, dass das Prinzip der Zeugung sich gegenüber dem der Vernunft im Vorteil befindet. Denn wir sehen täglich, wie Vernunft durch Zeugung entsteht, nie aber das Umgekehrte.» Vernunft ist, so können wir heute sagen, ein emergentes Produkt der materiellen Welt, nicht ihre Ursache.

«Nicht die *Existenz*, sondern das *Wesen* Gottes steht hier zur Debatte», lässt Hume im zweiten Dialog den naiv offenbarungsgläubigen Demea sagen und tritt diesem Diktum nirgendwo explizit entgegen. Insgesamt aber lassen die *Dialoge* keinen Raum für einen traditionellen Gottesbeweis, den Kant später als den physikotheologischen bezeichnen sollte. Kant wird es darum gehen, «zu versuchen, ob nicht eine *bestimmte Erfahrung*, mithin die der Dinge der gegenwärtigen Welt, ihre Beschaffenheit und Anordnung, einen Beweisgrund abgebe, der uns sicher zur Überzeugung von dem Dasein eines höheren Wesens verhelfen könnte». Wenn wir den jeweils gegenwärtigen Zustand der Welt betrachten, beruht er offenbar auf einer Ursache, diese wieder auf einer Ursache und so immerfort. Diesem Regress Einhalt gebieten kann nur ein Wesen, das außerhalb seiner steht, denn sonst könnte und müsste nach seiner Ursache gefragt werden. Der metaphysischen Überzeugung, dass diese Reihe in einem, wie Leibniz formuliert hat (S. 100), «notwendigen Wesen, das den Grund seiner Existenz in sich selbst trägt», konvergieren müsse, hat sich weder Hume noch Kant angeschlossen. Kant hat seine gegenteilige Überzeugung so ausgedrückt: «Würde das höchste Wesen in [der] Kette der Bedingungen stehen, so würde es selbst ein Glied der Reihe derselben sein und eben so, wie die niederen Glieder, denen es vorgesetzt ist, noch fernere Untersuchungen wegen seines noch höheren Grundes erfordern. Will man es dagegen von dieser Kette trennen und als bloß intelligibeles Wesen nicht in der Reihe der Natursachen mitbegreifen: Welche Brücke kann die Vernunft alsdann wohl schlagen, um zu demselben zu gelangen, da alle Gesetze des Übergangs von Wirkungen zu Ursachen [...] auf nichts anderes als mögliche Erfahrung [...] gestellt sind [...]?»

Die Advokaten der naiven Teleologie zeichnet aus, dass sie die Natur genau beobachtet und beschrieben haben. Unsere Darstellung ihrer Betrachtungsweise werden wir, wie angekündigt, mit Xenophon beginnen. Was philosophische Befürworter, aber auch Gegner zu diesen Beobachtungen gedacht haben, ist heute ausnahmslos überholt. Weder Sinn noch Zweck im Walten des Universums vermochten die Atomisten – Leukipp (um 450 v. Chr.), Demokrit (etwa 460–370 v. Chr.), Epikur (341–271 v. Chr.), Lukrez (um 96–55 v. Chr.) und Nachfolger – zu erblicken; zugleich aber waren sie durch ihre Hypothese vom leeren Raum und den Atomen nicht in der Lage, auch nur ein naturwissenschaftliches Datum ihrer Zeit zu erklären. Das aber konnten die der naiven Teleologie verhafteten Naturforscher; wenn auch durch Theorien, die längst untergegangen sind.

Xenophon in seinen *Memorabilia* [Xenophon 2002 a] zeichnet ein Bild von Sokrates (etwa 470–399 v. Chr.), das sich von dem uns vertrauten, durch Platon (um 427–347 v. Chr.) bestimmten nicht nur in Details unterscheidet. Was wir heute die *Platonische Welt der Ideen* nennen, die Welt also der Formen und der Mathematik, wohl auch der Naturgesetze, führen die Dialoge Platons auf einen Sokrates zurück, der, bei allem Beharren auf Nützlichkeit, die Erkundung der Welt auch als Selbstzweck anerkennt. Hören wir dazu nun aber den Sokrates Xenophons (S. 349 ff; dort griechisch und englisch): «Das Studium der Geometrie solle zwar betrieben werden, aber nur so weit, bis der Student ein Stück Land ausmessen könne. [...] Er sei dagegen, sich darüber hinaus mit komplizierten Gebilden zu beschäftigen; deren Nutzen sehe er nämlich nicht ein. [...] Auch mit der Astronomie sollten sich die Studenten vertraut machen; aber nur insoweit, dass sie die Zeiten der Nacht, des Monats und des Jahres für die Planung einer Reise zu Lande oder zu Wasser herausfinden könnten. [...] Strikt dagegen sei er, das Studium der Astronomie bis hin zu den verschiedenen Bahnen der Himmelskörper, der Planeten und Kometen zu betreiben und bis zur Erschöpfung deren Entfernungen von der Erde, die Dauer ihrer Umläufe zu berechnen sowie die Gründe dafür herauszufinden. Einen Nutzen dieser Forschungen könne er nicht erkennen. [...] Er empfahl auch das Studium der Arithmetik, wobei er wiederum riet, von nutzlosen Anwendungen abzusehen. Ob er nun von Theorien oder von Tatsachen sprach, stets beschränkte er sich auf Nützliches.» Dies als Hintergrund für die Bewertung sowohl der Lebewesen als auch ihrer Umwelt durch Sokrates, wie Xenophon ihn darstellt. Zwei Fundstellen sind hierfür relevant. Erstens der Dialog mit «Aristodemus, genannt der Zwerg» (S. 55 f; dort griechisch und englisch) und zweitens der mit Euthymedos (S. 299–303), bei dem Xenophon selbst zugegen war. Im Ersten geht es im Wesentlichen um die Anpassung des Menschen an die Umwelt, im Zweiten um die der Umwelt an den Menschen. Xenophon wahrt hier das für die Natürliche Theologie typische Gleichgewicht beider, das erst Darwins Einsichten obsolet machen sollten.

Als christliche Variante mit *Schöpfung* statt *Anpassung* hat der deutsche Astronom Johannes Kepler des 16. und 17. Jahrhunderts bemerkt [Kepler 2005a, S. 205], «dass diese zwo Fragen einander sehr verwandt: Ob die Sterne uns Menschen zu gutem erschaffen und ob der Mensch also erschaffen, dass er der Sternen geniessen köndte? Gleich wie es zwo verwandte Fragen seynd: Ob der Beer geschaffen sey von der Schnee Gebürge wegen, darmit sie auch bewohnt würden, oder ob die Schnee Gebürge dem Beeren zu gutem erschaffen?»

Zunächst verständigen sich Sokrates und Aristodemus darüber, dass der Urheber aktiver und intelligenter Lebensformen höchstes Lob unter der Voraussetzung verdient, dass er diese durch Design statt durch Zufall hat entstehen lassen. Beide stimmen dann darin überein, dass die Erfüllung eines nützlichen Zwecks durch oder für eine Kreatur auf Design statt Zufall als Ursache verweist.

Gründe für diesen Schluss führt der Sokrates Xenophons nicht an; ihm reicht dessen unbestreitbare Plausibilität, die allerdings auf dem Ausschluss eines durch seine Ergebnisse gesteuerten, zugunsten eines für immer blinden Zufalls beruht. In die Defensive geraten, wollen die heutigen Vertreter von Design statt Evolution Gründe zuhauf nachliefern. Nehmen wir das Auge, ihr beliebtestes Beispiel. Ja, für alle praktischen Zwecke hätten unendlich viele Zufälle zusammenkommen müssen, damit Augen allein durch sie hätten entstehen können. Nein, Augen sind nicht ohne Vorformen entstanden. Ihre graduelle Entwicklung aus primitiven lichtempfindlichen Zellen, die bereits gewisse, mit ihrer Verfeinerung wachsende Vorteile boten, ist erwiesen. Lebewesen sind zu dem, was sie heute sind, durch Zufall *und Auswahl* geworden – eine Möglichkeit, die sich unvorgedacht Darwin empirisch aufgedrängt hat. Sokrates hatte schon recht, als er den blinden Zufall als Ursache «nützlicher Zwecke» ausschloss. Statt des Designs ist es der Dritte im Bunde, der durch nachträgliche Auswahl gesteuerte Zufall, der auf erfolgreiche Lebensformen geführt hat.

Zurück zu dem Dialog, den Sokrates als Monolog fortführt. Sein «derjenige, der» gleich anfangs *setzt die Existenz «desjenigen, der» voraus*, um alsdann ihn und dessen Wirken zu erweisen – ein schwerwiegender, wenn auch oft anzutreffender logischer Fehler, besonders bei «Gottesbeweisen». Sokrates: «Hatte nicht derjenige, der den Menschen geschaffen hat, von Anfang an ein nützliches Ziel vor Augen? Als er ihn nämlich mit verschiedenen Sinnen ausstattete, mit Augen zum Sehen, mit Ohren zum Hören? Hätten wir keine Nasenlöcher, wozu wären Gerüche gut? Wie könnten wir Süßes und Bitteres schmecken und Gaumenfreuden genießen, wenn uns die Zunge fehlte, durch die wir dies unterscheiden? Sind wir nicht auch in vielem anderen so ausgestattet, dass nur Vorbedacht als Ursache in Frage kommt? So werden die empfindlichen Augenbälle durch Lider geschützt, die wir zum Sehen wie Tore öffnen und zum Schlafen schließen können; Wimpern schützen die Augen vor Wind, und Augenbrauen lassen keinen Tropfen Schweiß von der Stirn in die Augen gelangen. [...] Und der Mund zur Aufnahme der Nahrung hat seinen Platz in der Nähe der Augen und Nasenlöcher; die Exkremente aber, da widerlich, verlassen den Körper durch Kanäle, die so weit wie möglich von den Sinnesorganen entfernt sind. In Ansehung dieser Anzeichen von Vorbedacht, kannst du da noch im Zweifel sein, ob all diese Ausstattungen auf Zufall oder Design beruhen?» Aristodemus: «Nein, nein; selbstverständlich nicht. So gesehen, sind sie zweifelsfrei das Werk eines weisen und liebevollen Schöpfers.»

So weit die Anpassung des Menschen an seine als vorgegeben gedachte Umwelt. Im Gespräch mit Euthymedos (S. 299–303), dem wir uns jetzt zuwenden, setzt Sokrates umgekehrt die Ausstattung des Menschen als gegeben voraus und will Design der Umwelt darin erkennen, dass diese zur

Ausstattung passt. Das Gespräch beginnt Sokrates mit der Frage, ob sich Euthymedos jemals überlegt habe, wie sorgfältig die Götter für den Menschen alles bereitgestellt haben, was er benötigt. Darüber hat Euthymedos niemals nachgedacht, sodass Sokrates beginnen kann, es mit ihm zu ergründen: «Du weißt doch, dass wir vor allem Licht benötigen, mit dem uns die Götter versorgen?» – «Selbstverständlich; denn ohne Licht wären unsere Augen so nutzlos, als ob wir blind wären.» – «Wir brauchen aber auch Ruhe, und dafür haben uns die Götter die willkommene Unterbrechung der Nacht gewährt.» – «Ja, und auch dafür müssen wir ihnen dankbar sein.» [...] «Und denke weiter an das Wasser, die kostbarste aller Göttergaben. Wasser lässt nicht nur nützliche Pflanzen zu allen Jahreszeiten entstehen und gedeihen, sondern hilft auch, uns zu ernähren, indem es sich mit unseren Nahrungsmitteln vermischt und sie dadurch verdaulicher, bekömmlicher und schmackhafter macht. Göttergegeben auch, dass an Wasser, von dem wir Unmengen benötigen, kein Mangel herrscht.» Design also auch hier. Schließlich bleibt Euthymedos als Einwand dagegen, dass die Götter bei all diesen Wohltaten nur für das menschliche Wohl tätig sein könnten, nur noch übrig, darauf zu verweisen, dass «dann auch die niedrigeren Tiere dieser Wohltaten teilhaftig wären». Diesen Einwand kann Sokrates leicht entkräften: «Ist es nicht offensichtlich, dass sie ihr Leben und ihre Nahrung nur dem menschlichen Leben als ihrem Zweck verdanken?»

Weil er sich die Erde untertan gemacht hat, sieht es der Sokrates Xenophons als erwiesen an, dass der Mensch Ziel und Zweck der Schöpfung ist. Dies wie auch die Nahrungskette mit dem Menschen an ihrer Spitze zeigt, dass alles zu des Menschen Bestem durch einen Designer-Gott eingerichtet worden ist. Cicero ergänzt in seiner Schrift *Über das Wesen der Götter* [Cicero 1995 a] die Argumente seiner Vorgänger für das Supremat des Menschen um die Beobachtung, dass der

Mensch, und er allein, *Vernunft* besitzt. Dies kommt der Heraushebung der menschlichen Existenz durch gegenwärtige Autoren wie John Leslie in seinem Buch [Leslie 1996 a] vor der von – sagen wir – Fröschen recht nahe. «In wessen Interesse wurde [...] die Welt erschaffen? Selbstverständlich doch für die Lebewesen, die Vernunft besitzen [...]. Ist nun aber die Vernunft der Menschen nicht sogar bis in den Himmel vorgedrungen? Als einzige Lebewesen haben nämlich wir den Auf- und Untergang der Gestirne erforscht, die Menschen haben die Länge des Tages, des Monats und des Jahres bestimmt, Sonnen- und Mondfinsternisse erkundet und haben für alle Zukunft vorausberechnet, welche Verfinsterung wann und in welchem Umfang eintreten wird. [...] Wenn dies nun freilich allein den Menschen bekannt ist, muss man zu dem Schluss kommen, dass dies nur um der Menschen willen geschaffen wurde» (S. 245, 263 und 265).

Die begreifende Vernunft des Menschen rechtfertigt laut Ciceros Schrift also seine Stellung als Krone der Schöpfung. Aufgebaut ist die Schrift als Dialog, in dem Cicero verschiedene Meinungen zum Ausdruck bringt. Zwar nicht gleichberechtigt, aber doch so, dass seine Exegeten ungewiss[7] sind, mit welchem der Disputanten Cicero sich identifiziert. Uns kommt es nicht darauf an, was Cicero selbst gedacht hat, sondern auf die Vielzahl der von griechischen Philosophen stammenden Standpunkte, die er darstellt. Zu deren Beispielen für die wechselweise Anpassung von Mensch und Umwelt fügt er keine hinzu, steigert[8] manche aber bis ins Absurde. Hierfür drei Beispiele: Beim Ohr (S. 255) «ist Vorsorge getroffen für den Fall, dass irgendein winziges Tierchen einzudringen versuchte: Es bleibt im Ohrenschmalz wie auf Vogelleim kleben.» Und (S. 267 ff): Wir sehen, dass die Tiere «nur für den Menschen existieren. Denn was haben Schafe anderes zu bieten, als dass die Menschen ihre Wolle verarbeiten und verweben und sich damit bekleiden? [...] Was [...] bietet das

Schwein anderes als sein Fleisch? Ihm jedenfalls [...] sei nur deshalb anstelle des Salzes eine Seele gegeben, um es vor dem Verfaulen zu bewahren [...].»

Dem Lob der Vernunft steht die klare Ablehnung der Auffassungen der Atomisten gegenüber (S. 227): «Kann denn ein vernünftiger Mensch glauben, [...] dass Atome zufällig und planlos in unterschiedliche Richtungen treiben?» War etwa ein «intelligenz- und vernunftloses Wesen imstande, Dinge zu erschaffen, für deren Schöpfung es nicht nur einer planenden Vernunft bedurfte, sondern deren Eigenschaften sich auch ohne ein Höchstmaß an Vernunft nicht einmal begreifen lassen?» Bemerkenswert ist, dass Ciceros Schrift neben den göttlichen auch natürliche Kräfte kennt, die nicht aus «göttlicher Vernunft» hervorgehen (S. 301): Die Natur verdankt «ihren Zusammenhalt und ihre Dauer natürlichen, nicht göttlichen Kräften, und es gibt in ihr diese Art von Harmonie, welche die Griechen *sympátheia* nennen. Doch je größer diese von sich aus ist, desto weniger darf man sie als das Werk einer göttlichen Vernunft betrachten.»

Die «planende Vernunft», die Cicero als Grund für den auf den Menschen ausgerichteten Zustand der Natur anführt, kann er nur durch ihr Ergebnis beschreiben – dass eben kein Tierchen das Ohrenschmalz durchwatend das Innenohr erreichen kann. Detailliertere Auskunft darüber, wie es zu der Bevorzugung des Menschen gekommen ist, wollen außereuropäische Schöpfungsmythen geben, deren Darstellung wir uns unter Hinweis auf [Barrow und Tipler 1986a] versagen. Nach dem griechischen und römischen Altertum wurde die Geistesgeschichte des Abendlands durch die christliche Offenbarungsreligion geprägt. Sie legt fest, was Gott in welcher Reihenfolge getan hat; stets wohl mit dem Menschen als Ziel – als Fernziel, wenn wir der heutigen Denkmöglichkeit folgen, dass Gott im Anfang die Naturgesetze so gewählt hat, dass sich intelligentes Leben möge entwickeln können oder gar müssen. Wäre es vernünftig, als Grund für das Aussterben der Dinosaurier anzuführen, dass sie aussterben mussten, damit sich intelligentes menschliches Leben entwickeln konnte? Doch wohl nicht. Vermutlich sind die Dinosaurier infolge eines Kometeneinschlags ausgestorben. Vernünftig wäre es auch nicht, den Kometeneinschlag dadurch begründen zu wollen, dass es ohne ihn kein intelligentes menschliches Leben geben würde. Und das Ausbleiben späterer, das menschliche Leben bedrohender Kometeneinschläge dadurch, dass ein Schutzengel sie abgewendet hat.

Wir überschlagen mehr oder weniger zweitausend Jahre abendländische Geistesgeschichte, die durch den Schöpfungsglauben dogmatisch geprägt waren, und wenden uns der «Natürlichen Theologie» von William Paley zu. Unermesslich sind die Details, die von ihm und anderen Vertretern der Natürlichen Theologie vorgebracht worden sind, um ihre These zu beweisen, dass deren Stimmigkeiten für das Leben nur absichtsvoll durch ein planendes Wesens habe herbeigeführt werden können. Abrupt umgestoßen hat natürlich bald darauf Darwin den die Lebewesen betreffenden Aspekt dieser These, dass diese nämlich so, wie sie heute noch sind, in eine ihnen günstige Umwelt hineinversetzt wurden. Der andere Aspekt, dass und warum es überhaupt lebensfreundliche Umwelten geben kann, harrt noch immer der Erklärung.

Der Analogieschluss (S. 44 und die Abb. 3 dort) von einem Designer einer am Strand gefundenen Uhr auf einen des Gesamtzusammenhangs des Lebens ist selbstverständlich falsch. Falsch wie alle Analogieschlüsse, die keine Tautologien sind. Nicht die Gemeinsamkeiten, sondern die Unterschiede analoger Organe bei verschiedenen Lebewesen haben die Vertreter der Natürlichen Theologie betont. Hier ein Zitat aus Paleys hochberühmtem Buch [Paley und Paxton, S. 13 f], das nicht nur bereits Angesprochenes illustriert: «Ein und derselbe Beweis zeigt, dass das Auge zum Sehen, das Fernrohr zur Unterstützung des Sehens gemacht ist. Fernrohr und Auge sind an dieselben Gesetze der Übertragung und Brechung des Lichtes angepasst. Mir [Paley] geht es jetzt nicht um den Ursprung dieser Gesetze, sondern um die Anpassungen an sie, wie sie nun einmal sind. Weiterhin können Lichtstrahlen aufgrund dieser Gesetze beim Übergang aus dem Wasser in das Auge nur dann denselben Zweck erfüllen wie beim Übergang aus der Luft in das Auge, wenn die Oberfläche, durch die sie eintreten, im ersten Fall gebogener ist als im zweiten. Dementsprechend sind die [...] Augenlinsen von Fischen runder als die von Landtieren.» Den (übrigens falschen; S. 238) Gedanken eines gemeinsamen Ursprungs beider Modifikationen durch Anpassung, der sich uns aufdrängt, lässt Paley offenbar nicht zu.

Darwin sollte gut fünfzig Jahre später den Gemeinsamkeiten der Lebewesen mehr Aufmerksamkeit widmen als ihren Unterschieden. Wie übrigens bereits der französische Naturforscher Jean-Baptiste Lamarck (1774–1829), der [Mayer 1998a, S. 135] «im Jahre 1800 die erste Theorie einer echten allmählichen Evolution» aufgestellt hat, und Johann Wolfgang von Goethe. Dieser hat seine Entdeckung (Abb. 11) des Zwischenkieferknochens in einem Brief [Goethe 1982a, S. 437] vom 27. März 1784 an Johann Gottfried Herder (1744–1803) mit den Worten gefeiert: «[Ich muss] dich auf das eiligste mit einem Glück bekanntmachen, das mir zugestoßen ist. Ich habe gefunden – weder Gold noch Silber, aber was mir eine unsägliche Freude macht – das *os intermaxillare* am Menschen! Ich verglich [...] Menschen- und Tierschädel, kam auf die Spur und siehe da ist es.»

Das Sehen versteht Paley in dem Maße, wie es durch Linsensysteme verstanden werden kann. Anders das Hören. Zwar kennt er den komplizierten Aufbau des Hals-Nasen-Ohren-Systems, aber dessen Wirkungsweise ist ihm verschlossen geblieben. Doch noch mehr kommt es ihm darauf an, dass der

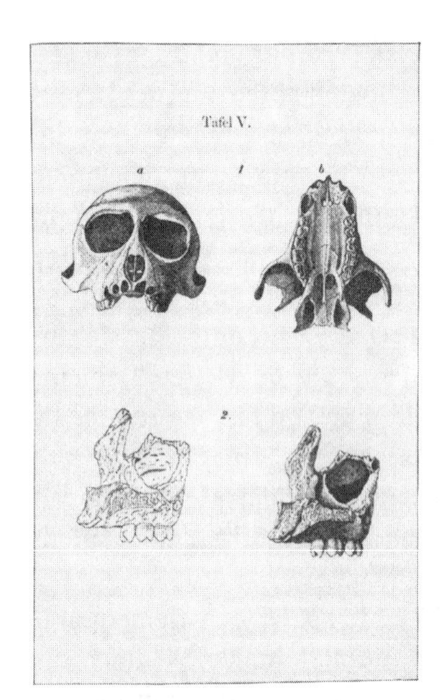

Abbildung 11: Sind alle Tiere, wie die Schöpfungsgeschichte es will, eines nach dem anderen unabhängig von Vorgängern geschaffen worden? Oder gibt es einen gemeinsamen Bauplan, eine gemeinsame Vorgeschichte aller gegenwärtig lebenden Arten? Zu Goethes Zeiten um 1800 wurde durch Fossilien und anatomische Vergleiche die Verwandtschaft aller Kreaturen zunehmend klar. Wie aber stand es um den Menschen? Ist auch er so einzuordnen? Die verblüffende Ähnlichkeit seines Skeletts mit denen der höheren Affen wies darauf hin. Zumindest aber sollte der Mensch den anderen Tieren nicht darin gleichen, dass auch sein Gebiss ein Gelenk namens Zwischenkieferknochen aufwies, das es den verschiedenen Tieren ermöglichte, ihre jeweilige Nahrung verschieden zu erfassen. Goethe hat entdeckt, dass auch der Mensch einen Zwischenknochen – lateinisch os intermaxillare – besitzt. Einen mit den anderen Knochen des Oberkiefers nahezu bis zur Unkenntlichkeit verwachsenen. Goethe wusste wohl, welche theologischen Schwierigkeiten zur Sonderstellung des Menschen seine Entdeckung heraufbeschwören würde. Die Abbildung aus einer seiner Schriften [Goethe 1982a, S. 449] vergleicht den Schädel eines Affen 1 mit dem eines Menschen 2.

komplizierte Aufbau des Systems offensichtlich für die Erfüllung eines Zwecks, den er in diesem Fall zwar kennt, aber für seine Schlüsse nicht kennen muss, geeignet ist und deshalb per Analogie sein Dasein einem Designer verdankt. Über das Ohrenschmalz ist er selbstverständlich weit hinausgekommen. Wie Sokrates in Athen und Cicero in Rom weist Paley aber auch im kalten England den Augenbrauen die Aufgabe

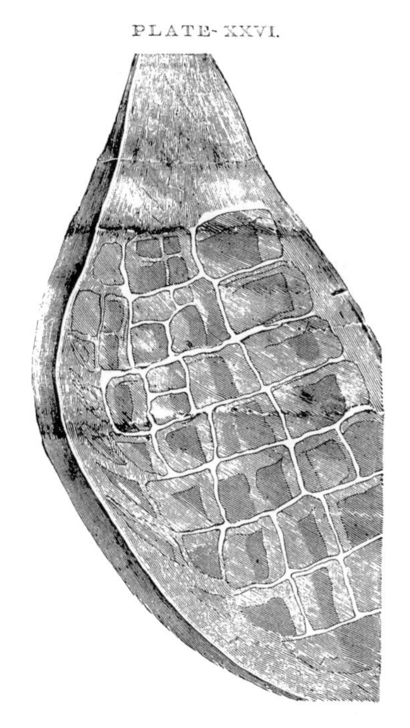

ABBILDUNG 12: *Wann immer es ihnen möglich ist, beschreiben William Paley in seinem Text und James Paxton in seinen Fußnoten und Abbildungslegenden die Zwecke und Wirkungsweisen von Organen detailliert. Hier dargestellt sind die «Säcke oder Taschen», in denen das Kamel frisches Wasser so aufbewahrt, dass es «erstens nicht in die Eingeweide fließt, zweitens von der aufgenommenen festen Nahrung ferngehalten wird und sich drittens […] nicht mit der Magenflüssigkeit vermischt». Muskeln ermöglichen es dem Kamel, das Wasser bei Bedarf in einen seiner Mägen zu pressen.*

zu, das Auge vor dem Überfluten (S. 23) durch Schweiß zu bewahren. Nichts hier über das Augenlid, das Paley wie seine Vorgänger preist.

Wenn immer möglich, bildeten exakte Naturbeobachtungen die Grundlage der Natürlichen Theologie Paleys. Hierfür als Beispiel der Magen des Kamels (Abb. 12). «Der Magen des Kamels kann eine Menge Wasser aufnehmen und es eine recht lange Zeit ungeändert bei sich behalten. Diese Eigenschaft seines Magens befähigt das Kamel zum Leben in der Wüste. Wir wollen uns nun vor Augen führen, auf welcher inneren Ausstattung diese ebenso seltene wie lebensfreundliche Fähigkeit beruht.» Es folgt eine detaillierte Darstellung des Aufbaus des Magens – genauer: der vier Mägen – des Kamels, die hier wiederzugeben uns zu weit von unserem Thema wegführen würde (siehe aber die Legende der Abb. 12).

Dass Paley Beispiel auf Beispiel für das Wirken einer göttlichen Macht als Designer anführt – das Netz der Spinne, die Zunge des Spechts, den Stachel der Biene, die Armknochen – könnte den Eindruck erwecken, erst die Gesamtheit der Beispiele ermögliche einen Beweis dieses Wirkens. Dem tritt er entschieden entgegen (S. 45); wohl auch, weil manche seiner Beispiele wenig überzeugend klingen. Sein Beweis beruhe nicht auf einer Kette von Beweisschritten, die zusammenbräche, wenn auch nur einer von ihnen sich als ungültig erwiese. «Ein irrig angeführtes Beispiel wirkt sich auf kein anderes aus. Meine [Paleys] Beispiele bilden eine Sammlung, von denen jedes als Beweis für sich allein stehen kann. Das Auge beweist das Wirken eines göttlichen Designers, ohne sich auf das Ohr berufen zu müssen; das Ohr ohne das Auge.» Jeder, dem dies als Beweis für das Walten eines «intelligenten Schöpfers» nicht ausreicht (S. 233), wird sich durch *keine* «noch so mechanische, präzise, klare, perfekte Ausstattung überzeugen lassen». *So* verrückt kann laut Paley niemand sein. Allein, so sind wir eben.

Anders als seine Vorläufer im griechischen und römischen Altertum unterstellt Paley keinen auf den Menschen zielenden Plan der Schöpfung. Durch endlose Beispiele will er *nahezu* nur die Existenz einer Gottheit als planender Instanz für die jeweiligen Zwecke der Lebewesen darlegen. Schwer tut er sich gegen Ende seines Buches mit der *Güte* der Gottheit, die er auch angesichts des Leidens von Tieren, die von anderen Tieren gefressen werden (S. 258 ff), walten[9] sieht. Lebensfreude sieht er in *allen* Lebewesen, die sie erfahren, als Zweck der Güte der planenden Gottheit an; keinesfalls nur in den Menschen. Bei alten Menschen reicht ihm bereits die gelegentliche Freiheit von Schmerz als Lebensfreude. Shrimps sollen geradezu epikureisch Lebensfreude empfinden, wenn sie neugeboren in Massen als dunkle Wolke aus dem Meer aufsteigen (S. 254).

Den zweifelhaften Charakter von Analogieschlüssen erkennt Paley nicht nur nicht, sondern beklagt bei seinen Betrachtungen zur Astronomie auch noch ausdrücklich, dass mangels Analoga in ihr keine Analogieschlüsse möglich sind (S. 213). Wie *seit 1833* die Bridgewater Treatises und 1913 Henderson macht Paley in seinem Buch bereits 1802 die Fitness der Umwelt zum Thema. Er beginnt mit den «vier Elementen» Feuer, Wasser, Luft und Erde. Über das Licht, das er «trotz anderer Möglichkeiten» unter der Überschrift Feuer einordnet, hat er dies zu sagen: «Licht von der Sonne ist zwölf Millionen Meilen pro Minute schnell. Ob dieser Geschwindigkeit [...] könnte man meinen, dass die Kraft, mit der die Lichtteilchen alles in ihrem Weg anstoßen, die härtesten Körper in Atome zu zerschmettern in der Lage wäre. Dass dieser Effekt [...] nicht auftritt, liegt an der Kleinheit der Lichtteilchen, die ebenso erstaunlich ist wie ihre Geschwindigkeit.» Die heutige Physik versteht, dass der Effekt nicht auftritt, zwar nicht durch die «Kleinheit» der Lichtteilchen, wohl aber durch ihre Energie im Verein mit ihrer Wechselwirkung mit Materie. Ein Verdienst Paleys ist es, darauf hingewiesen zu haben, dass es hier etwas zu erklären gibt.

Ausführlich würdigt Paley, wie später Henderson, das Wasser ob seiner Vielzahl günstiger Eigenschaften. Natürlich weiß er um 1800 nicht, was Wasser ist, und stimmt ebendeshalb einem Autor namens Addison zu, der bemerkt hat, dass man vom Wasser nur zu wissen brauche, wie man es «erhitzen, gefrieren, verdampfen, aufbereiten und beliebige Mengen von ihm in beliebige Richtungen leiten kann». Wenn Wasser aus den Ozeanen verdunstet, bleibt das Salz zurück, sodass Regen kein Salz enthält. Hauptsächlich ist es denn auch seine Reinheit, die Wasser so wertvoll macht: «Wäre Wasser wie Wein, wie Öl oder Säure, wären die Ozeane mit Wein oder Milch gefüllt oder die Ströme damit geflutet, Fische, wie sie nun einmal sind, hätten sterben müssen; Pflanzen, wie sie nun einmal sind, wären abgestorben [...]. Wasser, das selbst keinen Geschmack besitzt, ist Träger aller Geschmäcker.» Pragmatismus seiner Schlussfolgerungen, Genauigkeit seiner Beobachtungen und Naivität in deren Interpretationen zeichnen Paley aus. Nebenbei hat er ein Motiv in die angelsächsische populärwissenschaftliche Literatur eingeführt, das sich dort wieder und wieder findet, nirgends aber sonst: das Staunen darüber, dass «ein Lebewesen [der Mensch], winzig wie er ist sogar im Vergleich zu seinem winzigen Planeten, vermöge seiner Sinne, die ihm zur Bewältigung seiner Umwelt verliehen wurden, die [...] geordneten Bewegungen der Himmelskörper auf ihren Bahnen erkennen kann».

Paley kennt[10] Newtons Gesetze der Schwerkraft für die Bewegungen der Himmelskörper und weiß, dass diese nicht ausreichen, die Bewegungen festzulegen; Anfangsbedingungen, so sagen wir heute, müssen hinzukommen (Abb. 1, S. 28). Dass das Sonnensystem, wie es nun einmal ist, intelligentes Leben dauerhaft erhält, reicht ihm als Beweis für das Wirken eines Designers nicht aus. Denn anders als einer Uhr oder einem Auge kann dem Planetensystem ohne weitere Reflexion nicht angesehen werden, dass es einem Zweck dient. Um diese Zweckdienlichkeit und mit ihr das Wirken eines göttlichen Designers erkennbar zu machen, wendet sich Paley den Bedingungen zu, die erfüllt sein müssen – und tatsächlich erfüllt sind –, damit sich Leben im Sonnensystem behaupten kann. Dazu stellt er sich von den tatsächlichen abweichende Bedingungen vor. Eine Bedingung, die ihm so zugänglich[11] war wie uns heute, ist die Stabilität des Sonnensystems: Ohne Stabilität kein sich erhaltendes Leben.

Kreisbahnen eines Planeten um die Sonne ermöglichen alle Naturgesetze, die Paley ins Auge fasst. Wie aber wirken sich kleine Störungen auf Kreisbahnen aus? Destabilisierend, oder überführen sie sie nur in Bahnen, die sich kaum von der ursprünglichen Kreisbahn unterscheiden? Damit sich bei unendlich vielen möglichen Anfangsbedingungen eine kreisförmige Planetenbahn ergebe, müssen die Anfangsbedingungen exakt hierauf abgestimmt sein. Eine exakte Abstimmung ist aber unerreichbar. Denn es ist unmöglich, alle unendlich vielen Stellen hinter dem Komma eines exakten Wertes genau zu treffen. Das ist dann und nur dann für die weitere Entwicklung bedeutungslos, wenn die sich aus dem ungefähren Wert ergebenden Konsequenzen mit den aus dem exakten folgenden nahezu identisch sind. Sind sie das aber nicht – bei Abweichung stürzt der Planet in die Sonne oder driftet ins Unendliche ab –, sind die Konsequenzen einer exakten Richtigkeit[12] der Anfangsbedingungen für die weitere Entwicklung, insbesondere für die Stabilität eines Planetensystems, bedeutungslos. Da außerdem die kleinste Störung die exakte Balance beschädigen würde, kann es nur um die Stabilität der Kreisbahnen gehen: Was widerfährt einem Planeten, dessen Bahn etwas von einer Kreisbahn abweicht?

Das hängt von den Naturgesetzen ab, die für die Bewegung des Planeten gelten. Sind es die tatsächlichen, also die Gesetze Newtons, bleibt die Bahn nahezu ungeändert: Aus der kreisförmigem Bahn des Planeten um die Sonne wird eine nahezu identische elliptische mit der Sonne in einem ihrer beiden Brennpunkte. Das gilt sowohl für allfällige Störungen als auch für nicht exakt an eine Kreisbahn angepasste Anfangsbedingungen. Wie aber wäre es bei Naturgesetzen, die dadurch von Newtons Gesetz der Schwerkraft abwichen, dass die zwischen zwei Massen wirkende Anziehungskraft schneller oder weniger schnell mit dem Abstand abfiele, als es Newtons Gesetz im Einklang mit der Erfahrung wiedergibt? Wäre der Abfall schwächer, würde der Planet bei der kleinsten Abweichung von der Kreisbahn in die Sonne stürzen, wäre er stärker, ins Unendliche entweichen. Beides würde Leben, wie wir es kennen, unmöglich machen, sodass Paley den tatsächlichen Abfall der Schwerkraft mit der Entfernung auf einen Designer-Gott zurückführen kann. Hören wir, wie er seine Folgerung begründet (S. 222): Dadurch, «dass die tatsächliche Abhängigkeit der Schwerkraft vom Abstand innerhalb enger lebensfreundlicher Grenzen liegt. Diese sind so nahe beieinander, dass Zufall als Erklärung ausgeschlossen ist. Nur durch das Wirken eines Designer-Gottes können wir sie verstehen.» Hier, mit diesem Staunen über die engen Grenzen, innerhalb deren der Wert einer Naturkonstanten liegen muss, damit Leben möglich sei, nimmt Paley Gedankengänge des Starken Anthropischen Prinzips Brandon Carters aus dem Jahr 1970 (S. 13 f) vorweg.

Könnte die Schwerkraft mit dem Abstand zunehmen, statt mit ihm abzufallen? Wäre das (im planetarischen Maß; nichts hier gegen die beschleunigte Expansion des Universums insgesamt!) so, würden sich die fernen großen Planeten Jupiter und Saturn destabilisierend auf die Bahn der Erde auswirken. Um dies zu verhindern, hat laut Paley der Designer-Gott der Schwerkraft, so wie sie ist, den Vorzug vor einer mit dem Abstand anwachsenden gegeben. Tatsächlich, und entgegen einer Schlagzeile der Bildzeitung vom April 2005, gibt es keinen spürbaren Einfluss eines Himmelskörpers außer Sonne und Mond auf die Erde. Für die Gezeiten und die analogen Verformungen des Erdkörpers sind nur diese beiden Himmelskörper verantwortlich.

Wäre das Gesetz der Schwerkraft anders, als es tatsächlich ist, könnte es folglich kein stabiles Planetensystem mit mehr als einem Planeten geben. Warum aber gibt es mehr als einen Planeten? Die Frage hat Paley nicht gestellt. Damit nun aber die Bahnen der Planeten eines Systems aus mehreren Planeten wie das unsere stabil seien, reicht es nicht aus, dass das Gesetz der Schwerkraft dies ermöglicht. Erforderlich ist auch, dass

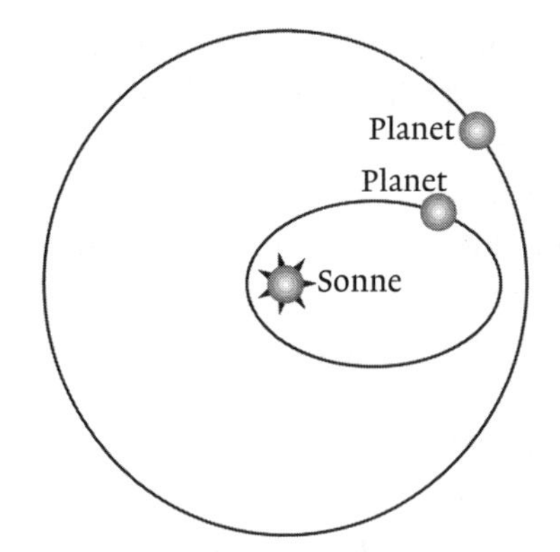

Abbildung 13: *Zwei Planeten auf ihren von dem jeweils anderen ungestörten Bahnen um ihre Sonne. Wenn sie einander so nahe kommen, dass sie zwar nicht kollidieren, wohl aber einer des anderen Anziehungskraft spürt, verbleiben sie nicht auf den ihnen als Einzelne vorgezeichneten Bahnen: Chaos bricht aus; sie beginnen, regellos im Weltraum zu taumeln. Leben, das sich auf den sich daraus ergebenden Wechsel von extremer Hitze in Sonnennähe und extremer Kälte in Sonnenferne einstellen könnte, ist schwer vorstellbar. Menschliches Leben, das einzige intelligent-beobachtende, das wir kennen, könnte das nicht.*

die Planeten so weit voneinander entfernt sind und bleiben, dass die Wirkung ihrer gegenseitigen Schwerkraft verglichen mit der von der Sonne auf sie ausgeübten vernachlässigbar klein ist. Darin, dass das so ist, obwohl es anders sein könnte und mit viel größerer Wahrscheinlichkeit anders wäre, sieht Paley ein weiteres Wirken des göttlichen Designers.

Die Bahn eines Planeten unter dem alleinigen Einfluss einer verglichen mit ihm praktisch unendlich massiven Sonne ist irgendeine Ellipse mit der Sonne in einem ihrer Brennpunkte. Kreise sind spezielle Ellipsen, die nur einen Brennpunkt – ihren Mittelpunkt – besitzen. Die Abbildung 13 zeigt zwei mögliche Planetenbahnen: erstens eine kreisförmige und zweitens eine, die von der Kreisform deutlich abweicht. Je größer diese Abweichung ist, desto größer sind offenbar die Unterschiede der Entfernungen des Planeten auf seiner Bahn von der Sonne. Dementsprechend groß sind die lebensfeindlichen Temperaturunterschiede, denen dieser ausgesetzt ist. Bereits das wäre Grund genug für einen Designer, dem einen für intelligentes Leben vorgesehenen Planeten eine Bahn zuzuweisen, die nicht allzu sehr von der Kreisform abweicht. Erschwerend und eigentlich entscheidend kommen die Abmessungen hinzu, die ein Planetensystem mit extrem exzentrischen Bahnen seiner Planeten besitzen müsste, damit sie einander nicht nahe kommen. Kommen sie sich wie in der Abbildung 13 nahe, so beeinflussen sie sich gegenseitig mit dem, wie die Mathematik lehrt, unabweisbaren Resultat, dass die Bewegungen von geordneten in chaotische übergehen: Das System wird instabil, regellos taumeln die Planeten um die Sonne herum. Während der eine sich weit in die kalten Gefilde des Weltalls fortbewegt und dabei immer langsamer wird, stürzt der andere mit wachsender Geschwindigkeit auf die Sonne zu. Leben, das zumindest einigermaßen stabile Verhältnisse benötigt, wäre unmöglich. Dementsprechend hat, so Paley, der göttliche Designer des Sonnensystems den Planeten Bahnen zugewiesen, die nur wenig von Kreisbahnen abweichen und sehr verschiedene Radien besitzen. Jeder Planet verhält sich dann so, als ob es die anderen nicht gäbe.

An sich ist eine solche Anordnung sehr unwahrscheinlich, denn es gibt viel mehr mögliche Ellipsen- als Kreisbahnen. Die Kometen verfolgen extrem exzentrische Ellipsenbahnen, die sie weit von der Sonne hinweg in den kalten Weltraum führen. Hören wir Paleys Charakterisierung der Anfangsbedingungen für ein stabiles Planetensystem: «Wenn die Entfernung eines Planeten vom Zentrum zusammen mit der dort herrschenden Anziehung vorgegeben ist, hängt die Gestalt seiner Bahn, ob sie ein Kreis [...] oder ein mehr oder weniger rundes Oval sein wird, von zwei Vorgaben ab: sowohl von der Größe als auch von der Richtung der Geschwindigkeit, mit denen der Planet sich selbst überlassen wird. Beide, Größe und Richtung, müssen sich innerhalb enger Grenzen befinden, damit sich eine akzeptable Bahn ergibt. Eine, und nur eine, Größe der Geschwindigkeit zusammen mit einer, und nur einer, Richtung ergibt einen perfekten Kreis. Die wirkliche Größe und die wirkliche Richtung dürfen von diesen idealen Vorgaben nur sehr wenig abweichen, wenn die sich aus ihnen ergebenden Bahnen wie die wirklichen Bahnen zumindest nahezu Kreise sein sollen. Größe und Richtung der Geschwindigkeit müssen dazu *beide* genau auf die Entfernung des Planeten vom Zentrum abgestimmt sein. Ist die Größe der Geschwindigkeit falsch, kann keine Richtung dies korrigieren; weicht die Richtung nennenswert von der richtigen ab, kann keine Größe der Geschwindigkeit auf eine akzeptable Bahn führen.»

Lebensfreundlich und einem Designer zuzuschreiben ist laut Paley im Sonnensystem auch, dass nicht einer der umlaufenden Planeten, sondern die große Masse in der Mitte des Systems, die Sonne, leuchtet. Der Phantasie des Lesers überlasse ich es, sich auszumalen, was im Sonnensystem schiefginge, wenn statt der Sonne der – sagen wir – Mars leuchtete. Aber das kann, wie wir heute wissen, aufgrund der Naturgesetze nicht so sein. Denn große Massen zeichnen *zwei* Eigenschaften aus, von denen Paley nur eine kennen konnte. Die nämlich, dass eine Masse, die alle Massen ihres Systems so sehr überwiegt wie die der Sonne die der Planeten, notwendig nahezu unbewegt in Brennpunkten der Bahnen der kleinen Massen steht. Die zweite Eigenschaft großer Massen ist, dass sie, und nur sie, sich beim Zusammenstürzen ihrer Masse aus galaktischem Material so sehr aufheizen, dass in ihnen wärme- und lichtspendende Kernreaktionen in Gang gesetzt werden. Nicht einer Anfangsbedingung, die leicht hätte anders sein können, sondern einem Naturgesetz haben wir es also zu verdanken, dass der wärme- und lichtspendende Himmelskörper in der Mitte des Sonnensystems nahezu ruht.

Ähnliches gilt für eine Eigenschaft der Erde, für die sich

Paley, wenn auch zögernd, auf einen Designer-Gott beruft: dass sich nämlich die Erde, die Paley mit einer Orange vergleicht, um ihren kürzesten Durchmesser als Achse dreht. Dies ist, wie Paley weiß, die einzige Achse, um die sich die Erde dauerhaft drehen kann. Drehte sie sich nicht um sie, würde sie um wechselnde Achsen trudeln; ein für das Leben auf ihr höchst ungünstiges Verhalten. Tatsächlich ist umgekehrt die Ausbeulung der Erde eine Konsequenz ihrer Drehung um die durch die Drehung der Gasmassen, aus denen sie sich gebildet hat, vorgegebene Achse. Diese Drehung hat sowohl die Ausbeulung der noch verformbaren frühen Erde in ihrer Mitte senkrecht zu ihrer Achse bewirkt als auch die zugehörigen Abplattungen «oben» und «unten». Das hält, wie er bemerkt, auch Paley für möglich, will offenbar aber auf dieses weitere Beispiel für das Wirken eines Designer-Gottes nicht verzichten. Weil für Leibnitz der Raum dasselbe ist wie die Ordnung der Dinge, kann es für ihn selbstverständlich keinen Raum ohne Dinge geben.

Paley unterscheidet (S. 221) zwischen möglichen und zulässigen Gesetzen. Die zulässigen, man ahnt es, sind möglich und erlauben intelligentes Leben; die möglichen, aber nicht zulässigen erlauben das nicht. Ob Leibniz bei dieser Unterscheidung Pate gestanden hat, muss offenbleiben. Wohl aber ist klar, dass bereits er eine analoge Unterscheidung getroffen hat: Von allen möglichen Welten ist laut ihm die tatsächliche die beste. Was aber zeichnet mögliche Welten vor unmöglichen aus? Dass in allen möglichen Welten Naturgesetze, egal welche, gelten. Die Geltung von Naturgesetzen als Prinzip ihres Entwurfs hat Leibniz zur «metaphysischen Voraussetzung» aller möglichen Welten erklärt. In der tatsächlichen Welt sollen diejenigen Naturgesetze gelten, durch die sie zur besten aller möglichen Welten wird.

Selbstverständlich gelten in allen möglichen Welten die Gesetze der Logik, aber sie können für sich allein nicht bereits eine Welt zu einer möglichen machen. Dass Leibniz in verschiedenen möglichen Welten mit denselben Gesetzen der Logik verschiedene Naturgesetze für möglich hält, zeigt bereits klar, dass diese für ihn keine Gültigkeit a priori beanspruchen können. Anders ist es mit Eigenschaften der Naturgesetze wie «Kausalität». Denn für in allen möglichen Welten metaphysisch notwendig erklärt Leibniz, dass die in ihnen waltenden Gesetze kausal sind. Dies wohl, weil erst die Kausalität der Gesetze es einem Designer-Gott, an den Leibniz glaubt, ermöglichen kann, die tatsächliche Welt gemäß seinen Intentionen zu erschaffen. Aber reicht das aus, jeder Sammlung von solchen Voraussetzungen genügenden Gesetzestexten eine mögliche Welt zuzuordnen? Laut Bertrand Russell erklärt Leibniz die «hier in Rede stehende metaphysische Notwendigkeit nirgendwo genauer».[13]

Die tatsächliche Welt ist für Leibniz die beste aller möglichen Welten. Da sie nicht frei ist von Schmerz und Unglück – von Seebeben, Seuchen und Tieren, die andere zu ihrem eigenen Erhalt lebendig verspeisen müssen, aber auch von Sünde –, erteilt hiermit Leibniz der Utopie von einer idealen Welt eine Absage. Eine beste aller möglichen Welten muss es geben, weil Gott sonst überhaupt keine Welt aus der Menge der möglichen Welten erschaffen hätte. Hierfür zwei Gründe. Erstens ist eine mögliche Welt für Gott umso erschaffenswerter, je vollkommener sie ist. Dies gehört für Leibniz – und wohl auch für uns – zur Natur eines Gottes. Darauf, wie Leibniz *vollkommen* definiert, wird einzugehen sein. Zweitens sein *Prinzip vom zureichenden Grund* ([Leibniz 1982 a], S. 13), «wonach *nichts ohne zureichenden Grund geschieht*, d. h., dass sich nichts ereignet, ohne dass es dem, der die Dinge hinlänglich kennte, möglich wäre, einen zureichenden Bestimmungsgrund anzugeben, weshalb es so ist und durchaus nicht anders». Dieses Prinzip entwickelt in der Philosophie von Leibniz eine außerordentliche Tragweite. Ermöglicht es ihm doch den Beweis, dass die Zeit (der Raum) Abkömmlinge der Dinge, nicht also deren Vorläufer sind. Hätte es nämlich vor den Dingen, die für Leibniz die Welt ausmachen, die Zeit (den Raum) gegeben, hätte Gott bei der Erschaffung der Welt eine Zeit (einen Ort) für seine Schöpfung auswählen müssen, ohne dass für eben diese Wahl ein zureichender Grund hätte sprechen können. Über die Zeit hat er es so gesagt: «Wer sich vorstellt, Gott hätte die Welt einige Millionen Jahre früher erschaffen können, erfindet eine Fiktion, die nicht zutreffen kann. Jene, die solchen Erfindungen zustimmen, könnten Argumenten dafür nicht widersprechen, dass die Welt ewig ist. Denn weil Gott nichts ohne Grund tut und weil es keinen Grund dafür geben kann, warum er die Welt nicht früher erschaffen hat, würde entweder folgen, dass er überhaupt nichts erschaffen hat, oder dass er die Welt vor jeder bestimmbaren Zeit erschaffen hat, was bedeuten würde, dass sie ewig ist. Aber wenn gezeigt ist, dass der Anfang, wie immer er ist, derselbe ist, kann die Frage nicht mehr gestellt werden, warum es nicht anders gewesen ist.» [14]

Folglich besitzt die Zeit für Leibniz keine selbständige Realität, sondern ist «die Ordnung [der Körper] hinsichtlich ihrer aufeinanderfolgenden Lagen. Gäbe es [...] keine erschaffenen Dinge, so würden Raum und Zeit nur in Gottes Gedanken existieren.» Noch einmal, anderswo: «[...] dass der Raum, ebenso wie auch die Zeit, nur eine Ordnung der Dinge ist und keineswegs ein absolutes Seiendes». Wenn also keine Körper, dann weder Raum noch Zeit.

Dies alles, wir erinnern uns, als Konsequenz der angenommenen Gültigkeit des *Prinzips vom zureichenden Grund*. Aber auch profanere Einwände gegen das Prinzip als der von Zeit und Ort der Erschaffung der Welt machen Leibniz zu schaffen. Seine Repliken sind dementsprechend weniger fundamental, zugleich aber auch naturwissenschaftlich überprüfbarer. Gäbe es zwei gleiche Wassertropfen oder Baumblätter, würde jeder vorstellbare Grund für die Existenz des einen genauso für die des anderen sprechen. Dass es einen Grund für die Existenz *beider* geben könne, hat Leibniz nach meiner (beschränkten) Lektüre nicht erörtert. Dies dahingestellt, kann es für das Auftreten eines Wassertropfens oder Baumblattes hier und jetzt keinen zureichenden Grund geben, wenn anderswo identische Exemplare auftreten. Gibt es sie also, die identischen Wiederholungen existierender Körper? Nein, so Leibniz. Denn unter dem Mikroskop wird sich jeder Wassertropfen als verschieden von jedem anderen erweisen. Leibniz in seinem vierten Schreiben an Clarke, dem Newton die Feder geführt hat, in deren historischem Briefwechsel [Schüller 1991a, S. 51] von 1715/16: «Zwei voneinander ununterscheidbare Einzeldinge gibt es nicht. Ein geistreicher Herr von Adel [...] glaubte, er könne zwei vollkommen gleiche Blätter finden. [...] Er lief lange Zeit [im Garten von Herrenhausen] vergeblich umher, um solche Blätter zu finden. Zwei Tropfen von Wasser oder Milch werden sich als voneinander unterscheidbar herausstellen, wenn man sie unter dem Mikroskop betrachtet.»

Zwei Baumblätter – eigentlich reicht eins –, das eine hier und jetzt, das andere dann und dort, sind bereits in dem Sinn nicht identisch, dass sie sich durch Ort und Zeit unterscheiden. Und zwar um Ort und Zeit «in Hinsicht auf ihre aufeinanderfolgenden Lagen». Aber vermutlich ist es auch in Leibniz' Sinne, wenn wir das Resultat der Suche, zu der den «geistreichen Herrn» eine Prinzessin und Kurfürstliche Hoheit aufgefordert hat, nicht allzu ernst nehmen. Andererseits: Dass sich zwei Tropfen Wasser oder Milch, unter dem Mikroskop betrachtet, als unterscheidbar sollten herausstellen müssen, erhebt Leibniz zu einem Argument «gegen die Atome». Tatsächlich weiß die Physik seit dem Aufkommen der Quantenmechanik, dass «dieselben» Elementarteilchen und Atome vollkommen identisch und ununterscheidbar sind: Jedes Elektron gleicht jedem anderen wie kein Ei jemals einem anderen gleichen kann. Eben vollkommen.

Ernster als die Sucherei nach gleichen Blättern will Leibniz selbstverständlich genommen wissen, was er in seiner *Theodizee*[15] schreibt: «Es gibt niemals eine Indifferenz des Gleichgewichts, das heißt, wo auf beiden Seiten alles vollkommen gleich ist, sodass es keine größere Neigung zu einer bestimmten Seite hin gibt.» Und: «Es ist wahr, dass man sagen müsste, ein Esel lasse sich selbst hungers sterben, wenn der Fall möglich wäre, dass er zwischen zwei Wiesen steht, die er gleich gerne fressen möchte. Im Grunde genommen ist dieses Problem mit Sicherheit unmöglich, es sei denn, Gott hätte die Umstände eigens so eingerichtet.» Die Begründung, die Leibniz hierfür gibt, verletzt ausdrücklich den Geist dieser dem Philosophen und einstweiligen Rektor der Universität Paris Johannes Buridan (1327–1358) zugeschriebenen Parabel: «Denn das Weltall kann nicht durch eine vertikale, den Esel der Länge nach in der Mitte durchschneidende Ebene in zwei Hälften zerlegt werden, sodass in beiden Teilen alles gleich und ähnlich ist, wie das bei der Ellipse [...] durch jede gerade, durch ihren Mittelpunkt gehende Linie geschehen kann. Denn weder die Teile des Weltalls noch die Eingeweide des Tieres sind untereinander ähnlich, noch liegen sie gleichmäßig auf beiden Seiten der vertikalen Ebene. Es wird daher immer im Esel und außerhalb des Esels sehr viele Dinge geben, die ihn, obgleich uns nicht bemerkbar, bestimmen werden, sich eher nach der einen als nach der anderen Seite zu wenden.» Weshalb der idealisierte Esel Buridans weder nach Auskunft der klassischen deterministischen noch der quantenmechanischen Physik hungers sterben wird, beschreibt die Abbildung 14.

Der *geistreiche Herr von Adel auf der Blättersuche* und die *Dinge im Esel sowie außerhalb seiner* bilden nur einen komischen Aspekt des von Leibniz mit unbedingtem Ernst vertretenen

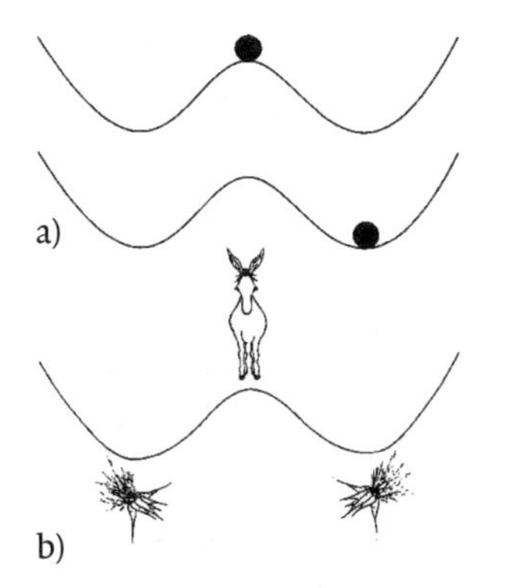

Abbildung 14: Die Physik interpretiert Buridans Esel b) zwischen zwei gleichen Heuhaufen – hier: zwei Karottenbündeln – als Symbol für die Situation a), die so symmetrisch wie möglich ist, sieht also, anders als Leibniz, von den asymmetrischen Innereien des Esels ab: Der Versuch, die Kugel genau im Symmetriepunkt des aufgeschnittenen Flaschenbodens abzulegen, muss scheitern, weil dieser Punkt nur einer von unendlich vielen, ihm beliebig nahe benachbarten ist. Wird die Kugel aber nicht genau – wirklich genau! – im Symmetriepunkt abgelegt, wird sie nach der Seite hinabrollen, auf der sie (unwissentlich, ungewollt) abgelegt wurde, und alsdann in der Mulde jener Seite zur Ruhe kommen. Die Unmöglichkeit, einen vorgegebenen Punkt aus einem Kontinuum zu treffen, bildet also innerhalb der deterministischen klassischen Physik im Leibniz'schen Sinn einen hinreichenden Grund dafür, dass «dieses Problem mit Sicherheit unmöglich [ist], es sei denn, Gott hätte die Umstände eigens so eingerichtet». Gott mag die Kugel im Symmetriepunkt ablegen können; menschenmöglich ist das nicht. Doch auch wenn es gelänge, die Kugel so abzulegen, wären doch, wie die heutige Physik weiß, Schwankungen um den Symmetriepunkt unvermeidlich. Durch sie würde die Kugel einer Mulde so nahe kommen, dass sie in sie hinabrollen und dadurch die Symmetrie spontan brechen würde. Genauso würde auch der Esel bei vollkommener Symmetrie durch unvermeidliche Schwankungen seines Kopfes dem Hungertod entgehen: Durch sie kommt er dem einen der beiden Möhrenbündel näher als dem anderen, sodass die Anziehung durch ebendieses Möhrenbündel wachsen und der Esel die Symmetrie vollends brechen würde.

Prinzips, «dass nichts ohne zureichenden Grund geschieht». Die hierfür selbstverständliche Voraussetzung, dass es verschiedenes Ununterscheidbares – nun wohl Ort und Zeit eingeschlossen – nicht geben kann, hat Leibniz ebenfalls in einem Prinzip verankert, dem der *Identität des Ununterscheid-*

baren. Wenn nun etwas statt eines anderen, von ihm verschiedenen geschieht, muss das Erste einen Vorzug vor dem Zweiten besitzen. In seinem vierten Brief an Clarke wendet Leibniz sein *Prinzip vom zureichenden Grund* auf Dinge an, die Gott erschaffen könnte, aber nicht erschafft: «Wenn zwei miteinander unvereinbare Dinge gleich gut sind und das eine gegenüber dem anderen weder an sich noch aufgrund ihres Zusammenhangs mit anderen Dingen irgendeinen Vorzug besitzt, so wird Gott keines von beiden erschaffen.» In der Theodizee überträgt er dies Argument auf die Welt als ganze, indem er schreibt, «dass Gott überhaupt keine Welt erschaffen hätte, wenn es nicht unter allen möglichen Welten die beste gäbe». Dies ist der Kernpunkt und das endgültige Ziel des *Prinzips vom zureichenden Grund*, dass es eine beste unter allen möglichen Welten gibt und dass sie die unsere ist. Selbstverständlich ist diese Anwendung jeder rationalen Überprüfung entrückt, und Leibniz weiß das ([Leibniz 1985 a], S. 221): «Allerdings kann man sich mögliche Welten ohne Sünde und ohne Elend vorstellen und könnte daraus etwas schaffen, was [Romanen und Utopien] gleicht, aber diese Welten würden im Übrigen der unseren bedeutend nachstehen. Ich kann das nicht im Einzelnen zeigen [...]. Überdies wissen wir ja, dass ein Übel oft ein Gut bewirkt, das man ohne jenes Übel nicht erlangt haben würde.»

Fragen wir also nach dem Vorzug, den die tatsächliche Welt vor allen anderen möglichen besitzt. Zunächst: Sie existiert, die anderen aber nicht. «Warum es eher Etwas als Nichts gibt» gilt auch Leibniz ([Leibniz 1982 a], S. 13) als Frage, «die man mit Recht stellen darf». Sie führt ihn über die Reihe der zufälligen Dinge zu einem zureichenden Grund, der keines anderen Grundes bedarf und deshalb außerhalb dieser Reihe liegen muss. Er muss sich «in einer Substanz vorfinden, welche die Ursache der Reihe und ein notwendiges Wesen ist, das den Grund seiner Existenz in sich selbst trägt; denn sonst

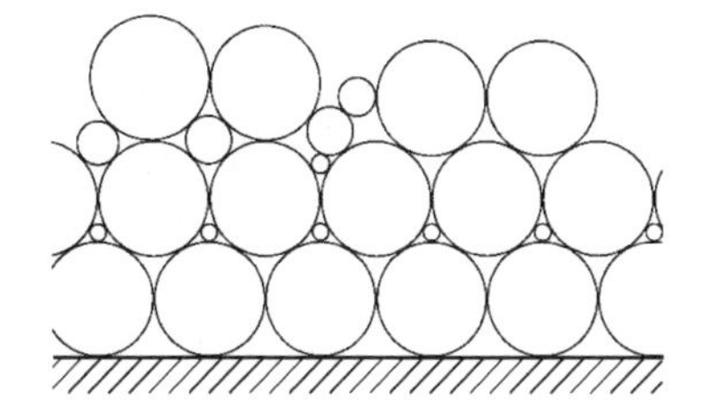

Abbildung 15: *Eine Mauer aus runden Steinen – hier ein Querschnitt – weist notwendig Lücken auf.*

hätte man noch immer keinen zureichenden Grund, bei dem man stehenbleiben könnte. Dieser letzte Grund der Dinge wird *Gott* genannt.»

Von dem physikotheologischen Gottesbeweis, dessen Unmöglichkeit Immanuel Kant dartun sollte (S. 74), unterscheidet sich diese Schlussweise dadurch, dass sie sich sichtlich nicht auf Erfahrung, sondern auf ein metaphysisches Prinzip – das vom zureichenden Grunde – stützt. Prinzipien dieser Art gehören der Wissenschaft nicht an, sondern kommentieren sie, sodass Wissenschaftler ihnen unabhängig von ihrer Wissenschaft anhängen können oder auch nicht. Hierauf beruht die Möglichkeit der friedlichen Koexistenz von Wissenschaft und Theologie (Abb. 31, S. 240).

Zu Gottes Güte gehörte es für Leibniz nach allen Indizien, ein möglichst erfülltes Universum zu schaffen: «Je mehr Materie es gibt, desto mehr Gelegenheit hat Gott, seine Weisheit und Macht auszuüben, und gerade deswegen bin ich [...] der Meinung, dass es das Leere überhaupt nicht gibt.» So Leibniz in seinem zweiten Schreiben an Clarke ([Schüller 1991 a], S. 27). Ja, gäbe es auch nur eine Leerstelle im Universum, «dann hätte Gott irgendwelche Materie in [sie] hineinsetzen können, ohne alle anderen Dinge in irgendeiner Hinsicht zu beeinträchtigen. Also hat er sie hineingesetzt, also gibt es keinen vollkommen leeren Raum, also ist alles voll.» Bereits die Gesetze der Natur hat Gott nach Auskunft eines Briefes [16] des Jahres 1679 von Leibniz an den Philosophen und Theologen

Nicolas de Malebranche (1638–1715) so ausgewählt, dass Platz für so viele Dinge sein möge, wie überhaupt zusammen im Universum untergebracht werden können (Abb. 15): «Hätte Gott andere Gesetze benutzt, wäre das wie der Versuch gewesen, ein Gebäude aus runden Steinen zu errichten, die mehr Platz lassen, als sie einnehmen.»

Von den unendlich vielen Möglichkeiten, die Welt zu erschaffen, die Gott hatte, erfüllt jede laut Leibniz eine ihr zugeordnete spezielle Designvorstellung Gottes – einen *möglichen* Grund für ihre Existenz. Die Wahl, durch die Gott einer der möglichen Welten zur Existenz verholfen hat, beruht dann auf *seinem einen wirklichen* Grund zur Erschaffung der Welt. Das *Prinzip des zureichenden Grundes* ist in diesem Sinn also sowohl auf die möglichen Welten (mit ihren möglichen Gründen) als auch auf die wirkliche Welt (mit ihrem wirklichen Grund) anzuwenden: Alles, was es gibt oder auch nur geben kann, ist die Frucht von Design. Die wirkliche Welt zeichnet vor den nur möglichen Welten aus, dass deren Design das bestmögliche ist.

5 *Das Alter des Universums und andere große Zahlen*

«Die Daten der kosmischen Schöpfung sind ein nichts als betäubendes Bombardement unserer Intelligenz mit Zahlen, ausgestattet mit einem Kometenschweif von zwei Dutzend Nullen, die so tun, als ob sie mit Maß und Verstand noch irgendetwas zu tun hätten. [...] Ist überhaupt eine Veranstaltung als Gottes Werk anzusprechen, zu der man ebenso gut ‹Wenn schon› wie ‹Hosianna› sagen kann? Mir scheint eher das erste als das zweite die rechte Antwort zu sein auf zwei Dutzend Nullen hinter einer Eins oder auch hinter einer Sieben, was schon gleich nichts mehr ausmacht, und keinerlei Grund kann ich sehen, anbetend vor der Quinquillion in den Staub zu sinken.» [17] So lässt Thomas Mann in seinem Roman *Doktor Faustus* den fiktiven Erzähler *Dr. Serenus Zeitblom* sprechen. Nun sind auch für Physiker und Astronomen nackte, riesige Zahlen ein Ärgernis. Anders aber als Zeitblom halten sie es für eine zutiefst menschliche Aufgabe, numerische Tollheiten durch Verständnis in das Reich der Humaniora einzubeziehen, um schlussendlich mit ihrer Hilfe die Stellung des Menschen in der Welt begreifbar zu machen.

Begeben wir uns zum 20. Februar 1937 zurück. An diesem Tag ist in der Wissenschaftszeitschrift *Nature* ein Artikel [Dirac 1937a] des frischverheirateten Physiknobelpreisträgers von 1933, Paul Adrian Maurice Dirac (1902–84), erschienen, in dem er alle sehr großen Zahlen des Kosmos und der Physik durch eine einzige zu erklären versucht: durch das Alter des Universums von 13,7 Milliarden Jahren, wie wir heute wissen. Der 1937 beste Wert für dieses Alter war mit 2 Milliarden

Jahren zwar deutlich geringer als der tatsächliche Wert, aber doch nicht um so viel geringer, als dass Diracs Vergleich hätte darunter leiden müssen. Denn Dirac ging es nicht um Faktoren wie 2 oder 3 oder 6,82 oder gar 1836, die sowohl in den fundamentalen Naturgesetzen als auch beim Übergang von Anfangsbedingungen zu Abläufen auftreten können, sondern um Faktoren wie 10^{40}, die Welten voneinander trennen.

Von den sehr großen Größen, die Dirac anführt und in Beziehung zum Alter des Universums setzt, wollen wir vor allem auf eine eingehen: das Verhältnis der elektrischen zur Schwerkraft, mit der ein Elektron und ein Proton einander anziehen. Oben haben wir bereits die Vergleichbarkeit beider Kräfte bei beliebigen Abständen betont und für Protonen festgestellt, dass die anziehende Schwerkraft zwischen ihnen um etwa den Faktor 10^{36} schwächer ist als die abstoßende elektrische. Dirac vergleicht die elektrische Kraft mit der Schwerkraft nicht zwischen zwei Protonen, sondern zwischen einem Elektron und einem Proton, wodurch sich zwei Unterschiede ergeben. Erstens ziehen sich ein Elektron und ein Proton wegen ihrer entgegengesetzten elektrischen Ladung an, statt sich, wie zwei Protonen, abzustoßen, und zweitens ist die Masse des Elektrons um den als Spielraum für numerische Überlegungen bereits erwähnten Faktor 1836 kleiner als die des Protons. Dies einbezogen und wie Dirac gerechnet, steht die elektrische Kraft zwischen einem Elektron und einem Proton zu der zwischen ihnen wirkenden Schwerkraft in dem Verhältnis 10^{39} – eine wahrlich große Zahl, die ihrer Erklärung noch heute harrt.

Dirac wollte, wie gesagt, diese Zahl durch die vom Urknall bis heute verflossene Zeit erklären. Er nahm an, dass sie proportional zum Alter des Universums gewachsen ist und wächst. Nun muss für einen sinnvollen Vergleich der Verhältnisse von Kräften innerhalb von Atomen mit dem Alter des Universums auch dieses durch atomare Größen ausgedrückt werden. Dirac hat hierfür die Zeit gewählt, die das Licht braucht, um eine elementare Strecke zu durchfliegen – den *klassischen Elektronenradius* von etwa $3 \cdot 10^{-15}$ Meter, auf den noch einzugehen sein wird –, und hat gefunden, dass das Universum etwa 10^{39} so gewählte Einheiten alt ist. Abermals also die riesige Zahl 10^{39} – das lässt aufhorchen und hat Dirac aufhorchen lassen. Er schreibt ([Dirac 1938 a]; dort englisch): «Unabhängig von der Wahl der atomaren Einheiten [für Zeit und Masse] stimmt das gegenwärtige Alter des Universums mit dem Verhältnis der elektrischen Kraft und der Schwerkraft zwischen zwei Elementarteilchen überein. Verursacht wird diese Übereinstimmung, so dürfen wir vermuten, durch eine tiefliegende, in ihrer Natur begründete Verbindung von Kosmologie und Atomtheorie. Folglich können wir erwarten, dass diese Übereinstimmung nicht auf die gegenwärtige Epoche 10^{39} beschränkt ist, sondern für alle Zeiten gilt, sodass in der entfernten Zukunft der Epoche 10^{50} auch das Verhältnis von elektrischer Kraft und Schwerkraft zwischen Elementarteilchen diese Größenordnung besitzen wird. Als Resultat dieser Überlegungen muss das Kräfteverhältnis, das üblicherweise für eine universelle Konstante gehalten wird, sich in großen Zeitintervallen ändern.» Alsdann wendet sich Dirac anderen sehr großen «dimensionslosen» Zahlen zu und kommt zu dem Schluss, dass (kursiv im Original) «*zwei beliebig herausgegriffene sehr große dimensionslose Zahlen der Natur durch eine einfache mathematische Beziehung miteinander verknüpft sind, in der nur Koeffizienten auftreten, welche die Größenordnung der Eins besitzen*» – also eben nicht *sehr groß* sind. Wir haben bereits gesagt, dass das Verhältnis 1836, in dem die Masse des Protons zu der des Elektrons steht, nicht als «sehr groß» im Sinne Diracs aufzufassen ist. Sehr kleine Zahlen wie 10^{-39} sind Kehrwerte sehr großer und werden als solche in seine Betrachtungen einbezogen. Indem er andere als «*dimensionslose* Zahlen der Natur» ausschließt, macht Dirac die in diesem

Zusammenhang selbstverständliche Voraussetzung, dass als Maßeinheiten für «Größen der Natur» nur Größen verwendet werden dürfen, die selbst «Größen der Natur» sind – beispielsweise also Massen von Elementarteilchen oder Naturkonstanten wie h, G oder c; nicht aber von menschlichen Dimensionen abgeleitete Größen wie das *Jahr* für die Zeit, das *Pfund* für das Gewicht und der *Fuß* für die Entfernung.

Als «einfache mathematische Beziehungen», die zwischen den Zahlen eines beliebig herausgegriffenen Paares dimensionsloser Zahlen bestehen sollen, führt Dirac – jeweils bis auf Faktoren von der Größenordnung der Eins – Potenzen an, um die die Zahlen sich voneinander unterscheiden sollen. Das aber bedeutet, wie er am 12. Juni 1937 in *Nature* ausführt [Dirac 1937 b], dass diese Zahlen Nester um Potenzen von 10^{39} herum bilden müssen. Das erste Nest bilden die Zahlen von eins bis 1836 als größter nicht sehr großer Zahl, gefolgt von einer Lücke bis zu dem Nest um 10^{39} herum, dann wieder eine Lücke bis zu deren Quadrat ab 10^{78}, und so weiter. Dirac sieht diesen Teil seiner Hypothese als erfüllt an, wenn er auch anerkennen muss (und als Erfolg wertet), dass sein Schüler, der indische theoretische Physiker und spätere Physiknobelpreisträger Subrahmanyan Chandrasekhar (1910–1995), Massenrelationen von Sternen und Galaxien herausgefunden hat, die Nester um die Potenzen $3/2$ und $7/4$ von 10^{39} herum bilden.

Hiervon nichts weiter; die dimensionslosen Zahlen der heutigen Physik lassen sich in Diracs Schema ganz und gar nicht einordnen. Nach diesen Präliminarien begründet Dirac sein eigentliches Anliegen, dass die – nun nur vermeintlichen – Naturkonstanten im Laufe der Zeit ihre Werte so ändern, dass ihre Relationen ungeändert bleiben [Dirac 1938 a]: «Wenn wir nun durch einfache Überlegungen zeigen können, dass einige dieser sehr großen Zahlen sich von Epoche zu Epoche ändern [...], muss dasselbe für alle gelten, weil sonst ihre mathematischen Beziehungen nicht dieselben bleiben könnten.» Eine dieser «sehr großen Zahlen», die sich aufgrund «einfacher Überlegungen ... von Epoche zu Epoche ändern», die Dirac bei seinem Verweis im Auge hatte, ist die Zahl der Protonen im beobachtbaren Universum, die wegen dessen Expansion und unseres wachsenden Horizontes mit dem Alter der Welt wächst. Ihre gegenwärtige Größenordnung 10^{80} ist das Quadrat der Größenordnung 10^{40} sowohl des Alters der Welt in angepassten Einheiten als auch des Verhältnisses von elektrischer Kraft und Schwerkraft. Diracs Hypothese besagt, dass diese Übereinstimmung mit – zumindest nahezu – denselben Proportionalitätskonstanten zu allen Zeiten bestanden hat und bestehen wird. Wir werden hierauf zurückkommen.

Als experimentell überprüfbar hat sich die Folgerung aus Diracs Hypothese der sehr großen Zahlen erwiesen, dass sich das Verhältnis zwischen Schwerkraft und elektrischer Kraft seit dem Urknall umgekehrt proportional zum Alter der Welt von (etwa) eins ausgehend so vermindert hat, dass es bis heute um den Faktor 10^{39} kleiner geworden ist. Neben unendlich vielen Zwischenstufen bieten sich zwei Extreme an: Entweder hat die Schwerkraft seit dem Urknall um den Faktor 10^{39} ab- oder die elektrische Kraft um eben diesen Faktor zugenommen. Beides schließt die heutige Physik mit Sicherheit aus. Mehr noch: Nicht einmal vergleichsweise winzige Änderungen der elektrischen Kraft im Laufe der Zeit, die sich experimentell bemerkbar zu machen schienen, konnten durch Kontrollexperimente bestätigt und glaubhaft gemacht werden.

Spott und hektische Widerlegungen sind dem Vorschlag Diracs auf dem Fuße gefolgt, dass die Schwerkraft im Vergleich zur elektrischen Kraft proportional zum Alter des Universums abgenommen habe und abnehme. «Niels Bohr», so [Gamow 1967a] der in Russland geborene amerikanische

Physiker George Gamow (1904–1968), «hat diese Idee als erster mit den Worten kritisiert: ‹Da sehen Sie, was Leuten widerfährt, wenn sie heiraten›. (Dirac hatte damals gerade die Schwester von [dem späteren Physiknobelpreisträger] Eugene P. Wigner geheiratet).»

Dirac hatte angenommen, Abnahme der Schwerkraft bei gleichbleibender elektrischer Kraft um den Faktor 10^{39} seit dem Urknall sei für das heutige Verhältnis der beiden Kräfte verantwortlich. Bewirkt haben sollte diese Abnahme nicht eine Änderung von Massen, sondern von Newtons Gravitationskonstante G. Edward Teller (1908–2003), der in Ungarn geborene amerikanische theoretische Physiker und «Vater der Wasserstoffbombe» hat laut Gamow sofort darauf hingewiesen, dass dann in erdgeschichtlich späten Zeiten, während der Entwicklung des Lebens, die Ozeane gekocht haben müssten. Ein entsprechender Effekt ist offensichtlich: War G früher größer, dann muss früher der Radius der Bahn der Erde um die Sonne kleiner gewesen sein. Gamow selbst schlägt in seinem höchst amüsanten Artikel erstens vor, dass im Laufe der Zeit nicht Newtons Konstante G ab-, sondern die elektrische Ladung e zugenommen habe. Diese Modifikation von Diracs Vorschlag, laut derer die Erdbahn früher dieselbe war wie heute, ist zweitens im Einklang mit allen geophysikalischen Daten. In weniger als einer Woche ändert Gamow drittens (in demselben Artikel, durch Telefonate mit dem Herausgeber abgestimmt) seine Meinung aufgrund von astronomischen Daten zur Feinstruktur von Spektrallinien, die er bis dahin nicht zur Kenntnis genommen hatte. Ausschließen kann er durch sie den großen, von Dirac ins Auge gefassten Effekt. Verbesserte und weiter in die Frühzeit des Universums zurückreichende Beobachtungen derselben Feinstruktur haben in den letzten Jahren die Möglichkeit ins Spiel gebracht, dass sich die elektrische Ladung – genauer: Die Feinstrukturkonstante α – *doch* im Laufe der Zeit ändert;

wenn auch viel weniger, als für Diracs Hypothese erforderlich wäre. Diese faszinierende Kontroverse (zusammenfassende Darstellungen sind u.a. [Carilli 2001 a], [Barrow 2002 a], [Lamoreaux 2002 a], [Fritzsch 2003 a], [Cowie und Songalla 2004 a], [Barrow und Webb 2005 a] sowie [Fritzsch 2005 a]) ist aber nicht unser Thema.

Licht, das an einem Ort im Universum ankommt, kann höchstens seit dem Urknall unterwegs gewesen sein. Das Alter der Welt zur Ankunftszeit des Lichtes legt also zusammen mit der Lichtgeschwindigkeit – der größten Geschwindigkeit, mit der sich Signale ausbreiten können – und der Expansionsgeschwindigkeit des Universums den Radius einer Kugel fest, innerhalb derer sich das ganze jeweils beobachtbare Universum befindet. Von einem Ereignis außerhalb dieser Kugel – des gegenwärtigen Horizontes – kann also den Ort der Beobachtung zu jener Zeit noch kein Signal erreicht haben. Dementsprechend wächst das Volumen des beobachtbaren Universums mit dem Alter der Welt. Zugleich nimmt wegen der Expansion des Universums die Dichte der Materie in ihm ab. Ursache der Expansion ist der Anfangsschwung, mit dem die Materie aus dem Urknall hervorgetreten ist. Wie ein hochgeworfener Stein durch die Schwerkraft der Erde abgebremst wird, so wird die Geschwindigkeit der Expansion des Weltalls durch die gegenseitige Schwerkraft der Materie des Universums vermindert, die den sich vergrößernden Abständen durch die Expansion entgegenwirkt. Die Geschwindigkeit der Expansion nimmt also im Laufe der Zeit ab. Mit ihr muss offenbar auch die Rate abnehmen, mit der die Dichte der Materie im Universum durch die Expansion geringer wird. Denn die zugehörige Vergrößerung eines Bereiches des Universums wirkt sich auf die Zahl der in ihm enthaltenen Protonen nicht aus. Eine Rechnung (z.B. [Unsöld und Baschek 2202 a], S. 484 und 508), die wir unterdrücken und in die auch die geometrische Beschaffenheit des Universums –

dass es zumindest nahezu «flach» ist – eingeht, ergibt, dass die Zahl der Protonen im beobachtbaren Universum proportional zum Alter des Universums zunimmt.

Damit, dass die Zahl 10^{80} der Protonen im gegenwärtig beobachtbaren Universum mit dem Quadrat des Alters der Welt 10^{40} in atomaren Einheiten übereinstimmt und die Zahl der Protonen von der Zeit abhängt, hat Dirac seine Hypothese begründet, dass die quadratische Beziehung zu allen Zeiten, vergangenen und zukünftigen, bestehen müsse. Damit das so sei, muss nach der beschriebenen Formel, die explizit nur die erste Potenz des Alters der Welt als Faktor enthält, entweder Newtons G oder die Lichtgeschwindigkeit c von der Zeit abhängen. Die zweite Möglichkeit, die mittlerweile zu umstrittenen Ehren gekommen ist [Magueijo 2005 a], hat Dirac nicht erwogen, sondern für die quadratische Relation die Zeitabhängigkeit von G verantwortlich gemacht – mit dem Erfolg, dass das so erschlossene Verhalten von G im Laufe der Zeit mit dem übereinstimmt, das aus der unterstellten Abnahme der Schwerkraft folgt. Tatsächlich sind die von Dirac herausgestellten Relationen bis heute nicht verstanden, aber das gegenwärtige Alter des Universums ist es, und es ist vor allem dieses Verständnis, das der Dirac'schen Hypothese der sehr großen Zahlen endgültig den Garaus gemacht hat – wenn er selbst auch entgegen allen Widerständen an ihr festgehalten hat.

Als Erster hat der amerikanische Physiker Robert Henry Dicke (1916–97) in einem Artikel des Jahres 1961 in *Nature* [Dicke 1961 a] darauf hingewiesen, dass das *gegenwärtige* Alter des Universums nicht irgendein Alter ist, von dem erwartet werden könnte, dass es in physikalischen Relationen wie denen Diracs durch ein beliebiges anderes ersetzt werden könnte, sondern dass es dadurch *biologisch* ausgezeichnet ist, dass wir als die Fragesteller nach dem Alter der Welt und den Werten der Naturkonstanten in ihm leben. Tatsächlich kann man sich von heute aus gesehen nur wundern, dass dieser Einwand gegen Diracs Hypothese von den sehr großen Zahlen erst 25 Jahre nach ihrer Formulierung erhoben worden ist. Denn ist es nicht offensichtlich, dass das jetzige Alter des Universums durch unsere Existenz ausgezeichnet ist? Viel früher konnten «wir» als Individuen, die nach der Konstanz der Naturkonstanten fragen, nicht auftreten; wie lange noch «wir» danach werden fragen können, ist unbekannt. Sicher aber nicht in unserer gegenwärtigen Form, nachdem die Sterne aufgehört haben werden zu leuchten.

Entgegen Dirac sei nämlich angenommen, dass die Naturkonstanten wie G nicht nur vermeintlich, sondern tatsächlich konstant sind, also seit je ihren gegenwärtigen Wert besitzen und in alle Ewigkeit besitzen werden. Dann kann – und wir werden sogleich sehen, wie – die Zeit, die das Universum brauchte, um Frösche und Physiker hervorzubringen, aus Naturkonstanten berechnet werden: mit den jetzt erreichten 10^{39} atomaren Zeiteinheiten als Ergebnis. Die Übereinstimmung dieser Zahl mit dem Verhältnis der Stärken zweier Wechselwirkungen erklären wir mit Dicke entgegen Dirac zu einem numerischen Zufall. Zufall auch, dass die Anzahl der Atome im jetzt beobachtbaren Universum gerade das Quadrat dieser Zahl ist.

Die Antwort auf einen möglichen Einwand bleibt nachzutragen: Beweist nicht gerade die heutige Physik, dass die Stärken der Wechselwirkungen zwischen Elementarteilchen von der Energie und damit auch vom Alter des Universums abhängen? Gewiss; aber die Abhängigkeit hat sich nur sehr früh, während der Periode der Inflation, bemerkbar ausgewirkt. Die Variationen der Stärken der Wechselwirkungen zwischen Elementarteilchen im beobachtbaren Universum sind tatsächlich viel geringer als für Diracs Hypothese erforderlich.

Nun zu den Details und der Dauer der Entwicklung, die ab

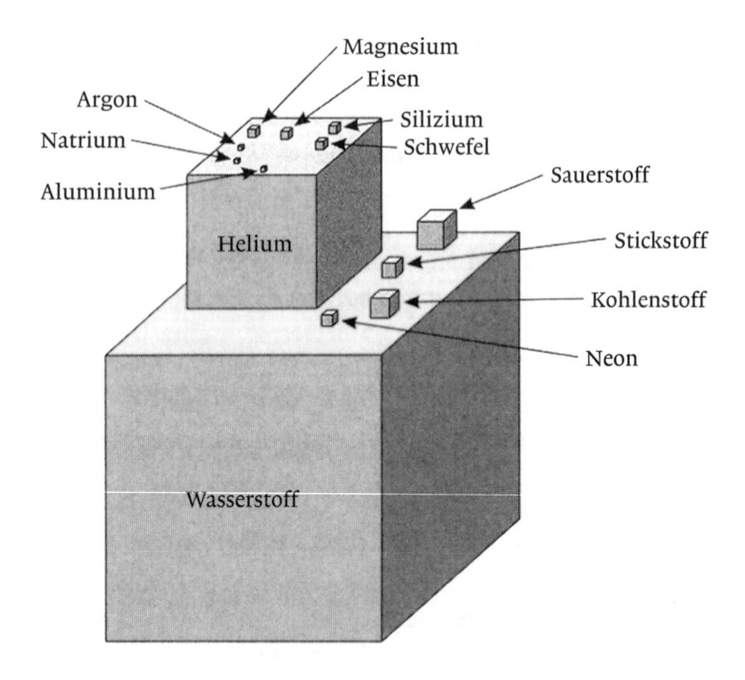

Abbildung 16: Mengenvergleich der Elemente, aus denen die Sonne besteht. Kein Element der Abbildung besitzt mehr Protonen im Kern als die 26 des Eisens. Aber auch Elemente, die im Periodischen System höher stehen als Eisen wie beispielsweise Nickel mit 28 Protonen im Kern, müssen sich in geringem Maße auch in der Sonne finden, da sie auf der Erde vorkommen. Denn die Erde ist zugleich mit der Sonne aus demselben kosmischen Material entstanden. Da die Erde viel leichter ist als die Sonne und die Riesenplaneten Jupiter und Saturn, hat sie im Gegensatz zu ihnen ihren Vorrat an Wasserstoff und Helium nicht festgehalten.

Urknall erforderlich war, damit sich aus dessen Ursuppe Frösche und Physiker entwickeln konnten. Heute ist das Universum 13,7 Milliarden Jahre alt. Aber musste es so alt werden, bevor «wir» auftreten konnten?

Die Antwort der Kosmologie und der Physik der Elementarteilchen ist ein eindeutiges ja. Denn von den chemischen

Elementen Wasserstoff, Sauerstoff, Kohlenstoff und Stickstoff, aus denen unser Körper zu jeweils 63%, 25,5%, 9,5% und 1,4% besteht, ist nur der Wasserstoff unmittelbar nach dem Urknall aufgetreten. Die anderen drei, wie auch die zahlreichen Spurenelemente unseres Körpers, sind in Sternen entstanden, die explodiert sind und dabei die von ihnen erzeugten Atomkerne im Universum verstreut haben – Materialien, aus denen wiederum Sterne, einer ist die Sonne (Abb. 16), entstanden sind: «Die Elemententstehung im Innern der Sterne hinterließ», so [Ward und Brownlee 2001a, S. 61f], «gemeinsam mit einem fortdauernden Recycling zwischen Sternen und interstellarem Medium, ein als ‹kosmische Häufigkeitsverteilung› bekanntes relatives Verhältnis der chemischen Elemente untereinander. [...] Die Elemente entstehen in den Sternen, ein Teil des Materials wird in den Weltraum abgegeben und über Sternengenerationen hinweg ‹recycelt›. Innerhalb dieser Prozesse des Erzeugens und Wiederverwertens stellen die Sonne und ihre Planeten lediglich ein Zufallsprodukt dar.»

Sterne mussten also entstehen und vergehen, bevor sich unser Stern, die Sonne, mit seinem Planetensystem bilden konnte. Die Sonne ist ein spät entstandener Stern. Einer nämlich, der seit seiner Entstehung Elemente wie Kohlenstoff, Eisen und im Periodensystem darüberstehende Elemente enthält, die der Elemententstehung in früheren Sternen sowie deren Explosionen ihr Dasein verdanken. Trotz nicht ausgeschöpfter Details zeigt diese Betrachtung, dass ein Planetensystem mit lebensfreundlichen Elementen erst nach Generationen von Sternen entstehen konnte.

Die Typen der Sterne sind so zahlreich, dass keine für alle gültige Lebensdauer angegeben werden kann. Nehmen wir die Sonne: Sie ist mit ihren Planeten vor recht genau 4,55 Milliarden Jahren entstanden und wird wohl weitere 4 bis 5 Milliarden Jahre ruhig strahlen, bevor sie in einer mächtigen

Aufblähung ihre Reaktionsprodukte im Weltall verstreuen wird als Rohmaterial für künftige Sterne.

Wenn wir die Sonne zu einem typischen Stern erklären, können wir daraus schließen, dass erst 9 bis 10 Milliarden Jahre nach dem Urknall typische Sterne explodiert sind und ihr Material im Universum – genauer: in ihrer Galaxie – verstreut haben. Jetzt sind 13,7 Milliarden Jahre seit dem Urknall vergangen, sodass in der Tat das Sonnensystem nach der Explosion der ersten Sterne aus deren Material, zusammen mit dem ursprünglichen Wasserstoff und Helium, entstanden sein kann. Wie bereits beschrieben, sind die frühesten Lebensformen auf der Erde sozusagen unmittelbar nach ihrer Entstehung, vor 4,5 Milliarden Jahren, aufgetreten. Intelligentes Leben in Gestalt des Menschen ist höchstens drei Millionen Jahre alt.

Kann intelligentes Leben wesentlich später noch Bestand haben? Das wissen wir nicht. Mag sein, dass wir in einem Monat, in einem Jahr unser Zerstörungspotenzial von der Leine lassen und alles intelligente Leben auf der Erde – für wie lange? – auslöschen werden, mag sein, dass wir demnächst erst den Mond, dann den Mars besiedeln und in 5 Milliarden Jahren Kolonien außerhalb der Reichweite der dann riesigen Sonne errichtet haben werden. Ist es seriös, darüber zu spekulieren? Ich denke nicht. In einem Atemzug mit Betrachtungen über die bisherige Entwicklung des Universums vermindern solche Spekulationen auch deren Glaubwürdigkeit.

Wir sehen also, dass die Gegenwart dadurch ausgezeichnet ist, dass es in ihr, und wohl nur in ihr, jedenfalls nicht früher, intelligente Beobachter geben kann. Dies entzieht Diracs Betrachtung die Grundlage, dass die Gegenwart *nur* durch die gegenwärtigen Zahlenwerte der (dann nur vermeintlichen) Naturkonstanten ausgezeichnet sei. Im Gegenteil – gerade aus der Konstanz der Naturkonstanten folgt die Zeit, die zur Entwicklung intelligenten Lebens erforderlich war. Anders wäre es nur, wenn intelligente Wesen den Kosmos ab Urknall bevölkert hätten.

Höchst merkwürdig, wenn auch unbezweifelbar ist, dass der Kosmos, der unmittelbar nach seiner Entstehung – sagen wir, einen hundertstel Bruchteil einer Sekunde danach – durch eine einzige Zahl[18], seine Temperatur von 100 000 Millionen Grad (ob nun Celsius oder absolut), *zusammen mit den für ihn geltenden Naturgesetzen* beschrieben werden konnte, überhaupt so komplexe Gebilde wie die menschlichen Gehirne hervorzubringen in der Lage war. Wir werden uns im nächsten Kapitel der Frage nach dem Zusammenspiel von Zufall und Notwendigkeit widmen, auf dem dieses Ergebnis beruht. Zwei extreme naturwissenschaftliche Positionen stehen sich gegenüber. Erstens die bis vor nicht allzu langer Zeit von Steven Weinberg vertretene (S. 9 und S. 27), dass Notwendigkeit in dem Sinn herrsche, dass die – selbstverständlich logisch konsistenten – tatsächlichen Werte der Naturkonstanten von einer Wüste logisch inkonsistenter umgeben seien. Zweitens, wie neuerdings von der mathematisch anspruchsvollsten physikalischen Theorie, der Superstringtheorie, vertreten, dass die Naturgesetze alle, oder nahezu alle, Zahlenwerte der in ihnen auftretenden Naturkonstanten unbestimmt lassen, diese also allein durch Zufälle festgelegt werden. Gibt es keine notwendigen Zusammenhänge zwischen den einzelnen Zahlenwerten, ist also das Auftreten eines jeden von ihnen zufallsbedingt, muss gefragt werden, warum sie ausnahmslos so beschaffen sind, dass sie intelligentes Leben erlauben. Wäre, bei gleichbleibenden anderen, nur ein Zahlenwert auch nur ein wenig anders ausgefallen, intelligentes Leben hätte nicht auftreten können. Überwältigt von allerunwahrscheinlichsten Zufällen, die intelligentes Leben erst ermöglichen, findet sich die Superstringtheorie in ihrem Schluss bestätigt, dass es praktisch unendlich viele Welten mit praktisch unendlich vielen Werten der Naturkonstanten gibt, von denen wir selbstverständlich nur in einer mit lebensfreundlichen Werten auftreten konnten – etwa so, wie wir zwar auf der Erde, aber nicht auf dem Mars beheimatet sein können. Übrigens kann *praktisch unendlich* im Zusammenhang mit der Superstringtheorie als 10^{130} interpretiert werden. Auf die Theorie selbst, die der derzeit populärste Kandidat einer Universaltheorie mit wohl zwei ernsthaften Konkurrenten ist, werden wir zurückkommen.

Aber auch wer im Gefolge von Weinberg die Ansicht vertritt, die tatsächlichen Naturgesetze bildeten eine Oase inmitten einer Wüste von logisch inkonsistenten Naturgesetzen, muss sich die Frage gefallen lassen, warum gerade diese Oase in der Realität aufgetreten ist. Ist auch sie nur eine von mehreren möglichen Oasen, ausgezeichnet dadurch, dass sie intelligentes Leben hervorbringen konnte? Manche religiös vorbelastete Beobachter der naturwissenschaftlichen Debatte neigen der grundsätzlichen Deutung zu, dass – wie auch immer sonst – die Welt von einem höheren Wesen mit dem Ziel eingerichtet worden sei, dass sie intelligente Wesen hervorbringen könne oder gar müsse, die sich Gedanken über ihr Woher und Wohin machen. Gott hatte danach die Wahl zwischen verschiedenen Sätzen logisch konsistenter Naturkonstanten, und er hat sie so getroffen, dass Leben entstehen konnte oder musste, das IHN zu erkennen und seine Existenz zu rechtfertigen bereit und in der Lage war. Theodizee heißt die Rechtfertigung Gottes angesichts der Übel in der Welt.

Zur Definition seiner dimensionslosen sehr großen Zahlen hat Dirac neben der Lichtgeschwindigkeit c atomare Einheiten verwendet, darunter das Verhältnis 1836 der Massen von Proton und Elektron. Die heutige Physik kennt zahlreiche der Physik der Elementarteilchen entstammende Größen mit derselben Dimension, die sich um Faktoren unterscheiden, die dieses Verhältnis um Größenordnungen übertreffen. Unverstanden wie diese Verhältnisse sind, können sie nicht helfen, andere unverstandene Verhältnisse zu verstehen. Insbesondere hat sich herausgestellt, dass der zu Diracs Zeiten dunkel berühmte[19] *klassische Elektronenradius* nichts weiter ist als eine bedeutungslose Kombination der Ladung des Elektrons mit seiner Masse und der Lichtgeschwindigkeit mit der Dimension einer Länge. Hätte dieser Elektronenradius eine tatsächliche Bedeutung, müsste bei seiner Unterschreitung in Experimenten mit Elektronen irgendeine Besonderheit aufgetreten sein. Aufgetreten ist aber keine. Mittlerweile wurde dieser Abstand in Experiment und Theorie um den Faktor 1000 unterschritten, ohne dass eine Struktur des Elektrons nachweisbar geworden wäre: Elektronen können nach allem, was wir wissen, strukturlose Punktteilchen sein. Dasselbe gilt für Quarks.

Unverstanden wie ihre Auswirkungen sind, beruhen die Naturgesetze selbst auf drei unerschütterlichen Naturkonstanten: der Planck'schen Konstante h der Quantenmechanik, der Gravitationskonstante G der Allgemeinen Relativitätstheorie und der Lichtgeschwindigkeit c sowohl der Speziellen als auch der Allgemeinen Relativitätstheorie. Die anvisierte endgültige Universaltheorie TOE wird alle drei Theorien und folglich auch ihre Größen umfassen müssen, wie es die Superstringtheorie ja auch tut.

Die Gleichungen der Universaltheorie TOE werden also h, G und c enthalten. Sonst aber keine Größen wie z.B. die Massen von Elementarteilchen oder deren Lebensdauern. Sie alle können durch diese drei Größen ausgedrückt werden – egal ob durch zufallsbestimmte oder aus der Universaltheorie folgende Faktoren. Sodass h, G und c selbst frei gewählt, beispielsweise zu dreimal die Eins festgesetzt werden können. Die Frage, ob es ein Gott war, der diese Zeichen schrieb, müsste in Ansehung einer erfolgreichen Universaltheorie durch die ersetzt werden, ob es ein Gott war, der alle anderen Parameter der Natur geschrieben hat.

Ich muss ausholen, um das zu erläutern. Die Naturwissenschaftler wissen, dass alle Einheiten physikalischer Größen durch drei unabhängige ausgedrückt werden können. Als diese können der Meter (m) für die Länge, das Kilogramm (kg) für die Masse und die Sekunde (s) für die Zeit gewählt werden. Als Einheit der Geschwindigkeit ergibt sich hieraus Meter pro Sekunde, m/s, und als Einheit der Leistung $kg \cdot m^2/s^3$, kurz Watt. Indem wir die Einheit Kubikmeter m^3 für das Volumen hinzunehmen, haben wir drei unabhängige Einheiten gewonnen, die zu m, kg und s in dem Sinn äquivalent sind, dass nicht nur die neuen Einheiten m/s, $kg \cdot m^2/s^3$ und m^3 durch die alten ausgedrückt werden können, sondern umgekehrt auch die alten durch die neuen. Beispielsweise kann die Einheit kg für die Masse als $Watt \cdot s^3/m^2$ geschrieben werden. Nun zu den Einheiten von h, G und c. Ich will sie nicht angeben, wohl aber bemerken, dass auch sie unabhängige Einheiten sind, die in Länge, Masse und Zeit rückübersetzt werden können. Beispielsweise besitzt die Kombination $(h \cdot c/G)^{1/2}$ die Dimension Masse. Trägt man die Zahlenwerte von h, c und G in diesen Ausdruck ein, so ergibt sich die nach Max Planck benannte Masse $m_{Pl.} = 2{,}2 \cdot 10^{-8}$ Kilogramm.[20] Genauso ergibt sich die Planck'sche Länge als $l_{Pl.} = (h \cdot G)^{1/2} \cdot c^{-3/2} = 1{,}6 \cdot 10^{-35}$ Meter und die Planck'sche Zeit als $t_{Pl.} = (h \cdot G)^{1/2} \cdot c^{-5/2} = 5{,}4 \cdot 10^{-44}$ Sekunden. Es sind diese Längen, Massen und Zeiten, die als wahrhaft fundamental anzusehen sind, da sie aus den für die TOE fundamentalen, die Quantenmechanik und die Relativitätstheorien kennzeichnenden Größen h, c und G ohne «große» Zahlenfaktoren konstruiert werden können. Die Physik weiß heute auch, wie aus diesen Größen im Prinzip die Massen von Elementarteilchen wie die des Protons, die etwa 10^{-19} Planckmassen beträgt, folgen können: durch Faktoren, die sich von Massenskala zu Massenskala nur wenig – der mathematische Ausdruck ist logarithmisch – verändern. Analoges gilt für andere Abhängigkeiten als Massen, so für die unterschiedlichen Stärken von elektrischer Kraft und Schwerkraft. Auch Dirac hatte eine solche Abhängigkeit erwogen, sie aber verworfen.

Wir kennen keine sowohl konsistente als auch im Detail erprobte Theorie, die die Quantenmechanik mit der Allgemeinen Relativitätstheorie vereinigt. Das heißt, dass gegenwärtige Theorien, in denen h und G auftreten, nur Aspekte jeweils einer der beiden fundamentalen Theorien berücksichtigen oder, wie die Superstringtheorie, sich der detaillierten Erprobung durch das Experiment noch entziehen. Die Physik der Elementarteilchen erforscht heute die Welt bei Abständen von 10^{-18} Meter; das sind 10^{17} Planck'sche Längen. Analoges gilt für die heute dem Experiment und der Theorie zugängige Zeitskala der Physik der Elementarteilchen. Die Physik bei den Planck'schen Größen selbst, die sicher bis zur Planckzeit nach dem Urknall herrschte, entzieht sich insofern dem Verständnis, als bis heute nur sehr allgemeine Vorstellungen von ihr entwickelt werden konnten.

Eine Bemerkung zu Größenordnungen. Die Entfernungsskala 10^{-18} Meter der heutigen Elementarteilchenphysik ist die kleinste, die in einem offiziellen Tabellenwerk der SI-Einheiten [Krist 1971a] mit einem Namen – Attometer – bedacht worden ist. Die Skale der weltweit gern als «kleinste» dargestellten Nanophysik ist 10^{-9} Meter. Ein Nanometer verhält sich also zu dem Attometer der Elementarteilchenphysik wie ein Kilometer zu einem Mikrometer, das ist ein Tausendstel eines Millimeters.

Thomas Mann, der mit dem Erzähler Zeitblom seines *Doktor Faustus* nach allem Anschein der Ansicht war (S. 103), *wenn schon und nicht Hosianna sei die rechte Antwort auf die Daten der kosmischen Schöpfung*, neigt mit dem *Professor Kuckuck*, der dem *Hochstapler Felix Krull*[21] nur sieben Jahre später die Welt erklärt, dem *Hosianna* zu: Das Sein feiere «sein tumultöses Fest in den unermesslichen Räumen, die sein Werk seien und in denen es Entfernungen bilde, die von eisiger Leere starrten. Und er sprach mir», so Felix Krulls Bericht von dem Vortrag, den ihm Professor Kuckuck gehalten hat, «von dem Riesenschauplatz dieses Festes, dem Weltall [...], angefüllt mit materiellen Körpern ohne Zahl, Meteoren, Monden, Kometen, Nebeln, Abermillionen von Sternen, die aufeinanderbezogen, zueinander geordnet waren durch die Wirksamkeit ihrer Gravitationsfelder zu Haufen, Wolken, Milchstraßen und Übersystemen von Milchstraßen, deren jede aus Unmengen flammender Sonnen, drehend umlaufender Planeten, Massen verdünnten Gases und kalten Trümmerfeldern von Eisen, Stein und kosmischem Staube bestehe. [...] Unsere Milchstraße, vernahm ich, sei eine unter Billionen [...]. Beim weißen Begleiter des Sirius [...] befinde sich die Materie im Zustande solcher Dichtigkeit, dass ein Kubikzoll davon bei uns eine Tonne wiegen würde.» Und so weiter. Bewirkt hat diesen Übergang von *wenn schon* zu *Hosianna* die Lektüre *mit dem Bleistift* – also mit Anstreichungen – des populärwissenschaftlichen Buches *The Universe and Doktor Einstein* von *Lincoln Barnett* [Barnett 1948 a].[22]

6 *Reduktionismus oder wie viele nur anthropisch erklärbare Zahlenwerte von Naturkonstanten?*

Dass es uns auf der Erde gibt, beweist selbstverständlich, dass die Erde unsere Existenz ermöglichende Eigenschaften besitzt, erklärt diese aber nicht. Einige der Voraussetzungen, die ein Planet als Nische für Entwicklung und Erhalt intelligenten Lebens erfüllen muss, haben wir erörtert. Dazu gehört neben der richtigen – zumindest nahezu richtigen – chemischen Zusammensetzung des Planeten sowie seiner richtigen Größe eine wärmende Sonne als Zentralgestirn, welches der Planet für Milliarden Jahre ungestört in einem für gemäßigte Temperaturen auf seiner Oberfläche richtigen Abstand umfliegt. Dies erörtert, haben wir uns der Frage zugewandt, welche Eigenschaften der fundamentalen Naturgesetze bereits daraus folgen, dass sie die Existenz von Nischen für intelligentes Leben ermöglichen: Wie groß sind die Intervalle der lebensfreundliche Nischen ermöglichenden Werte der Naturkonstanten um ihre tatsächlichen Werte herum? Dass außerhalb enger intelligentes Leben ermöglichender Oasen Wüsten liegen, die kein intelligentes Leben ermöglichen, haben wir erwähnt und ist unbestritten.

Intelligentes Leben ist ohne variantenreiche Moleküle als seine Basis, die es fortentwickeln kann, einfach ausgeschlossen. Würden folglich die Naturgesetze die Existenz jener Atome oder auch nur ihr Auftreten unmöglich machen, auf denen die Chemie des Lebens beruht, könnte es kein intelligentes Leben geben. Die Frage nach der Möglichkeit komplexer Lebensformen selbst liegt tiefer als die nach Nischen, in denen diese Lebensformen auftreten können, und besitzt dementsprechend auch weiterreichende Antworten.

Wenn wir jetzt wieder nach den Voraussetzungen *intelligenten* Lebens fragen, soll es nicht um die unfraglichen Werte gehen, die Mäuse und Menschen voneinander unterscheiden, sondern nur um das ihnen Gemeinsame, das sie zusammen von primitiveren Lebensformen unterscheidet. Das allein ist naturwissenschaftlich gemeint, wenn wir nach den Voraussetzungen *intelligenten* Lebens fragen. Die Voraussetzung der Intelligenz soll uns nur dazu dienen, Lebensformen auszuschließen, die der komplexen Chemie des Lebens der Mäuse und Menschen entbehren. Solchen Lebensformen, die wir tatsächlich nicht kennen, kommen Bakterien nahe (S. 36), die bei vollkommener Dunkelheit in den Spalten des Bodens der Tiefsee bei ausströmender Lava unter horrenden Drucken und Temperaturen ihr Leben fristen. Sie sollte das Beiwort *intelligent* ausschließen, wenn wir gesagt haben, dass intelligentes Leben eines wärmenden Sterns usw. bedürfe. Dabei kommen die Lebensbedingungen am brodelnden Boden der Tiefsee denen auf der frühen Erde näher als die hier und jetzt herrschenden. Entstanden sind die Vorformen des intelligenten Lebens auf der Erde also unter Bedingungen, die sich wandeln mussten, bevor dieses Leben selbst hervortreten konnte. Ohne den wärmenden Stern in unserer Nähe hätte diese Wandlung nicht eintreten können, aber auch das Leben hat zu ihr weidlich beigetragen: durch die Entwicklung der Photosynthese nämlich und die nachfolgende Umwandlung der Atmosphäre in die gegenwärtige mit viel Sauerstoff, den wir brauchen und der uns überdies in der Form von Ozon vor der schädlichen ultravioletten Strahlung der Sonne schützt.

Intelligentes Leben ist notwendig komplex. Ermöglicht wird diese Komplexität durch den Variantenreichtum der Chemie. Das impliziert zweierlei. Erstens, dass es überhaupt Atome gibt, die Verbindungen eingehen können. Zweitens kann es intelligentes Leben nur unter Bedingungen geben, unter denen die komplexen Moleküle, auf denen es beruht, zusammenhalten können. Hierfür sind Nischen erforderlich.

Die Physik kennt die Herkunft der Atome im Universum, weiß also, welche Voraussetzungen die Naturgesetze erfüllen müssen und erfüllen, damit intelligentes Leben möglich sei. Umgeben sind die tatsächlichen Werte der Naturkonstanten von winzigen Intervallen von Werten, die ebenfalls intelligentes Leben ermöglichen, und das führt zu der Frage, wie eng diese Intervalle sind. Wie weit reicht, anders gefragt, die Forderung nach Auftreten und Erhalt intelligenten Lebens bei der Bestimmung der Naturkonstanten? In welchem Maße sind andere Messinstrumente als wir selbst hierfür erforderlich?

Wie alle anderen Einlassungen zu diesen Fragen setzen wir voraus, dass jede Naturkonstante für sich allein betrachtet werden kann. Das ist, wie das Beispiel des Wassers sogleich lehren wird, eine Voraussetzung, die falsch sein kann und, wenn es so ist, weitab in die Irre führt. Es sind effektive Naturgesetze, die wir kennen und die es uns erlauben, alle Eigenschaften des Wassers vermöge seiner Formel H_2O zu verstehen. Aufgrund ihrer bilden die Moleküle des Wassers Brücken (Abb. 6, S. 56), ist Eis leichter als flüssiges Wasser, kann Wasser große Wärmemengen bei nur geringer Erwärmung aufnehmen, braucht es viel Energie, um Eis aufzutauen oder Wasser zu verdampfen, usw. – alles dem Leben förderliche Eigenschaften, die auf die für Akkumulationen von Molekülen H_2O geltenden Naturgesetze der physikalischen Chemie sowie, selbstverständlich, auf die Gesetze der Chemie für den Aufbau von H_2O aus zwei Atomen Wasserstoff H und einem Atom Sauerstoff O zurückgeführt werden können. Analoges gilt für die lebensfreundlichen Eigenschaften des Kohlendioxydgases CO_2, auf die wir nicht eingehen werden, sowie für die zahlreichen Moleküle des Lebens. Für sie alle gelten dieselben effektiven Naturgesetze, sodass sich ihre anthropische Diskussion auf den Ursprung dieser Gesetze und, selbstverständlich, den Ursprung der Elemente, aus denen die Moleküle aufgebaut sind, beschränken kann und muss.

Zweifelsfrei stammen sowohl die Gesetze der Chemie für den Aufbau von Molekülen aus Atomen als auch die der physikalischen Chemie für ihre Akkumulationen von den Gesetzen der Physik ab, sodass erst die Frage nach deren Gesetzen anthropische Perspektiven eröffnen kann. Es ist darüber hinaus auch eine Frage der Physik, welche Elemente es geben kann und welche von ihnen im Laufe der Entwicklung des Universums Gelegenheit hatten aufzutreten. Wir haben bereits hervorgehoben, dass physikalische Erklärungen zweierlei voraussetzen: Naturgesetze und Anfangsbedingungen. Zufälle, deren Existenz auch die Physik anerkennen muss, setzen in der Beschreibungsweise der Physik die Anfangsbedingungen immer wieder neu. Aber kann es, von der hier irrelevanten Quantenmechanik einmal abgesehen, überhaupt Zufälle geben, die fundamentaler wären als die von dem französischen Mathematiker Jules Henri Poincaré (1854–1912) so[23] beschriebenen: «Eine sehr kleine Ursache, die uns entgehen mag, bewirkt einen beachtlichen Effekt, den wir nicht ignorieren können, und dann sagen wir, dass dieser Effekt auf Zufall beruht.» Poincaré meint hier chaotische Entwicklungen, die auf deterministischen Gesetzen beruhen. Dazu dreierlei. Abhängig von den Anfangsbedingungen erlauben deterministische Gesetze sowohl chaotische als auch reguläre Entwicklungen. Unser Sonnensystem hat sich seit Milliarden Jahren unter der Herrschaft der Newton'schen Gesetze, die neben regulärem auch chaotisches Verhalten erlauben, regulär entwickelt, und das wird für weitere Milliarden Jahre wohl auch so bleiben. Dies zum Ersten. Dann gibt es Zufälle, denen gegenüber die Behauptung, sie beruhten auf chaotischen Konsequenzen deterministischer Gesetze, nichts weiter als ein Glaubensbekenntnis an allumfassende deterministische Gesetze ist. (Ja, diesem Glauben hänge ich an.) Wie anders als zufällig kann das Eintreffen einer Partikel in der Kosmischen Strahlung bewertet werden, die eine Mutation bewirkt, die Zellen zu einem besseren Sehvermögen als dem ihrer Vorgänger verhilft? Dies zum Zweiten. Dann, drittens, gibt es nach allem, was wir wissen, Zufälle, welche Naturkonstanten festlegen – die Stärke beispielsweise der Elektrischen relativ zur Schwachen Kraft. Wäre dieses Verhältnis nur ein wenig anders, als es tatsächlich ist, könnte es kein Leben geben. Mehr dazu gleich. Mangels genaueren Wissens eröffnet dieses lebensfreundliche Verhältnis ein weites Feld für Spekulationen: Die gegenwärtige Theorie der Elementarteilchen kann keinen Grund dafür angeben, dass es so ist, wie es ist. Könnte es aber nicht sein, dass eine künftige Theorie dieses Verhältnis mit der Genauigkeit erklärt, mit der Physik und Chemie die Eigenschaften des Wassers erklären? Wobei, selbstverständlich, die Nachfolgefrage zu beantworten bliebe, weshalb die Gesetze hinter denen der gegenwärtigen Theorie der Elementarteilchen so beschaffen sind, dass sie auf ein lebensfreundliches Verhältnis der Kräfte führen. Hintangesetzt, aber nicht beantwortet wäre dadurch die ursprüngliche Frage nach dem Ursprung der lebensfreundlichen Verhältnisse: reiner Zufall, tiefer liegende Naturgesetze, göttliches Design oder anthropische Auswahl aus einer Unzahl von real existierenden Unteruniversen mit unzählig vielen Verhältnissen der Stärken der Kräfte?

Möglichkeiten über Möglichkeiten, für die dieses Buch nur Indizien bereitstellen kann. Beginnen wir mit einer effektiven Naturkonstante, die sicher auf tiefer liegenden beruht, ohne dass wir (bisher) sagen könnten, wie. Nämlich mit dem ε (gesprochen: Epsilon) von Martin Rees (2000a, S. 47ff), das die Stärke der Starken Wechselwirkung zu beschreiben in der Lage ist. Die Starke Wechselwirkung hält die Kerne der Atome zusammen und legt ihre Eigenschaften fest. Sie ist um einen Faktor wie hundert stärker als die elektrische Wechselwirkung, vermöge deren Elektronen die Atomkerne umkreisen. Dabei ist ihre Reichweite so klein, dass sie außerhalb der Atomkerne nichts bewirken kann. Deren Elektronenhüllen mit dem Durchmesser 10^{-10} Meter halten sie in normaler Materie auf Distanz; die Kerne selbst sind um etwa den Faktor 1000 kleiner. In unserem Alltagsleben machen sich Kräfte mit einer derart kurzen Reichweite – es gibt noch eine zweite, die Schwache Kraft – nur durch die auf ihnen beruhende Sonnenenergie, durch Kernenergie und durch Radioaktivität bemerkbar.

Zwar kennen wir die Theorie, aus der ε zusammen mit allen Eigenschaften der Atomkerne folgt – das Standardmodell der Elementarteilchentheorie –, sodass es im Prinzip möglich sein muss, ε aus ihr zu berechnen. Aber auch nur im Prinzip! Praktisch ist es so, dass nicht einmal die Vorschriften formuliert werden konnten, die eine Berechnung von ε ermöglichen würden. Um die Eigenschaften der Atomkerne zu berechnen, brauchen wir also keinen Fortschritt der Theorie, sondern «nur» einen der Rechentechnik. Genauso kennen wir alle physikalischen Gesetze, auf denen unsere Alltagswelt bis hin zum Leben selbst beruht. Trotzdem können wir nicht einmal das Verhalten einer Fliege, geschweige denn die Gefühle Julias für Romeo aus den Prinzipien der Theorie berechnen. Probleme dieser Art sind viel zu kompliziert, um jemals bewältigt werden zu können. Die Theorie kennen wir, können sie aber nicht anwenden.

Obwohl es (bisher) nicht gelungen ist, Verhalten und Eigenschaften der Atomkerne auf das fundamentalere Standardmodell zurückzuführen, reicht der Kernphysik die Vorgabe weniger ihrer ureigenen Größen aus, um eine Vielzahl anderer zu berechnen. Das zu diesem Zweck von Martin

Rees gewählte ε ist als diejenige Energie definiert, die freigesetzt wird, wenn sich zwei Protonen und zwei Neutronen zu einem Atomkern namens Helium – genauer: *Helium vier* – zusammenschließen. Protonen sind die elektrisch einfach positiv geladenen Bestandteile aller Atomkerne, Neutronen ihre elektrisch neutralen. Weiter unten wird wichtig sein, dass Neutronen um etwa ein Prozent Masse schwerer sind als Protonen. Jetzt aber geht es um die Summe der Massen der Bauteile des Heliumkerns, zwei Protonen und zwei Neutronen, vermindert um dessen Masse. Das Ergebnis ε besitzt den Wert 0,7 %. Die Masse des Atomkerns ist kleiner als die Massensumme, weil dieser sonst, wenn er überhaupt entstünde, nach Auskunft von Einsteins in der Formel $E = mc^2$ zusammengefasster Energie-Masse-Äquivalenz schnell wieder unter Energieabgabe zerfallen könnte. Tatsächlich ist der Heliumkern aus zwei Protonen und zwei Neutronen der stabilste aller Atomkerne.

Wie bereits gesagt, folgen vermöge der Kernphysik aus ε andere Werte, die jetzt herangezogen werden sollen. Vorab das Resümee: Wäre ε nur etwas größer oder kleiner, als es tatsächlich ist, und alles andere wäre gleich, könnte es kein Leben auf Molekülbasis geben. Denn dann hätte in der Geschichte des Universums keines der Moleküle des Lebens auftreten können, und es bliebe auch in Zukunft so.

Eigentlich könnten nicht einmal die *Kerne* der Atome aufgetreten sein, aus denen die Moleküle des Lebens aufgebaut sind. Wäre ε *kleiner* als 0,6 %, so wäre der Wasserstoff H – ein Proton, umschwirrt von einem Elektron – das einzige Element, das es gäbe, und die Chemie erschöpfte sich in der Feststellung, dass Wasserstoff unter Normalbedingungen als Wasserstoffmolekül H_2 aus zwei Wasserstoffatomen auftritt. Wäre ε hingegen *größer* als 0,8 %, so wäre in der Geschichte des Universums nahezu nur ein Atomkern aufgetreten, den es tatsächlich nicht geben kann: eine Abart des Heliumkerns namens Diproton aus zwei Protonen ohne Neutronen. Die zugehörige Chemie wäre so trivial wie die des Edelgases Helium, dessen Atom mit keinem anderen, auch nicht mit seinesgleichen, eine Verbindung eingeht.

Welche Kerne es überhaupt geben kann, ist eine Frage der Kernphysik. Welche von ihnen sich in welchem Maße bilden konnten, hängt außerdem von den Möglichkeiten zu ihrer Bildung ab. Das Zweite zuerst: Elemente können nur im frühen Universum – etwa drei Minuten nach seiner Geburt im Urknall – und in Sternen entstanden sein. Beide Wege der Entstehung höherer Elemente aus den Primärprodukten des Urknalls benötigen einen Kern namens Deuteron aus einem Proton und einem Neutron als Zwischenstufe. Könnte es ihn aufgrund der Kernphysik nicht geben, wäre jeder Weg hin zu den Kernen der Moleküle des Lebens blockiert. So wäre es, wenn ε kleiner als 0,6 % wäre; tatsächlich gibt es den Kern bei 0,7 %, und der Weg zu den Elementen des Lebens ist frei. Es lässt sich berechnen, dass nach dem Urknall und vor der Bildung der ersten Sterne etwa 25 % aller Kernteilchen – Protonen und Neutronen – zu Heliumkernen verschmolzen waren. Einzelne Neutronen gibt es in dieser Phase nicht mehr, da sie entweder wie beschrieben gebunden oder zerfallen – hiervon sogleich – waren. Mit Ausnahme winziger Beimischungen von Deuteronen und schwererer Kerne sind alle anderen Kernteilchen des Universums, also etwa 75 %, einzelne Protonen.

Bevor die Temperatur nahezu drei Minuten nach dem Urknall so weit gesunken war, dass sich Atomkerne bilden konnten, befand sich das Universum in einem Zustand, den Physiker Thermisches Gleichgewicht nennen. In ihm hängt die Häufigkeit eines Teilchens nur von seiner Masse ab, sodass es in den ersten drei Minuten ungefähr gleich viele Neutronen wie Protonen gab. Denn das Neutron ist, wie gesagt, um, und nur um, etwa 1 % schwerer als das Proton. Je höher die Temperatur, desto weniger wirkt sich dieser Masseunterschied auf die relative Häufigkeit aus. Wichtig für alles Weitere ist, dass einzelne Neutronen zerfallen. Und zwar zerfallen 50% der jeweils vorhandenen Neutronen in etwa 10 Minuten in je ein Proton, ein Elektron und ein Neutrino. Dies ist nur möglich, weil die Summe der Massen der Zerfallsprodukte kleiner ist als die Masse des Neutrons. Wäre es umgekehrt so, dass das Proton um 1% schwerer wäre als das Neutron, würden Protonen statt der Neutronen instabil sein. Einzelne Protonen zerfielen dann in jeweils ein Neutron, ein Positron – das positiv geladene Antiteilchen des Elektrons – und ein Neutrino.

Hinzugefügt sei, dass es in diesem Fall überhaupt keine stabilen Atomkerne geben könnte. Nehmen wir das Deuteron. Dass das in diesem Kern gebundene Neutron nicht zerfällt, liegt daran, dass dann ein elektrisch positiv geladenes Proton in der Nachbarschaft des sowieso vorhandenen entstünde; das auch entstandene Elektron würde als Teilchen ohne Starke Wechselwirkung den Kern instantan verlassen. Zwei Protonen aber stoßen sich wegen des gleichen Vorzeichens ihrer elektrischen Ladung ab, sodass Energie erforderlich ist, um ein Neutron in der Nachbarschaft eines Protons in ein Proton umzuwandeln. Diese Barriere hindert[24] vor allem in Kernen gebundene Neutronen am Zerfall: Die dem Massenunterschied von Neutron und Proton entsprechende Energie, die beim Neutronzerfall freigesetzt wird, reicht nicht aus, sie zu überwinden. Wäre dieser Masseunterschied deutlich größer als 1%, gäbe es keine stabilen Atome, also kein intelligentes Leben. Schwer vorstellbar, wie es ohne Atome überhaupt Leben geben könnte!

Zwischendurch halten wir fest, dass, damit intelligentes Leben auf Molekülbasis möglich sei, der Masseüberschuss des Neutrons nicht wesentlich größer sein darf, als er tatsächlich ist, nämlich etwa 1%. Zurück nun zu dem umgekehrten Szenario: Wäre anstelle des Neutrons das Proton vermöge seiner größeren Masse instabil, würden erstens alle einsamen Protonen statt der Neutronen zerfallen, und zweitens entfiele die Barriere, die in der wirklichen Welt den Zerfall von Kernen durch Zerfälle seiner Bausteine verhindert. Beim Zerfall des Protons im Deuteron entstünden aus ihm zwei Neutronen, wobei die dem hypothetischen Überschuss der Masse des Protons über die Massensumme seiner Zerfallsprodukte entsprechenden Energie freigesetzt würde. Hinzu käme die Bindungsenergie von Neutron und Proton im Deuteron. Denn einen gebundenen Zustand zweier Neutronen gibt es in der wirklichen Welt nicht. Zerfiele im Heliumkern eines seiner beiden Protonen, würde zusätzlich zur Zerfallsenergie auch die ihrer gegenseitigen elektrischen Abstoßung entsprechende Energie freigesetzt. Wäre also das Proton so viel schwerer als das Neutron, dass es in dieses nebst Beiwerk zerfallen könnte, bestünde das Universum aus Neutronen als einzigen Kernteilchen – ob nun gebunden oder ungebunden –, sodass es keine Atome aus Kern und Elektronen gäbe und Leben unmöglich wäre.

Zurück zu ε. Sternenergie ist vor allem Kernenergie, die durch den Zusammenschluss von zwei Protonen und zwei Neutronen über Zwischenstufen zu einem Heliumkern freigesetzt wird. Die ersten Sterne haben sich eine Milliarde Jahre nach dem Urknall dadurch gebildet, dass Wolken von Atomen durch ihre eigene Schwerkraft zusammengestürzt und dabei heißer und heißer geworden sind: etwa so, wie die Schwerkraft der Erde eine ausgebrannte Rakete bei ihrem Absturz schneller und schneller werden lässt. So heiß werden die Gasmassen zunächst, dass aus den Atomen wieder ein Plasma aus Elektronen und Kernen entsteht. Bei weiter steigender Temperatur reicht die Energie der Stöße der Kerne dazu aus, dass sie, ihre elektrische Abstoßung überwindend, einander so nahe kommen, dass zwischen ihnen Kräfte mit kurzer Reichweite wirksam werden. Diese Begegnungen setzen Prozesse in Gang, die über Zwischenstufen zu den leichteren Elementen führen, von denen für uns weiter unten neben Helium auch die Kerne von Beryllium, Kohlenstoff und Sauerstoff mit – in dieser Reihenfolge – 4, 6 und 8 Protonen wichtig sein werden.

Hierfür ist als erster Schritt die Bildung von Deuteronen erforderlich. Im frühen Universum sind Deuteronen dadurch entstanden, dass Protonen sich mit noch vorhandenen Neutronen vereinigt haben. Das ist in Sternen mangels frei umherirrender Neutronen unmöglich. In ihnen braucht es dazu die Umkehr des bereits beschriebenen Zerfallsprozesses von Neutronen, die Bildung eines Neutrons aus einem Proton, wobei ein Positron, das Antiteilchen des Elektrons, und ein Neutrino emittiert werden. Nicht real, beileibe nicht, denn bereits das Proton ist für sich allein weniger massiv als das Neutron, sondern bei der Reaktion zweier Protonen, die neben dem Deuteron ein Positron und ein Neutrino liefert. Energetisch wird der Prozess dadurch ermöglicht, dass die Masse des Deuterons geringer ist als die Summe der Massen eines Protons und eines Neutrons. Übrigens sorgt die Beteilung der Umkehrung des langsamen Neutronzerfalls an dem Prozess dafür, dass auch er langsam verläuft – mit dem lebenswichtigen Resultat, dass es Milliarden Jahre dauert, bis Sterne ihren Protonenvorrat verbraucht haben. Das Deuteron selbst als lasch gebundener Atomkern kann die energiereichen Stöße im frühen Universum und in heißen Sternen nicht überstehen: Der Anteil, der nicht in Helium überführt wurde, wird nach seiner Bildung alsbald wieder zerstört.

Wäre nun ε kleiner als 0,6 %, gäbe es also das Deuteron als stabilen, wenn auch lose gebundenen Kern nicht, sodass sich erstens mangels dieser Zwischenstufe der Elemententstehung unmittelbar nach dem Urknall kein Helium hätte bilden können, die Sterne also anfangs ganz aus Wasserstoff bestanden hätten. Weil aber auch in den Sternen Deuteronen zur Bildung von Elementen erforderlich sind, hätte ein ε unterhalb von 0,6 % auch diese Bildung verhindert. Mehr noch: Ohne Deuteronen können Protonen überhaupt keine energieliefernde Verbindungen eingehen, sodass Sterne nur dadurch hätten leuchten können, dass sie sich durch Zusammenstürzen ihres ursprünglichen Wasserstoffs aufgeheizt hätten. Geleuchtet hätten sie, wie schon der britische Naturforscher Lord Kelvin (1824–1907) berechnet hat, in diesem Fall nur Millionen statt Milliarden Jahre. Ihr weiteres Schicksal wollen wir dahingestellt sein lassen.

Ein Ingredienz des realistischen Szenarios mit einem ε von 0,7 % habe ich bisher verschwiegen, obwohl es, wie wir alsbald sehen werden, für die Elemententstehung von grundlegender Bedeutung ist: dass es nämlich in der wirklichen Welt genau einen stabilen Kern aus zwei Nukleonen – so der Sammelname für Proton und Neutron – gibt. Wäre ε größer als 0,8 %, so wären die Kernkräfte so stark, dass auch zwei Protonen einen stabilen Kern namens Diproton bilden würden. Als Konsequenz hätten keine einzelnen Protonen den Urknall überlebt, sodass Sterne und ihre Planeten nur aus Helium und Diprotonen bestünden. Energieliefernde Kernreaktionen hätten in den Sternen nicht beginnen können, und das Tor zur Elemententstehung bliebe verschlossen. Die Chemie wäre auf die triviale des Edelgases Helium reduziert; Wasser und Kohlendioxyd gäbe es selbstverständlich nicht.

Wir kehren zur wirklichen Welt mit ihrem ε-Wert von 0,7 % zurück. Sie ermöglicht offenbar die Entwicklung von Kohlenstoff aus sechs Protonen und sechs Neutronen, also dreimal Helium, in Sternen. Grundlage aller Betrachtungen zur Elemententstehung ist, dass zusammengesetzte Kerne nur durch Abfolgen von Reaktionen entstehen können, die durch Zusammenstöße von jeweils *zwei* – nicht also drei oder gar mehr – bereits entstandenen Kernen und / oder Kernbausteinen ausgelöst werden. Denn es ist extrem unwahrscheinlich, dass mehr als zwei von ihnen einander gleichzeitig so nahe kommen, dass sie durch die Starke Kernkraft mit ihrer extrem kurzen Reichweite zusammengebunden werden können. Also muss es, damit Kohlenstoff entsteht, eine Abfolge von Zusammenstößen von je zwei Kernen geben können, deren Endprodukt der Kohlenstoff ist. Gäbe es eine stabile Form von Beryllium mit je vier Protonen und Neutronen, wäre der erste Schritt der Bildung von Kohlenstoff aus dreimal Helium gesichert. Dann aber wird auch die Kette der Elemententstehungen in Sternen unterbrochen – es gäbe weder Kohlenstoff noch höhere Elemente des Lebens. Vermutlich würden die Sterne durch die bei diesem Zusammenschluss freigesetzte Energie explodieren. Stabil ist der fragliche Berylliumkern mit seinen vier Neutronen tatsächlich nicht, aber er lebt lange genug dafür, dass sich an ihn ein weiterer Heliumkern anlagern und mit ihm zusammen einen Kohlenstoffkern bilden kann. Nicht den richtigen stabilen – dafür sind bereits Beryllium, wie gebildet, und Helium zusammen zu massereich, sondern es entsteht durch diesen Zusammenschluss eine Anregungsform des Kohlenstoffkerns, die sich alsdann unter Energieabgabe durch Emission von Photonen in seine stabile Form abregt.

Um nicht tiefer in die Kernphysik einsteigen zu müssen, will ich mich mit der berühmten Vorhersage von Fred Hoyle begnügen, der 1953 aus dem Vorkommen von Kohlenstoff im Universum den Schluss gezogen hat, es müsse die erwähnte relativ langlebige Erscheinungsform des Kohlenstoffkerns mit der für seine Bildung in Sternen richtigen Energie geben. Ihre Existenz konnte wenig später direkt nachgewiesen werden. Weiter zum Sauerstoff. Seine Produktion in Sternen steht in einer gewissen Konkurrenz zu der von Kohlenstoff. Untersuchungen (Oberhummer 2002a und b) haben aber ergeben, dass Kohlenstoff und Sauerstoff in einem für das intelligente Leben ausreichenden Maße entstehen.

Das Standardmodell der Elementarteilchentheorie besitzt knapp zwanzig Parameter, die ohne Beschädigung der eigentlichen Theorie innerhalb großer Grenzen beliebig gewählt werden können, also durch kein Prinzip festgelegt sind. Ihre Werte können nur durch Experimente herausgefunden werden. Dies getan, folgen aus dem Modell zahlreiche Vorhersagen, die erfolgreich experimentell überprüft wurden. Es versteht sich von selbst, dass sie alle mit dem Auftreten und dem Erhalt intelligenten Lebens im Einklang stehen. Umgekehrt fragen wir, welche Einschränkungen an diese Parameter bereits aus der Forderung nach intelligentem Leben folgen. So weit kann ε, wie bereits gesagt, nicht zurückverfolgt werden. Wohl aber der Masseunterschied von Proton und Neutron; er beruht neben Effekten der elektrischen Ladung – sieht man nur auf sie, müsste das elektrisch geladene Proton schwerer sein als das neutrale Neutron – auf dem Unterschied der Massen zweier Quarks, des u- und des d-Quarks, der aber selbst nicht verstanden ist. Das Proton ist aus zwei schwereren u-Quarks und einem d-Quark aufgebaut, das Neutron aus einem u und zwei d. Erinnert sei auch an den Prozess der Umwandlung zweier Protonen in Sternen in ein Deuteron zusammen mit einem Positron und einem Neutrino. Er verläuft langsam, weil er auf der Umkehr des langsamen Zerfalls von Neutronen beruht. Diese Langsamkeit führt das Standardmodell auf die große Masse eines seiner Teilchen, des W-Bosons, zurück. Wäre dessen Masse geringer, würden Sterne ihre Kernenergie nicht in Milliarden, sondern vielleicht nur in Millionen Jahren abgeben – mit offensichtlich verheerenden Folgen für die Möglichkeit intelligenten Lebens. Entwicklung und Erhalt in der Nähe eines wärmenden Sterns verdankt das intelligente Leben also auch der großen Masse eines Teilchens des Standardmodells, die nach Auskunft eben dieses Modells auch viel kleiner sein könnte. Zugleich vertraut die Physik darauf, dass es möglich sein wird,

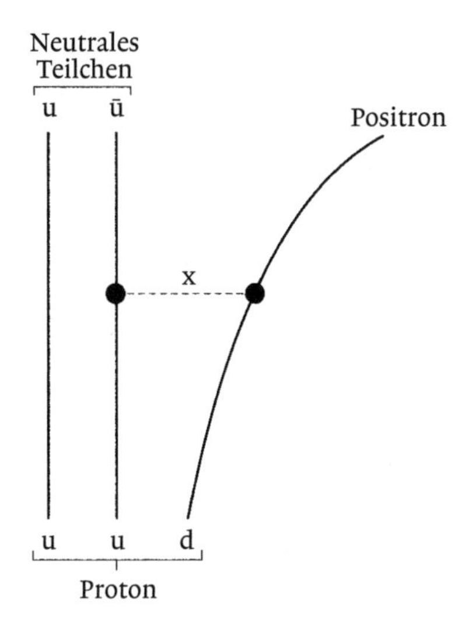

ABBILDUNG 17: Zerfall des Protons durch Umwandlung eines d-Quarks in ein Positron und ein noch hypothetisches X-Teilchen, dessen Aufnahme alsdann eines der u-Quarks des Protons in sein Antiteilchen verwandelt. Dass der Prozess selten auftritt, ist nach den Vorstellungen der Physik dazu äquivalent, dass die Masse des X groß ist – verglichen etwa mit der Masse des Austauschteilchens W der Schwachen Wechselwirkung, die «nur» etwa der eines Bleiatoms gleicht. Hingegen sollen die Kopplungen der Austauschteilchen, dargestellt durch die ausgefüllten Kreise, nach Auskunft der Symmetrieprinzipien der Physik bei denselben hohen Energien für alle Wechselwirkungen nahezu gleich sein.

das Standardmodell aufgrund von Symmetrieprinzipien in ein erweitertes Modell einzubetten, deren Realisierung in dem Modell die tatsächliche Masse des W-Bosons erfordert. Dies ist aber nur ein Spezialfall der erhofften Realisierung von Symmetrieprinzipien in erweiterten Modellen mit der Konsequenz, dass mehr und mehr Parameter durch die Symmetrieprinzipien festgelegt werden, statt frei wählbar zu sein.

Intelligentes Leben unmöglich machen würde auch der Zerfall des Protons. Ich meine jetzt nicht den hypothetischen Zerfall eines Protons in ein Neutron sowie ein Positron und ein Neutrino, der auftreten würde, wenn die Masse des Protons hierfür groß genug wäre. Sondern den genuinen Zerfall von Nukleonen in Teilchen, die keine Nukleonen sind – des Protons z.B. in ein Positron und andere leichte Teilchen

(Abb. 17) –, sodass alle Atomkerne instabil wären und letztlich zerfallen müssten. Das Standardmodell der Elementarteilchentheorie kennt keinen solchen Zerfall, aber umfassendere Theorien kommen ohne ihn nicht aus. Und auch die Tatsache, dass es im Universum statt gleich viel Materie und Antimaterie nur Materie gibt, kann, wenn das Proton nicht zerfällt, nicht durch Naturgesetze verstanden werden, sondern muss auf eine unerklärte Anfangsbedingung des Universums zurückgeführt werden.

Zunächst die Größenordnungen. Experimente haben gezeigt, dass die Lebensdauer des Protons mindestens etwa 10^{32} Jahre beträgt.[25] Nun ist das Universum nur gut zehn Milliarden, also 10^{10} Jahre alt. Erstaunlich also, dass über eine Lebensdauer eine Aussage gemacht werden kann, die mindestens um den Faktor 10^{22} größer ist als das gegenwärtige Alter der Welt. Das liegt daran, dass eine Tonne Wasser sehr viele Protonen enthält, nämlich etwa 10^{29}. In 100 Tonnen Wasser sollten bei einer Lebensdauer des Protons von 10^{30} Jahren zehn Protonen pro Jahr zerfallen. Um den Protonzerfall nachzuweisen, hat man große Mengen Materie in Bergwerken, also von äußerer Strahlung abgeschirmt, jahrelang mit Teilchendetektoren betrachtet – ohne ein Proton zerfallen zu sehen. Daher die Schranke für die Lebensdauer des Protons. Wenn es den Zerfall des Protons gibt, ist er auch eine Quelle natürlicher Radioaktivität. Wäre er häufig genug, würde er die Krebsrate erhöhen. Bereits daraus, dass die Radioaktivität des Protons unser Leben nicht unmöglich macht, können wir schließen, dass das Proton im Mittel mindestens 10^{16} Jahre – eine Million mal das heutige Alter der Welt – lang lebt. Daraus, dass intelligentes Leben unmöglich wäre, wenn es keine Protonen gäbe, folgt selbstverständlich nur eine viel schwächere Untergrenze für die Lebensdauer des Protons. Würden in Sternen Protonen mit einer realistischen Rate zerfallen, würde die dadurch freigesetzte Energie ihre Leuchtkraft um deutlich weniger als um die Leuchtkraft einer kleinen Elektrobirne erhöhen.

Wenn die Lebensdauer des Protons das Alter der Welt um mehr als den Faktor 10^{22} übertrifft, haben wir dann, in Analogie zur elektrischen Ladung von Proton und Elektron, nicht jedes erdenkliche Recht zu der Vereinfachung, dass das Proton ewig lebt, der Kehrwert seiner Lebensdauer also null ist? Tatsächlich nicht. Dafür gibt es zwei Gründe. Erstens erfordert die anvisierte vereinigte Theorie der im Standardmodell getrennt auftretenden Wechselwirkungen den Protonzerfall als Bindeglied. Gibt es ihn nicht, müssen die tiefstliegenden Vorstellungen der Physik von der Natur der fundamentalen Wechselwirkungen revidiert werden; ein Thema, auf das wir nur kurz, also weniger als gebührlich, werden eingehen können. Zweitens muss, wenn es den Protonzerfall nicht gibt, das Universum im Urknall mit präzise der Anzahl von Protonen entstanden sein, die es heute in ihm gibt – nämlich ein Proton pro 10^8 Photonen. Das ist eine abenteuerliche Zahl, die nach Erklärung schreit. Plausibel ist allein, dass anfangs das Universum effektiv die Protonenzahl null, also gleich viele Protonen wie Antiprotonen, besessen hat und das Aussterben der Antiprotonen auf Naturgesetze zurückgeführt werden kann. Es folgt, dass die als Antiteilchen der Protonen negativ geladenen Antiprotonen zugunsten von Elektronen verschwunden sind. Nun wissen wir, dass sich bis auf winzige Korrekturen, die aber für die Herausbildung des Unterschieds der Anzahlen von Protonen und Antiprotonen wichtig gewesen sein müssen, Protonen genauso verhalten wie Antiprotonen – dass also, damit das Universum anfangs gleich viele Protonen wie Antiprotonen besessen haben kann, Protonen nicht stabil sein können. Auch Diamanten dauern nicht ewig.

Zurück zu den knapp zwanzig Parametern des Standardmodells. Summarisch möge die Feststellung genügen, dass nur wenige von ihnen Werte besitzen müssten, die nur wenig von ihren tatsächlichen Werten abwichen, um intelligentes Leben unmöglich zu machen. Nun erwartet die Physik, dass die umfassenderen Theorien der Zukunft zumindest einige dieser Parameter festlegen werden – etwa so, wie die Formel H_2O zahlreiche, auf den ersten Blick voneinander unabhängige Eigenschaften des Wassers auf die umfassenderen Gesetze der Physik zurückführt. Dabei sind wir gegenüber dem Standardmodell in einer günstigeren Situation, als es Henderson 1913 gegenüber dem Wasser war. Denn es sind Prinzipien, die wir kennen, auf denen die umfassenderen Theorien der Zukunft beruhen sollen – wenn wir uns nicht mit allem unseren Verständnis auf dem Holzweg befinden. Aufgrund von Prinzipien festlegen soll die künftige Universaltheorie beispielsweise die Stärke der Schwachen im Vergleich zur Elektromagnetischen Kraft, die der Elektromagnetischen zur Starken und dann auch die der Gravitation im Vergleich zu allen anderen Kräften. So soll, wie bereits festgestellt, die Masse des W-Bosons aus einer Theorie folgen, deren Symmetrieprinzipien die Stärke der Schwachen Wechselwirkung – übrigens relativ zur elektrischen – festlegen.

Einmal angenommen, parameterfreie Prinzipien reichten für diese und andere Festlegungen aus – müssten nicht trotzdem manche Zahlenwerte von lebensrelevanten Parametern des Geschicks des Universums unbestimmt bleiben? Für zwei, und nur zwei, habe ich in der Literatur keine Hoffnung gefunden, sie durch Prinzipien festlegen zu können. Die eine ist die Differenz der Massen der beiden bereits erwähnten Quarks, verglichen mit der Masse des Protons, die andere die Kosmologische Konstante in ihren verschiedenen Verkleidungen. Allgemein gehören Ursprung und Wert der Massenverhältnisse der elementaren Teilchen zu den dunkelsten Rätseln der Elementarteilchenphysik. Manche können in relative Stärken von Wechselwirkungen übersetzt und durch sie möglicherweise erklärt werden; andere nicht. Wir wollen – und können! – offenlassen, wie es um die beschriebene Massendifferenz der Quarks in künftigen Theorien stehen mag, ob ihr Wert erklärt werden kann oder ob er Zufällen im frühen Universum zu verdanken ist. Für den Wert der Kosmologischen Konstante aber kann weder die Physik noch die Kosmologie (bisher!) einen Ansatzpunkt für eine Erklärung durch Naturgesetze liefern. Ihr Wert, wie er nun einmal ist, muss nach unserem besten Verständnis der Zufallswert einer lebensfreundlichen Welt unter vielen Welten oder aber ein Ergebnis von Design sein. Wobei die Physik selbstverständlich, anders als eine theologisch eingestimmte Philosophie, der Theorie der vielen Welten den Vorzug gibt.

7 *Unser lebensfreundlicher Kosmos*

Die Physik unterscheidet (Abb. 1, S. 28) zwischen den Anfangsbedingungen einer Entwicklung und den für sie geltenden Naturgesetzen. Nicht immer können beide klar getrennt werden. So gehörte für Galilei die Schwerkraft *g* der Erde zu den Naturgesetzen, welche den Ablauf eines Wurfes bestimmen, während wir wissen, dass der Ablauf durch Newtons Naturgesetze für die Wirkung der Schwerkraft und die Relativbewegung zweier massiver Körper – der schweren Erde und des leichten Projektils – mit ihrem G festgelegt wird. Je näher wir bei unseren Bemühungen um Verständnis dem Urknall kommen, desto schwieriger wird die Unterscheidung zwischen Naturgesetzen und Anfangsbedingungen.

Über die Entwicklung des Universums bis zur Planckzeit von 10^{-44} Sekunden gibt es mangels einer im Detail überprüften Theorie, welche die sowohl durch die Quantenmechanik als auch die Allgemeine Relativitätstheorie bestimmte damalige Entwicklung zu beschreiben in der Lage wäre, nur Spekulationen. Darauf setzte eine Entwicklung ein, die zunehmend gut verstanden wird. Nach der Planckzeit folgte zunächst eine 10^{-35} Sekunden dauernde Periode namens Inflation, in der die Abmessungen des Universums um einen Faktor wie 10^{55} gewachsen sind. Wenn die Inflation endet, haben sich aus einer einheitlichen Wechselwirkung die unterschiedlichen Wechselwirkungen herausgebildet, die wir heute kennen und durch das Standardmodell der Elementarteilchentheorie beschreiben. Wofür genau Zufälle und wofür naturgesetzliche Notwendigkeiten bei diesem Prozess verantwortlich sind, wissen wir nicht. Die Inflation besitzt aber das Potenzial, einige für das Leben unabdingbare Größen naturwissenschaftlich zu erklären, für die sonst Anfangsbedingungen verantwortlich gemacht werden müssten, die sich als solche notwendig dem Verständnis entziehen. Ich sage wohlgemerkt nicht, dass wir die in der Periode der Inflation das Geschehen bestimmenden Naturgesetze bereits genau genug kennen, um die lebensrelevanten Parameter der weiteren Entwicklung berechnen zu können. Unsere Kenntnis erlaubt es aber, für die Entwicklung des Lebens unabdingbare Effekte qualitativ aus der Vorstellung der Inflation abzuleiten. Die quantitative Ausgestaltung mag auf sich warten lassen, aber es wäre hier wie anderswo verfehlt, statt nach ihr zu suchen, für die lebensfreundlichen Werte einen Lückenbüßergott oder eine Vielzahl von Universen verantwortlich zu machen.

Das Universum hat die Periode der Inflation, auf die selbst einzugehen uns zu lange zu weit von unserem Thema entfernen würde, mit einem Anfangsschwung verlassen, der zunächst für die Expansion (Abb. 18) des Universums allein verantwortlich war und ohne dessen gerade richtige Größe sich kein intelligentes Leben hätte entwickeln können. Später, Milliarden Jahre später, hat ein zweiter Einfluss begonnen, sich bemerkbar zu machen, der zwar das uns bekannte Leben bisher nicht beeinflusst hat, wohl aber dessen ferne Zukunft bestimmen wird. Nun legt die Theorie der Inflation zwar die Summe beider Effekte fest, nicht aber die das Leben erst ermöglichende relative Größe der Einzelbeiträge. Leben überhaupt ermöglicht hat auch, dass die Dichte der Materie im Universum am Ende der Inflation nicht überall gleich war, sondern Schwankungen aufwies, die sich zu Sternen, Galaxien und den zumindest nahezu leeren Räumen zwischen ihnen auswachsen sollten.

Ohne den gerade richtigen Anfangsschwung hätte sich kein intelligentes Leben entwickeln können, weil das Universum erstens bei zu geringem Anfangsschwung zu schnell für die Entwicklung der lebensnotwendigen Sterne und Galaxien

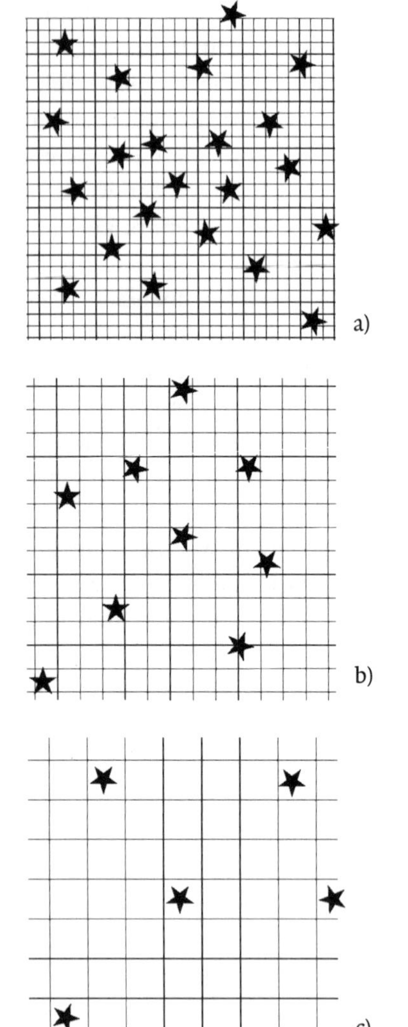

Abbildung 18: *Seit 1929 wissen wir durch Beobachtungen des amerikanischen Astronomen Edwin Powell Hubble (1889–1953), dass das Universum expandiert: Galaxien, die weit voneinander entfernt sind, vergrößern ihre Abstände mit Geschwindigkeiten, die umso größer sind, je größer der jeweilige Abstand ist. Bei diesem kosmischen Zoom, den die Leserin mit Hilfe einer Kopiermaschine leicht nachvollziehen kann, ist es der in der Abbildung durch Rechenkästchen dargestellte Raum selbst, der expandiert. Mit ihm schwimmen die Galaxien, symbolisiert durch die Sterne, mit; ihre Eigenbewegungen unterdrückt die Abbildung. Sie zeigt auch, dass bei dem Zoom von a) nach c) über b) die Geschwindigkeit, mit der sich zwei beliebig herausgegriffene Galaxien voneinander entfernen, umso größer ist, je weiter sie anfangs, also in a), voneinander entfernt sind. Dass sich die Geschwindigkeit, mit der sich eine Galaxie «von uns» fortbewegt, umso größer ist, je weiter sie «von uns» entfernt ist, bedeutet also nicht, dass «wir» uns im Mittelpunkt des Universums befinden. Die Abmessungen der Galaxien nehmen an der Expansion nicht teil, weil sie durch die Gravitation zusammengehalten werden.*

wieder zusammengestürzt wäre. Zweitens, bei zu großem Anfangsschwung, wäre es ebenfalls nicht zur Bildung von Sternen und Galaxien gekommen. Denn deren Bildung ist das Werk der Schwerkraft, die dafür sorgt, dass dichte Regionen noch dichter und schließlich zu Sternen und Galaxien werden. Der die Materie auseinandertreibende Anfangsschwung wirkt dem entgegen, sodass, wenn er zu groß ist, deren Bildung unterbleibt.

Tatsächlich, wenn auch nach unserem besten Wissen nicht notwendigerweise, ist für die anfängliche Expansion des Universums allein der von der Inflation der Materie mitgegebene Anfangsschwung verantwortlich, der in dem Fall durch den Wert eines Parameters namens Ω (Omega) beschrieben werden kann. Damit sich das Universum nach der Periode der Inflation so entwickeln konnte, wie es für die Entstehung des Lebens erforderlich war, muss es diese Periode mit einem Wert von Ω verlassen haben, der sehr, sehr, sehr… nahe an 1 gewesen ist. Wie ein Parameterwert unmittelbar oberhalb oder unterhalb eines kritischen Wertes über diametral verschiedene künftige Entwicklungen entscheiden kann, ist leicht zu verstehen. Nehmen wir zwei Projektile, die im nach außen abnehmenden Schwerefeld der Erdkugel senkrecht nach oben geschossen werden. Beide von der Erdoberfläche aus mit nur wenig verschiedenen Geschwindigkeiten. Die Erwartung, dass wenig verschiedene Geschwindigkeiten wenig verschiedene Entwicklungen zeitigen werden, ist trügerisch, wenn die eine Anfangsgeschwindigkeit etwas kleiner ist als die Fluchtgeschwindigkeit (Abb. 19) von der Erdoberfläche aus, die andere ihr aber mindestens gleicht. Im ersten Fall wird das Projektil herunterfallen, im zweiten ins Unendliche entweichen. Die Fluchtgeschwindigkeit in einer gewissen Höhe über der Erdoberfläche ist als diejenige Geschwindigkeit definiert, die ein Projektil in dieser Höhe senkrecht nach oben besitzen muss, um dem Schwerefeld der Erde gerade

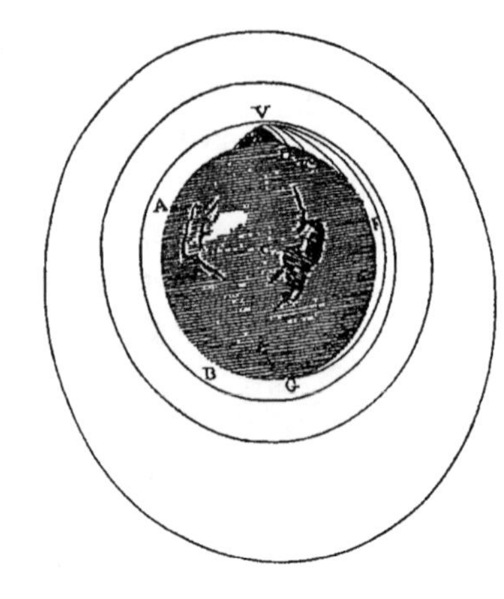

Abbildung 19: *Wird ein Projektil – etwa die Kugel einer überstarken Kanone – von der Erdoberfläche aus mit mindestens der Geschwindigkeit 11,2 Kilometer pro Sekunde senkrecht nach oben abgeschossen –, wobei wir die Drehung der Erde und die Luftreibung vernachlässigen – wird sie das Schwerefeld der Erde verlassen und weiterhin im Sonnensystem umhertrudeln; bei einer geringeren Geschwindigkeit senkrecht nach oben wird sie wieder herunterfallen. Die von Newton stammende Abbildung zeigt den Übergang von Geschossbahnen, welche auf die Erde zurückführen zu Bahnen, die sie umspannen.*

so eben zu entkommen. Der Fluchtgeschwindigkeit von der Erdoberfläche aus entspricht beim Universum der Anfangsschwung, den es zumindest besitzen muss, soll es nicht wieder zusammenstürzen.

Bei einem Projektil kann die Ω entsprechende Größe als der Kehrwert des Verhältnisses – genauer: Als Quadrat des Kehrwerts – der tatsächlichen Vertikalgeschwindigkeit in der jeweiligen Höhe zur dortigen Fluchtgeschwindigkeit definiert werden. Von der Höhe, also von der seit dem Abschuss – beim Universum: Seit dem Urknall – verstrichenen Zeit, hängt dieses Verhältnis offenbar nicht ab, wenn die tatsächliche Geschwindigkeit beim Abschuss mit der Fluchtgeschwindigkeit übereingestimmt hat: In diesem Fall ist und bleibt das Verhältnis 1; sonst nicht. Wer sich an seine Schulphysik[26] erinnert, kann dieses sowieso plausible Resultat rechnerisch überprüfen. Weiterhin ist plausibel, und ergibt die Rechnung, dass das in Rede stehende Verhältnis, wenn es nicht 1 ist, umso mehr von 1 abweichen wird, je länger die seit dem Abschuss des Projektils vergangene Zeit ist.

Um Ω steht es, mutatis mutandis, genauso. Ist Ω anfangs 1, bleibt es das auch. Ist Ω hingegen anfangs nicht 1, entfernt sich sein Wert im Laufe der Zeit mehr und mehr von 1; wobei es nach einem hypothetischen Zusammensturz des Universums selbstverständlich sinnlos wäre, von Ω weiterhin zu sprechen. Damit das Universum sich mit seinen Sternen und Galaxien bilden und bis heute erhalten konnte, muss Ω unmittelbar nach der Periode der Inflation so nahe an 1 gewesen sein, dass diese Feinabstimmung wohl die genaueste lebensrelevante ist. Wir sind also geneigt, anzunehmen, dass Ω anfangs nicht nur nahezu 1 gewesen ist, sondern exakt. Wenn so, muss Ω bis heute exakt 1 geblieben sein, und das kann im Einklang mit allem, was wir experimentell und theoretisch über Ω wissen, durchaus so sein. Ob es tatsächlich so ist, muss offenbleiben, aber einer der Triumphe der Theorie des inflationären Universums ist, dass aus ihr ein anfänglicher Ω-Wert folgt, der zumindest nahezu 1 ist.

Um das zu erklären, beginne ich mit der Bemerkung, dass die Expansionsgeschwindigkeit eines Universums, dessen Schicksal im Großen allein durch die Schwerkraft und seinen Anfangsschwung bestimmt wird, im Laufe der Zeit offenbar nur abnehmen kann. Denn wie die Schwerkraft der Erde den Aufwärtsflug eines Projektils abbremst, so die gegenseitige Schwerkraft das Auseinanderstreben der Materie des Universums. Nun haben Beobachtungen des letzten Jahrzehnts des just vergangenen Jahrhunderts gezeigt, dass das Universum nach einer Periode abnehmender Expansionsgeschwindigkeit von einigen Milliarden Jahren Dauer begonnen hat, beschleunigt zu expandieren. Ich unterdrücke die Beschreibung, von welcher Art die Beobachtungen sind, die dies zeigen. Genug, es ist so. Verantwortlich hierfür kann nur eine Kraft sein, die in dem ganzen von uns beobachtbaren Universum der Schwerkraft entgegenwirkt. Und zwar umso mehr, je größer dessen Abmessungen bereits sind. Denn im frühen, also engen Universum hat sie sich nicht bemerkbar gemacht. Auch im Sonnensystem, da zu klein, kann sie nicht nachgewiesen werden. Universell muss sie auch wirken, also auf alle Ansammlungen von Materie gleich. Die einzige Kraft mit diesen Eigenschaften, welche die Grundlagen der Physik zulassen, beruht auf einer Energie, die der Raum selbst besitzt – die er, anders gesagt, auch dann besitzen würde, wenn er weder Materie noch Strahlung enthielte, wenn diese ihm schlicht entnommen worden wären. Auf die Möglichkeit einer solchen Energie hat zuerst Albert Einstein mit seiner hypothetisch eingeführten Kosmologischen Konstante λ (Lambda) hingewiesen. Sie hat er niemals gemocht, wollte ihr abschwören, wusste aber, dass Unwandelbarkeit des Kosmos, an die er glaubte, ihre Existenz erzwingen würde. Nach der Entdeckung der Expansion soll er die Einführung von λ als «größte Eselei» seines Lebens bezeichnet haben. Denn hätte er λ verworfen, hätte er die Expansion des Universums vorhersagen können.

Die beschleunigte Expansion des Universums benötigt nun aber wieder ein λ. Von welcher Art es genau ist, wissen wir nicht. Auf die denkbaren Ursprünge von λ, die allesamt problematisch sind, wird einzugehen sein. Ich beginne mit den Konsequenzen dessen, dass λ im real existierenden Universum einen *positiven* Wert besitzt. Nach allem, was wir wissen, könnte λ auch negativ sein. Da es das nicht ist, gehe ich darauf nicht ein. Erstens und hauptsächlich ermöglicht ein positives λ die beobachtete beschleunigte Expansion des Universums, deretwegen es wiederbelebt worden ist. Zweitens liefert ein positives λ einen positiven Beitrag zur Gesamtenergie des Universums. In Ansehung dessen, dass der positive Wert von λ der Schwerkraft entgegenwirkt, ist das eine höchst bemerkenswerte Konsequenz der Allgemeinen Relativitätstheorie, vereint mit den Grundlagen der Kosmologie. Worauf auch immer das positive λ letztlich beruhen mag, sein positiver Beitrag zur Energie des Universums unterscheidet sich von allen manifesten Beiträgen zu dieser Energie durch seine der Schwerkraft entgegengerichtete Wirkung. Ein Universum ganz ohne manifeste Strahlung und Materie, ob sichtbar oder dunkel, aber mit positivem λ und folglich positiver Energie expandiert. Denkbar ist sogar, dass sich die von λ herrührende positive Energie sozusagen spontan in die manifeste Energie von Strahlung und Materie umwandelt. Damit ist die von λ angetriebene Expansion beendet, und an ihre Stelle tritt die anziehende, einer etwaigen Expansion des nun materiellen Universums entgegenwirkende, der Energie von λ entsprechende Schwerkraft. Bemerkt sei, dass dieser Mechanismus der Inflation und ihrem Ende zugrunde liegt. Während Einsteins ursprüngliche Kosmologische Konstante als zeitlich unveränderliche Naturkonstante aufzufassen ist, kann λ wie beschrieben zeitlich veränderlich sein. Zu interpretieren ist λ in diesem Fall als ein im ganzen Universum präsentes Feld, das effektiv für eine sich ändernde Kosmologische «Konstante» verantwortlich ist. Weit vor der Entdeckung der beschleunigten Expansion, nämlich[27] 1988, wurde eine solche Möglichkeit von dem theoretischen Physiker Christof Wetterich, jetzt Heidelberg, erwogen. Sein Name «Kosmon» für das Feld wurde 1998 bei der Wiederentdeckung dieser Möglichkeit, nun zur Erklärung des realen Effekts der beschleunigten Expansion, durch den griffigeren Namen «Quintessenz» ersetzt.

Mannigfache Möglichkeiten für das endgültige Schicksal des Universums ermöglichen gegenwärtige Spekulationen über die Natur der Quintessenz. Davon, ob das zugehörige Feld wieder zusammenbrechen, gleich bleiben oder sich noch verstärken wird, hängt das endgültige Schicksal des Universums ab. Ob es nämlich im Mittel unverändert bleiben, zusammenbrechen oder in zunehmender Verdünnung die Galaxien einfach nur vereinzeln, aber auch zersprengen wird. Sogar Atome könnten in Folge der Verdünnung auseinandergerissen werden. Auch Atomkerne. Mehr als «Nichts Genaues weiß man nicht» lässt sich über diesen Zweig der Astrospekulationen bisher nicht sagen.

Nun zu Ω bei positivem λ. Worauf im frühen Universum, effektiv ohne λ, der Anfangsschwung führt – ob auf andauernde Expansion oder Zusammenbruch –, hängt davon ab, ob dieser durch die vom Universum insgesamt ausgehende Schwerkraft umgekehrt werden kann. Deshalb kann Ω im frühen Universum auch durch das Verhältnis der tatsächlichen Energiedichte im Universum zu derjenigen charakterisiert werden, bei der – die Geschwindigkeit der Expansion vorgegeben – das Universum gerade oder gerade nicht zusammengestürzt wäre. Als Ω bei von null verschiedenem λ ist das Verhältnis der tatsächlichen Energiedichte des Universums zu derjenigen definiert, bei der es, die gegenwärtige Expansionsgeschwindigkeit und ein verschwindendes λ vorausgesetzt, gerade nicht wieder zusammengestürzt wäre. Das klingt kompliziert und ist es auch. Das so definierte Ω besitzt aber eine prächtige Eigenschaft, die es mit dem Ω der Frühzeit teilt: Es ist dann, und nur dann, zeitlich konstant, wenn es 1 ist.

Bei positivem λ besteht Ω also aus zwei Anteilen, deren erster die Gesamtenergie der Materie (und der Strahlung; aber der ist vernachlässigbar klein) des Universums repräsentiert und deren zweiter die Energie des leeren Raumes. Was wir über den Anfangsschwung des Universums gesagt haben, bezieht sich auf den ersten Summanden, ist also, wie vorgewarnt, nur dann korrekt, wenn – und solange! – der zweite Summand vernachlässigt werden kann.

Tatsächlich bestätigt sich die Hypothese, dass unmittelbar nach der Periode der Inflation der zweite Summand im Vergleich zum ersten unermesslich klein gewesen ist, sodass unsere Betrachtungen zum Anfangsschwung ihre Gültigkeit behalten. Gültig bleibt auch, dass der Wert 1 von Ω in dem Sinn speziell ist, dass einzig er sich im Laufe der Zeit nicht ändern kann. Wiche der Anfangswert von Ω noch so wenig von 1 ab, bewirkte das doch zu unserer Zeit eine so gewaltige Änderung, dass der gegenwärtige Wert in der Nähe von 1 praktisch ausgeschlossen wäre.

Angesichts der Inflation des Universums verstehen wir, dass Ω insgesamt den Wert 1 besitzt. Die Aufteilung dieses Gesamtwerts in zwei grundverschiedene Beiträge – etwa 30 % Klumpen bildende Materie und 70 % keine Klumpen bildende, gleichverteilte «Dunkle Energie» (Abb. 20) – verstehen wir hingegen nicht. Noch einmal genauer ist es so, dass der Beitrag der Materie selbst wieder in drei Anteile zerfällt. Von ihnen zunächst. Insgesamt macht sich die Materie dadurch bemerkbar, dass sie vermöge ihrer Schwerkraft die bereits genannten Klumpen bildet, von denen Monde, Planeten, Sterne, Wolken von Staub und Gas, Galaxien sowie Haufen und Superhaufen von Galaxien sichtbares Zeugnis ablegen. Diese Klumpen bewegen sich unter zweierlei Einflüssen. Erstens unter dem ihrer gegenseitigen Schwerkraft und zweitens unter dem der Expansion des Raumes selbst. Hingegen ist und bleibt die Dunkle Energie gleichmäßig über das Universum verteilt, bildet keine Klumpen und wirkt auf sie alle gleich, treibt sie nämlich auseinander. Dies macht es möglich, die von der Schwerkraft beeinflussten Bewegungen, die wir im Universum beobachten, und damit die Quellen der Schwerkraft selbst zu identifizieren.

Es hat sich herausgestellt, dass die gewöhnliche atomare Materie aus Protonen, Neutronen und Elektronen nur einen Bruchteil von höchstens 30 % der Klumpen bildenden Mate-

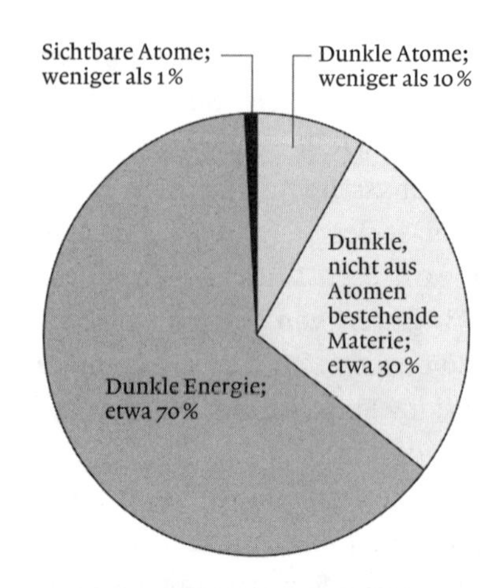

Abbildung 20: *Die Abbildung teilt den Beitrag der Klumpen bildenden Materie zur Gesamtenergie des Universums in drei Beiträge auf: sichtbare und dunkle atomare Materie sowie dunkle, nicht aus Atomen bestehende Materie. Die Unterscheidung zwischen sichtbarer und dunkler aus Atomen bestehender, also gewöhnlicher Materie ist berechtigt, weil sich nicht alle Materie mit den Wechselwirkungen gewöhnlicher Materie bereits bemerkbar gemacht haben muss. Beispiele für dunkle gewöhnliche Materie bilden Schwarze Löcher, ausgebrannte Sterne sowie Sterne und Planeten wie der Jupiter, die gerade nicht so massiv und damit heiß sind, dass in ihnen Kernreaktionen hätten in Gang kommen können. Auf die intensive Suche nach derartigen Objekten gehe ich nicht ein. Dass die Beiträge der aus Atomen bestehenden Materie zur Gesamtenergie des Universums insgesamt höchstens etwa 5 % ausmachen können, folgt aus den beobachteten Häufigkeiten der im frühen Universum entstandenen Elemente.*

rie ausmachen kann. Von ihr wiederum sind nur ungefähr 10 % sichtbar in dem Sinn, dass sie bei uns ankommende elektromagnetische Strahlung wie sichtbares Licht, Röntgenstrahlung oder Radiowellen ausgesandt, abgelenkt oder umgeformt haben. Dass die Klumpen bildende Materie die sichtbare Materie insgesamt weit überwiegt, zeigen die Bewegungen der sichtbaren Materie, also der Sterne in Galaxien und der Galaxien in Galaxienhaufen: Insbesondere die Galaxien wären längst auseinandergeflogen, wirkte auf ihre Sterne nur die Schwerkraft der sichtbaren Materie ein. Mehr zur Natur der atomaren Materie findet sich in der Legende der Abbildung 20. Woraus der weit überwiegende, nicht aus Atomen aufgebaute Anteil der Klumpen bildenden Materie besteht, ist (noch) unbekannt. Was wir über ihn wissen, fasst die Bezeichnung der Teilchen zusammen, aus denen er bestehen soll: WIMPS für *W*eakly (Schwach) *I*nteracting (Wechselwirkende) *M*assive (Schwere) *P*article*S* (Teilchen). Alle Elementarteilchen, deren Existenz bisher experimentell bewiesen werden konnte, auch das einzige bisher experimentell nicht aufgefundene Teilchen des Standardmodells namens Higgs-Boson, konnten als Kandidaten für die WIMPS ausgeschlossen werden. Bleiben, außer bisher noch unerahnten Teilchen, diejenigen, die als Teilchen von Erweiterungen des Standardmodells im Gespräch sind. Ich werde mich auf die Supersymmetrie als derjenigen Eigenschaft beschränken, welche vor allen anderen die gegenwärtig erwogenen Erweiterungen des Standardmodells besitzen sollen. Das von der Supersymmetrie und ihren Teilchen für unsere Zwecke Nötige wird weiter unten dargestellt (S. 174). Ich verweise auch auf Box 2, S. 175.

Insgesamt bildet die Natur der Dunklen Materie das zweitgrößte gemeinsame Rätsel von Kosmologie und Elementarteilchenphysik. Die bereits erwähnte Abb. 20 zeigt die gegenwärtige Verteilung der Gesamtenergie des Universums auf die Sichtbare und die Dunkle Materie sowie die Dunkle Energie, in der gegenwärtig 70 % der Energie des Universums stecken und deren Natur das größte aller Rätsel von Kosmologie und Physik der Elementarteilchen bildet.

Wenn, wie gleich begründet werden soll, Ω seit dem Ende der Inflation ungeändert 1 ist, können die relativen Anteile der Materie insgesamt und der Dunklen Energie an der Gesamtenergie des Universums nicht dieselben geblieben sein. Denn die Expansion dünnt die Materie mehr und mehr aus, während die *Dichte* der Dunklen Energie dieselbe bleibt. Das liegt daran, dass sie ein Attribut des Raumes selbst ist, der ja durch die Expansion wächst; sie also mit ihm. Computersimulationen der Entwicklung des Universums – von denen übrigens die nun alle anderen in den Schatten stellende in dem Monat, in dem ich dies schreibe, veröffentlich worden ist (Springel et. al. 2005a) – zeigen, wie angesichts der Größe ihres Beitrags nicht anders zu erwarten ist, dass sich keine Strukturen im Universum ohne die Dunkle Materie hätten ausbilden können: Die sichtbare Materie folgt bei der Bildung von Strukturen den Bewegungen der Dunklen Materie so, wie die Wolken, deren Anteil an der Atmosphäre zwar winzig, aber der einzig sichtbare ist, denen der Luft folgen. Dies schöne Bild, das deutlich macht, dass es besser wäre, von Durchsichtiger statt Dunkler Materie zu sprechen, habe ich von Rees 2000 a übernommen.

Die Schwerkraft kann Dichteunterschiede der Materie zwar vergrößern, nicht aber entstehen lassen. In einem Universum, in dem Sterne und Galaxien entstanden sind, muss es anfänglich Dichteunterschiede gegeben haben, die vermöge der Schwerkraft gewachsen sind. Genauer ist es in einem expandierenden Universum so, dass Bereiche mit dichterer Materie zunächst langsamer als Bereiche mit dünnerer expandieren, bis dann bei den dichteren die Schwerkraft die Expansion ganz und gar überwiegt und sie zu Sternen und Galaxien zusammenstürzen lässt, die selbst nicht expandieren; aus den weniger dichten Bereichen entstehen schließlich leere Räume zwischen den größten gegenwärtigen Strukturen.

Nun erzwingt die Quantenmechanik Schwankungen in kleinen Bereichen, die mit Hilfe der Schwerkraft und der Expansion wachsen. Und zwar wachsen sowohl die Bereiche als auch die Dichteunterschiede. Die bereits erwähnten Computersimulationen benötigen beide, auf dass sich ein Universum entwickle, das dem unsern im Großen und im Mittel gleicht. Theorie und Experiment wirken dahin zusammen, dass wir mit beträchtlicher Genauigkeit abschätzen können, wie groß beide zum Zeitpunkt der Entstehung der Kosmischen Hintergrundstrahlung einige hunderttausend Jahre nach dem Urknall waren.

Die Kosmische Hintergrundstrahlung ist eine etwa minus 270 Grad Celsius kalte Strahlung – ja, auch Strahlung kann eine Temperatur besitzen –, die aus dem ganzen Universum mit dieser Temperatur bei uns eintrifft. Seit ihrer Entdeckung im Jahr 1964 spielt sie heute die Hauptrolle bei allen den Urknall betreffenden Überlegungen. Nicht nur ihre Bedeutung für anthropische Argumente, sondern auch sie selbst sei deshalb hier beschrieben. Seit dem Urknall mit der Temperatur unendlich, zumindest aber extrem hoch, hat sich das Universum abgekühlt. Bei hohen Temperaturen fliegt alles, was es überhaupt gibt, schnell und ungeordnet durcheinander. Je höher also die Temperatur, desto weniger kann sich ein Gebild' gestalten. Insbesondere können sich die positiv geladenen Atomkerne und die negativ geladenen Elektronen erst bei Temperaturen unterhalb von einigen tausend Grad zu Atomen aus Kern und Elektronenhülle zusammenschließen; zuvor konnten sie nur als Einzelladungen bestehen. Als solche stehen sie in enger Wechselwirkung mit den Lichtteilchen, den Photonen, sodass die Materie und die Strahlung dieselbe Temperatur besitzen. Sinkt diese nun aber unter die Schwelle von einigen hunderttausend Grad, oberhalb deren es keine Atome geben kann, schließen sich Elektronen und Kerne zu dauerhaften Atomen zusammen; einzelne Ladungen, mit denen die Photonen in Wechselwirkung treten könnten, gibt es nicht mehr. Die Photonen beginnen, den Kosmos von der Materie unbeeinflusst zu durchfliegen, beeinflusst nur von der Expansion des Universums, die ihre Wellenlänge so streckt wie alle Abmessungen im Universum. Größere Wellenlänge bedeutet geringere Energie und damit Temperatur der Photonen – bis herunter zu der Temperatur von etwa minus 270 Grad, auf die herab von ihrer anfänglichen Temperatur von

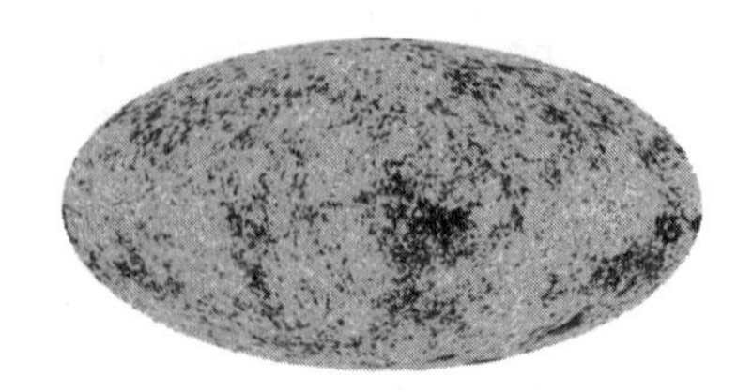

Abbildung 21: Das neueste Bild des Universums, aufgenommen im Jahr 2003 durch den WMAP-Satelliten (Wilkinson Microwave Anisotrophy Probe). Es zeigt die gegenwärtige Temperaturverteilung der Kosmischen Hintergrundstrahlung, die vierhunderttausend Jahre nach dem Urknall entstanden ist und seither ungestört durch die Materie den Kosmos durchmisst. Beeinflusst wurde die Temperaturverteilung der Hintergrundstrahlung seit ihrer Entstehung nur durch die Expansion des Universums, durch die ihre mittlere Temperatur von ursprünglich einigen 1000 Grad auf etwa –270 Grad Celsius gefallen ist. Die Struktur der Temperaturverteilung spiegelt die Struktur der Materieverteilung im Universum im Augenblick der Entstehung der Hintergrundstrahlung wider und legt fest, wie sich das Universum weiterentwickeln, Galaxien, Sterne, Schwarze Löcher, Planeten, Monde, Leben und uns als Beobachter hervorbringen sollte. Wenn deterministisch, dann doch unserer Einsicht nicht zugänglich, sicher aber in einer Art diffuser Kausalität, die vom Einfachen zum Komplexen führen musste und die uns als Kreativität gegenübertritt.

einigen tausend Grad sie sich bis heute abgekühlt hat. Ihre Temperatur wird weiterhin sinken.

Es ist dieses Relikt des Urknalls, das wir durch Satelliten mit immer wachsender Genauigkeit beobachten. Zwei für unser Thema relevante Strukturen, die wir bereits erwähnt haben, wurden in der Strahlung vorgefunden. Erstens die frühesten Temperaturunterschiede, zweitens die Abmessungen der frühesten Strukturen (Abb. 21).

Zum Ersten: Es bedurfte der erst in der zweiten Generation von Satelliten erreichten Winkelauflösung der Temperaturmessung der Hintergrundstrahlung, um feststellen zu können, dass deren Temperatur davon nicht genau unabhängig ist, aus welcher Richtung die Strahlung hier eintrifft, sondern dass sie von der Richtung abhängige Temperaturunterschiede aufweist. Deren Ursache sind Dichteunterschiede. Schwankungen der Temperatur, die nachgewiesen werden konnten, weisen auf Schwankungen der Dichte hin. Eingespeist in Computersimulationen der Entwicklung des Universums, ergeben die beobachteten Frühwerte ein Universum, das dem tatsächlichen im Großen und Ganzen gleicht. Martin Rees [Rees 2000 a] quantifiziert die Dichteschwankungen der Materie durch eine Größe Q mit dem Zahlenwert 1/100 000, deren Ursprung nicht verstanden ist.

Wie *groß* konnten zweitens im Jahr vierhunderttausend nach der gleichmacherischen Inflation des Urknalls Gebiete sein, die bereits durch, wie gesagt wird, «akustische Schwingungen» korrelierte Temperaturen erworben hatten? Hier liefert die Theorie Antworten. Unter welchem Winkel uns aber die Abmessungen der damaligen Gebiete gleicher Temperatur erscheinen, hängt von der Krümmung des Raumes ab. Diese kann anschaulich nur durch Rückgriff auf in den dreidimensionalen Raum der Anschauung eingebettete zweidimensionale Gebilde wie die Kugeloberfläche, die Ebene und den Sattel erläutert werden. Sie stehen für die drei möglichen Typen von Räumen mit *konstanter* Krümmung, positiv bei der Kugeloberfläche, null in der Ebene und negativ im Mittelpunkt des Sattels. Selbstverständlich ist die Krümmung unseres Raumes nicht konstant, will heißen überall gleich. Denn nach Auskunft der Allgemeinen Relativitätstheorie krümmen Massen den Raum, sodass er in der Nähe der Sonne oder gar eines Schwarzen Loches krummer ist als zwischen Galaxien. Aber im Mittel und im Großen kann und soll das Universum konstant gekrümmt sein. So die ebenfalls auf der Allgemeinen Relativitätstheorie aufbauende Kosmologie.

Nun folgen Lichtstrahlen kürzesten Verbindungen. In der Ebene sind diese Geraden, in der Kugeloberfläche Großkreise und im Sattel namenlose Linien, die – wie auch die anderen beiden – eben dadurch charakterisiert werden können, dass sie kürzeste Verbindungen sind. Es sei daran erinnert, dass Großkreise in der Oberfläche einer Kugel Kreise um den Kugelmittelpunkt sind. Die bekanntesten Großkreise in der Oberfläche der Erdkugel sind die Längenkreise. Gegeben sei nun dreimal dieselbe Strecke, eingebettet in drei Räume mit konstanter positiver, verschwindender und negativer Krümmung. Welchen Winkelbereich sie bei Betrachtung aus vorgegebener Entfernung einnimmt, hängt offenbar von der Krümmung des Raumes ab. Für Ebene und Kugeloberfläche ist das besonders offensichtlich, wenn wir zunächst in der Kugeloberfläche den Beobachter an einen Pol – sagen wir den Nordpol – versetzen und als Entfernung eine auf demselben nördlichen Meridian – sagen wir die zwischen Brüssel und Köln – nehmen. Wir wollen uns vorstellen, zwischen den Eckpunkten Nordpol, Brüssel und Köln des Dreiecks in der Erdoberfläche seien Seile gespannt. Der Winkel, unter dem der Beobachter am Nordpol die Strecke Brüssel – Köln sieht, ist nun einfach der Winkel zwischen den beiden Seilen an seinem Standort. Um dieselben Strecken in die Ebene zu übertragen, heben wir das Seildreieck von der Erdkugel ab und legen es so auf eine ebene Fläche, dass die drei Seile Stücke von Geraden bilden. Die Anschauung lehrt dann, dass der Winkel zwischen den von dem vormaligen Nordpol ausgehenden Seilen in der Ebene *kleiner* ist als der Winkel, den sie vormals eingebettet in die Erdkugel eingeschlossen hatten. Dem Leser mag es, wie mir, Spaß machen, dies im Realexperiment mit einem Ball und drei Fäden zu verifizieren.

So weit der Vergleich von positiver – die Kugeloberfläche – und verschwindender Krümmung – die Ebene. Wird das Seildreieck nun auf eine Sattelfläche mit negativer Krümmung gelegt, ist offenbar der Winkel zwischen dessen gleichen Seiten abermals kleiner. Uns geht es um die Winkelunterschiede: Die größten Gebiete mit korrelierten Temperaturen schließen in der Kosmischen Hintergrundstrahlung, wie

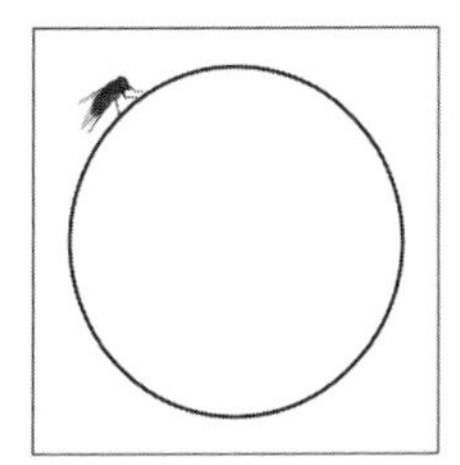

Abbildung 22: *Je mehr die Kugel vergrößert wird, desto flacher wird ihre Oberfläche.*

sie bei uns ankommt, etwa ein Winkelgrad ein. Sowohl die Abmessungen dieser Gebiete bei ihrer Entstehung als auch ihre Entfernung von uns sind bekannt; Letztere ist einfach die Entfernung, die die Hintergrundstrahlung mit Lichtgeschwindigkeit seit ihrer Entstehung vor 13,7 Milliarden Jahren im expandierenden Kosmos zurückgelegt[28] hat. Bei vorgegebener Krümmung des Raumes ist das Dreieck also überbestimmt, sodass von ihm dessen Krümmung abgelesen werden kann: mit dem Ergebnis, dass der Raum zumindest nahezu flach ist. Dasselbe Ergebnis liefert die Inflation des Universums, also dessen Aufblähung um einen Faktor wie 10^{55} bald nach seiner Entstehung. Wie die Abbildung 22 zeigt, werden durch einen derartigen Vergrößerungsfaktor alle zuvor etwa bestehenden Krümmungen beseitigt. Folglich gibt es eine Erklärung dafür, dass das Universum nahezu flach ist, die wie alle naturwissenschaftlichen Erklärungen auf tiefer liegenden naturwissenschaftlichen Erklärungen und Prinzipien aufbaut, deren Ursprung (noch) unbekannt sein kann. Dass Leben möglich sei, schränkt die Krümmung des Universums offenbar ebenfalls ein, aber nicht bis hin zur nahezu vollkommenen Flachheit. Leben wäre sicher unmöglich, wenn die Krümmung so stark wäre, dass der Leser statt dieser Seite seinen Hinterkopf sähe.

Zurück zu Ω. Es ist nicht offensichtlich, aber wahr, dass das Universum genau dann flach ist, wenn Ω den Wert 1 besitzt. Wie erinnerlich, bildet Ω ein Maß für die aus zwei Summanden zusammengesetzte Gesamtenergie des Universums. Ein Summand gibt den Beitrag der Materie wieder, der selbst in zwei Anteile zerfällt, der andere den des Raumes. Wir haben auch gesehen, dass Ω dann, und nur dann, zeitlich konstant sein kann, wenn sein Wert exakt 1 ist. Gegenwärtig ist, wie ebenfalls dargestellt, sein Wert so nahe bei 1, dass 1 der einzig plausible Anfangswert ist. Die nun herausgestellte Doppelrolle von Ω als einerseits Maß für die Energie und andererseits für die Krümmung des Universums ermöglicht eine gegenseitige Überprüfung von Vorstellungen, die zunächst wenig miteinander zu tun zu haben scheinen. So impliziert der von der Energie des expandierenden Universums abzulesende Wert 1 von Ω für den Raum, dass er vom Ende der Inflation bis heute im Mittel und im Großen immer flach gewesen ist und das auch bleiben wird. Dasselbe haben, wie dargestellt, auch direkte Beobachtungen ergeben. Wird andersherum die aus der Inflation folgende Flachheit des Raumes bei ihrem Ende auf Ω als Maß der Energie des Universums übertragen, muss diese in dessen Einheiten den Wert 1 besitzen.

Unter der im tatsächlichen Universum erfüllten Voraussetzung, dass der Beitrag von λ zu Ω unmittelbar nach der Periode der Inflation vernachlässigbar klein gewesen ist, entscheidet allein Ω über das frühe Schicksal des Universums: ob es bei einem Wert über 1 so rasch expandiert und folglich ausgedünnt worden wäre, dass sich keine Sterne und Galaxien hätten bilden können, oder ob es mit demselben Resultat bei einem Wert unter 1 sofort wieder zusammengestürzt wäre. Feinabstimmung mit Ω unglaublich nahe an 1 war tatsächlich erforderlich, damit Leben entstehen konnte. Wäre nun aber die Physik bei dieser perfekten anthropischen Erklärung des Wertes 1 von Ω stehengeblieben, wären Doppelrolle und Inflation als tatsächliche naturwissenschaftliche Gründe des Wertes nicht aufgefunden worden. Offensichtlich ist, welche Lehren hieraus zu ziehen sind.

Während der Gesamtwert 1 von Ω auf tieferliegende naturwissenschaftliche Gründe zurückgeführt werden kann, ist das für die Verteilung der Summe auf ihre Summanden bisher unmöglich. Anthropisch ist klar, dass es den Materie-Summanden geben muss, damit Leben möglich sei. Auch die Aufteilung dieses Summanden in Beiträge der Sichtbaren und der Dunklen Materie kann, wie beschrieben, anthropisch verstanden werden. Ist der Anteil der Materie an Ω vorgegeben, folgt der von λ aus dem naturwissenschaftlich begründeten Gesamtwert von Ω. Unabhängig aber von dieser Vorgabe kann λ aus anthropischen Gründen nicht riesengroß sein und ist es nicht. Eine physikalische Begründung für den kleinen, aber positiven Wert vom λ ist nicht in Sicht. Grund genug, λ ein eigenes Kapitel zu widmen.

8 *Eine Zahl, zwei Probleme: Die Kosmologische Konstante*

Was der Raum sei, ist die wohl älteste naturphilosophische Frage, die noch heute die Physik bewegt. Ist der Raum mit einer Bühne vergleichbar, auf der Dinge auftreten können, aber nicht müssen? Und kann der Raum unabhängig von den Dingen in ihm immer derselbe sein? Dass beides so sei, war der Standpunkt Newtons, der auf die altgriechischen Philosophen Leukipp und Demokrit sowie den Aristoteles-Schüler Straton von Lampsakos (um 250 v. Chr.) zurückgeführt werden kann. Den entgegengesetzten Standpunkt, dass es den Raum überhaupt nicht gibt, sondern dass er «die Ordnung ist, die bewirkt, dass die Körper in eine Lage gebracht werden können und durch die sie eine Lage zueinander haben [...]», hat mit diesen Worten Leibniz gegenüber Newton behauptet [Schüller 1991a, S. 58]. Auch dieser Standpunkt entstammt der Antike und wurde von Aristoteles bis zu seinen ihm treu folgenden Schülern im Mittelalter, Descartes eingeschlossen, vertreten.

In seinem bemerkenswerten Vorwort zu Jammer [1980a] hat Albert Einstein diese Auffassungen so zusammengefasst: «Man kann diese beiden begrifflichen Raum-Auffassungen einander gegenüberstellen als a) Lagerungs-Qualität der Körperwelt und b) Raum als ‹Behälter› (container) aller körperlichen Objekte. Im Falle a) ist Raum ohne körperliches Objekt undenkbar. Im Falle b) kann ein körperliches Objekt als im Raum gedacht werden; der Raum erscheint dann als eine gewissermaßen der Körperwelt übergeordnete Realität. Beide Raumbegriffe sind freie Schöpfungen der menschlichen

Phantasie, Mittel ersonnen zum leichteren Verstehen unserer sinnlichen Erlebnisse.» Denn der Raum ist unsichtbar, sodass wir nur dadurch etwas über ihn in Erfahrung bringen können, dass wir Objekte in ihm beobachten.

Einstein ist über diese beiden Auffassungen des Raumes weit hinausgegangen, und auch das können wir seinem Vorwort aus dem Jahr 1953 entnehmen. Newtons Auffassung des Raumes war gegenüber der von Leibniz zu deren Zeit die einzige, die den damals bekannten physikalischen Realitäten gerecht werden konnte. Körper setzen, so eine Grundlage der Physik Newtons und unserer Physik, Beschleunigungen Widerstand entgegen, die nicht von Beschleunigungen gegenüber anderen Körpern herrühren können. Woher dann? Von Beschleunigungen gegenüber einem immer und überall gleichen «absoluten» Raum, der Beschleunigungen immer und überall denselben Widerstand entgegensetzt, so Newton. Naturwissenschaftlich wertlos war vergleichsweise zu jener Zeit die Interpretation des Raumes, die Leibniz vertrat. Newtons absoluten Raum aber plagte seit Anbeginn ein Problem: dass die Beschleunigung von Körpern ihm gegenüber zwar beobachtbar ist, die Geschwindigkeit, ebenfalls ihm gegenüber, aber nicht. Denn eine absolute Geschwindigkeit, wenn nur zeitlich konstant, ist laut Newtons Gesetzen unbeobachtbar. Ohne symbolische Blicke aus dem Fenster, also nur durch Experimente in einem Raum, der so abgeschlossen ist wie mit den Naturgesetzen vereinbar, kann dessen Geschwindigkeit gegenüber anderen, insofern gleichen räumlich abgeschlossenen Räumen nicht ermittelt werden. Doch wie kann es sein, dass zwar nicht die Geschwindigkeit gegenüber dem Raum beobachtbar ist, wohl aber deren Änderung?

Diesem Defekt hat Einstein durch seine Gleichsetzung von Gravitation und Beschleunigung abgeholfen. Vereinfacht ausgedrückt, wirkt sich die Schwerkraft nach Auskunft seiner Gleichungen genauso aus, wie sich Beschleunigungen auswirken. Der Haupteinwand Einsteins gegen die – von ihm, historisch gesehen, bewunderte – Raumauffassung Newtons war, dass der Raum wirkt, auf ihn aber nicht eingewirkt werden kann. Deshalb hat er ihn auch als «Äther der Mechanik» bezeichnet. Diese Auffassung hat sich vermöge seiner Allgemeinen Relativitätstheorie gründlich geändert. Die bestens bestätigte Theorie besagt, dass der Raum – ich schreibe jetzt und weiterhin so, als ob es den Raum gäbe; tatsächlich gibt es ihn laut Einstein aber nicht, sondern nur die Vierdimensionalität eines Feldes namens Raum –, dass der Raum also beeinflusst werden kann. Denn auf ihn wirken die eingebrachten Massen oder Energien – ich erinnere an die durch $E = mc^2$ ausgedrückte Äquivalenz beider – zurück, krümmen ihn; der Raum ist laut Einsteins Allgemeiner Relativitätstheorie ein dynamisches Gebilde, das sich wie eine Feder krümmen und so zittern kann, dass das Zittern sich als Raumkrümmung ausbreitet, auf Probekörper einwirkt und sich dadurch bemerkbar macht.

Die Einstein'schen Gleichungen, die die gegenseitigen Beeinflussungen von Raum und Energie regeln, enthalten zwei Erscheinungsformen der Energie als wesentlich verschiedene Größen. Die eine ist die zur Klumpenbildung fähige, aus Atomen und unbekannten Elementarteilchen bestehende Materie – ob nun sichtbar oder unsichtbar –, deren Dichte sich im Laufe der Zeit ändern kann und ändert; die andere eine Form der Energie – die oft schon erwähnte Dunkle Energie –, die immer und überall dieselbe Dichte besitzt, insbesondere also keine Klumpen bilden kann. Von Energie in der ersten materiellen Form gehen gerichtete Kräfte aus, die materielle Körper anziehen und Licht ablenken. Es ist offensichtlich, dass von Energie in der zweiten Form keine derartigen Kräfte ausgehen können. Keine Kräfte also, die eine Richtung im Raum vor anderen auszeichnen, da das dann ja auch für die Quelle dieser Kräfte, das Substrat Dunkle Energie, gelten müsste, ihre Dichte also im Gegensatz zu ihrer Einordnung als Posten in den Einstein'schen Gleichungen nicht überall dieselbe sein könnte. Dass die Dunkle Energie zur Expansion des Universums beiträgt, bildet keinen Einwand gegen diesen Schluss. Zwar ist wahr, dass in der Abbildung 18 (S. 142) nach Wahl eines Punktes und einer Galaxie außerhalb seiner die Galaxie von dem Punkt auf ihrer Verbindungslinie, also in eine bestimmte Richtung, fortstrebt. Aber nicht die Expansion des Universums zeichnet diese Richtung aus, sondern die Wahl des Punktes und der Galaxie tut das. Denn dasselbe gilt für jeden Punkt und jede Galaxie; genauer gilt es für irgendzwei Punkte.

Die beiden Terme in Einsteins Gleichungen, in deren einen die klumpende, in deren anderen die nicht klumpende Energie mit ihrer immer und überall gleichen Dichte einzuordnen sind, wirken sich verschieden auf den Raum aus. Die klumpende Energie verzögert die Expansion, kann sie sogar anhalten und umkehren; die positive nicht klumpende Dunkle Energie kann sie nur antreiben. Ihre Dichte bleibt, wie bereits festgestellt, als Eigenschaft, die dem Raum selbst zukommt, immer und überall dieselbe, auch bei der Expansion und ihrer hypothetischen Umkehr. Von den Einstein'schen Gleichungen kann abgelesen werden, dass die von der positiven Dunklen Energie ausgehende Kraft mit der Entfernung zunimmt, also die Expansion des Universums umso mehr antreibt, je größer es bereits ist. Dies war, wie erinnerlich, im vorigen Kapitel der Grund dafür, dass sich im frühen Universum, unmittelbar nach der Periode der Inflation, die Dunkle Energie auf die Expansion noch nicht ausgewirkt hat. Die Wirkung der Schwerkraft nimmt hingegen mit der Entfernung ab.

Nun kannte Einstein um 1916, als er die Allgemeine Relativitätstheorie formulierte, mannigfache physikalische Quellen sichtbarer Energie, so die Sterne und ihr Licht. Unbekannt war und blieb bis 1923, dass die zahlreichen Nebelflecken des nächtlichen Firmaments Galaxien wie unsere, die Milchstraße, sind. Zwar hatte das schon Immanuel Kant vermutet, aber der Nachweis durch Beobachtung ist Edwin Hubble vorbehalten geblieben. Selbstverständlich sind auch die Galaxien dem Posten Klumpende Energie hinzuzurechnen. Einstein kannte aber keine Erscheinungsform der Energie, die er in den zweiten Posten hätte einordnen können. Er hatte die Möglichkeit einer solchen Energie in dem Sinn entdeckt, dass ihr Vorhandensein keinem seiner Prinzipien widerspricht. War das Universum statisch, wie er glaubte, brauchte er sie zwar, aber er wusste doch, dass ein Universum, dessen Schwerkraft nur eine Dunkle Energie, die er als Kosmologischen Term bezeichnet hat, Widerpart böte, instabil wäre: Dass beide Kräfte mit ihren wahrscheinlich doch ganz verschiedenen Ursprüngen im Universum exakt gleich wirken, hielt er – und halten wir mit ihm – für ausgeschlossen. Ist zunächst einmal das Universum im Mittel statisch in dem Sinn, dass es nicht auseinanderfliegt, so wird die Schwerkraft ohne Gegenkraft bewirken, dass es zusammenbricht. Dies kann der Kosmologische Term zwar verhindern, nicht aber, dass bereits die kleinste Ungleichheit beider Kräfte das Universum entweder zusammenbrechen oder auseinanderfliegen lässt. Überwiegt nämlich einer der beiden die Kosmologische Kraft und die Schwerkraft beschreibenden Terme über den andern, so setzt sich der überwiegende durch, und das Universum stürzt entweder zusammen oder explodiert: Nähern sich die Sterne – wir wenden heute dasselbe Argument auf die Galaxien an – auch nur etwas an, wächst die Schwerkraft, und die ihr entgegenwirkende Kosmologische Kraft nimmt ab, das Universum stürzt haltlos zusammen; im umgekehrten Fall, wenn die Sterne sich noch so wenig von ihren Gleichgewichtspositionen so entfernen, dass ihr Abstand größer wird, wächst die abstoßende Kosmologische Kraft, und die anziehende Schwerkraft nimmt ab, sodass sich die Sterne mit wachsender Geschwindigkeit voneinander entfernen, das Universum also unaufhaltbar expandiert.

Dies war Einstein selbstverständlich bekannt und einer seiner Gründe für seinen mangelnden Enthusiasmus für die von ihm entdeckte Möglichkeit, dass der Raum selbst Träger von Energie ist. Obwohl er nahe daran war, wurde die Expansion des Universums als realistische Konsequenz seiner Gleichungen nicht von ihm, sondern mit seiner Anerkennung 1923 von dem deutschen Mathematiker Hermann Weyl (1885–1955) und dem englischen Astronomen Sir Arthur Stanley Eddington (1882–1944) aufgefunden. Sie führten den Nachweis, dass sich Testpartikel in einem nach dem niederländischen Kosmologen Willem de Sitter (1872–1934) benannten Weltmodell im Einklang mit der Allgemeinen Relativitätstheorie ohne Kosmologischen Term voneinander entfernen, das De-Sitter-Universum sich, anders gesagt, ausdehnt. In einem Brief an Weyl [Pais 1986a, S. 292] hat Einstein auf diesen Nachweis 1923 so reagiert: «Wenn schon keine quasistatische Welt, dann fort mit dem kosmologischen Term.» Durch Beobachtungen nachgewiesen wurde, wie bereits gesagt, die kosmische Expansion erst sechs Jahre später – ein Triumph also der Theorie.

Die Abfolge der Ereignisse ist bemerkenswert: Erst 1916 Einsteins Entdeckung, dass es im Einklang mit seinen Prinzipien einen Kosmologischen Term geben kann, verbunden mit dem Vorschlag, dass der Term vorhanden und positiv sei, sodass er die Anziehungskraft der Gravitation im Universum gerade ausbalancieren und dadurch ein statisches Universum ermöglichen kann. Dann setzt sich von 1923 bis 1929 die Ansicht durch, dass das Universum nicht statisch ist, sondern expandiert, wodurch der Kosmologische Term überflüssig, aber nicht ausgeschlossen wird. Weil er im Einklang mit den

Prinzipien der Allgemeinen Relativitätstheorie jeden beliebigen Wert besitzen kann, stellt sich die Frage, warum dieser gerade null sein soll. Dass Einstein den Term nicht mag, ist selbstverständlich kein ausreichender Grund dafür. In einer Entwicklung, auf die sogleich eingegangen werden soll, entdeckt die Physik in den Jahren nach 1945, dass der Term vorhanden sein und einen riesigen Wert besitzen sollte; was aber durch Beobachtungen und anthropisch ausgeschlossen ist. Gesucht wurde nun nach einem Prinzip, vermöge dessen der Term null sein sollte; an aberwitzige Konspirationen, durch die sich große positive und negative, ohne Prinzip voneinander unabhängige Beiträge zufällig gegenseitig wegheben sollten, mochte und mag kein Physiker glauben. Die Suche nach einem Prinzip blieb aber erfolglos, und dann zeigten bereits angeführte Beobachtungen der neunziger Jahre des letzten Jahrhunderts, dass der Term tatsächlich positiv, jedoch – gemessen an seinen Einzelbeiträgen – aberwitzig klein ist. Wenn also ein Prinzip für den Wert verantwortlich ist, muss es ihn nicht zu null, sondern klein, klein machen – was wohl gegen das alleinige Wirken eines Prinzips spricht und anthropischen Argumenten Auftrieb verliehen hat. Ironischerweise war es die Expansion des Universums, die zunächst den Wert null der Kosmologischen Konstante akzeptabel gemacht hat und ihn nun nicht mehr zulässt.

Einstein war, wie gesagt, keine Energie bekannt, mit der er die Leerstelle «Kosmologischer Term» in seinen Gleichungen hätte ausfüllen können. Er konnte und musste den Wert seines Kosmologischen Terms schlicht wählen, ohne dass eine andere beobachtbare Konsequenz eingetreten wäre als eben der Beitrag des Terms zur Expansionsgeschwindigkeit des Universums. Eingehandelt hätte er sich dadurch die Erklärung eines unerklärten Befundes durch einen unerklärten Term. Frei wählen konnte er in seinen Gleichungen auch die Massen des Universums, aber die waren einer detaillierten

Prüfung durch die Astronomie ausgesetzt, aus der er sie auch übernehmen konnte.

Heute kennt die Physik mehrere Beiträge zum Wert des Kosmologischen Terms, die daran kranken, dass sie keinen Grund angeben kann, aus dem sie einander exakt oder bis auf ihren tatsächlichen kleinen Rest aufheben sollten. Der Beitrag, dem wir uns als erstem zuwenden werden, ist für sich allein um die bereits erwähnten 120 Größenordnungen größer, als detaillierte Beobachtungen, ja bereits die Tatsache, dass es uns gibt, erlauben. Dies ist der größte Fehler, der je in einer naturwissenschaftlichen Voraussage aufgetreten ist. Dabei bilden Existenz und Größe dieses Beitrags eine unverhandelbare Konsequenz von Quantenmechanik und Spezieller Relativitätstheorie.

Zunächst die Quantenmechanik. Sie erzwingt vermöge der Unschärferelation eine allein dem Raum zukommende minimale Energie aller in ihm überhaupt möglichen Schwingungsformen. Nehmen wir das Pendel, dessen «kleine Schwingungen» durchaus als Modell für beliebige wenig angeregte Systeme, ob nun der Quantenmechanik oder der nicht-quantenmechanischen Physik, dienen können. Zur Erinnerung: Ein Pendel ist im einfachsten Fall (Abb. 23a) eine an einer gewichtslosen Stange befestigte punktförmige Masse. Die Stange ist in einem Punkt so aufgehängt, dass sie sich in einer senkrecht stehenden Ebene um diesen Punkt drehen kann. Reibung soll es nicht geben.

Die Allgemeinheit unserer Betrachtungen wird aus der Allgemeinheit der quantenmechanischen Unschärferelation fließen, die wir beispielhaft auf die Pendelmasse anwenden wollen. Natürlich kann es nicht darum gehen, den Aufbau des Pendels in die Quantenmechanik zu übersetzen. Gemeint sind Objekte der Quantenmechanik, die sich tatsächlich so verhalten, wie sich die Pendelmasse verhalten würde, wenn sie ein Objekt der Quantenmechanik wäre; beispielsweise dadurch,

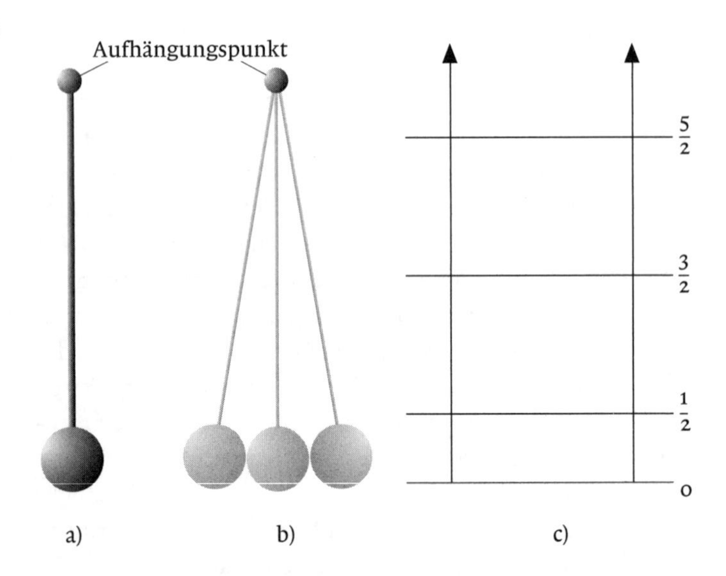

Abbildung 23: *Pendel der klassischen Physik a) können für alle Zeiten regungslos herunterhängen; Pendel der Quantenmechanik können das nicht. Sie zittern b) symbolisch gesprochen auch in ihrem Zustand niedrigster Energie, der a) entspricht, andauernd um ihre klassische Ruhelage herum. Wie alle endlich ausgedehnten Systeme der Quantenmechanik kann auch das quantenmechanische Pendel nur gewisse Energien besitzen. Sie sind mit den halbzahligen Werten der Leiter c) als Proportionalitätsfaktoren zu dem Produkt der Frequenz des Pendels mit Plancks h proportional. Für unser Thema ist besonders wichtig, dass das Pendel die Untergrenze 0 der Energie nicht annehmen kann: Als Konsequenz der «Nullpunktsunruhe» b) besitzt es immer mindestens die durch den Proportionalitätsfaktor 1/2 gekennzeichnete Energie.*

dass die Planck'sche Konstante *h* viel, viel größer wäre. Es geht uns, abstrakter gesprochen, um physikalische Systeme, für die bei kleinen Energien eben die für das Pendel gültigen Gesetze gelten. Sie sind nicht nur zahlreich, sondern wohl alle Systeme gleichen bei niedrigen Energien dem Pendel.

Die klassische – hier: nicht-quantenmechanische – Physik beschreibt das Verhalten ihrer Objekte durch Ort und Geschwindigkeit; genauer: durch Ort und Impuls. Die Objekte, von denen die Gesetze der Quantenmechanik sprechen, sind aber so fremdartig, dass ihnen diese Eigenschaften nicht zukommen. Die Quantenmechanik beschreibt das Verhalten ihrer Objekte durch eine abstrakte Größe namens Wellenfunktion, die sich im Laufe der Zeit deterministisch entwickelt und aus der die Wahrscheinlichkeiten für die Ergebnisse von Messungen des Ortes oder des Impulses zur jeweiligen Zeit berechnet werden können. Wird der Ort gemessen, tritt eine der Messung und ihrem Ergebnis entsprechende Wellenfunktion des Objektes an die Stelle seiner vorherigen, sodass eine nachfolgende Messung des Impulses nur noch Auskunft über die durch Ortsmessung neu vorgegebene Wellenfunktion Auskunft geben kann. Umgekehrt, mit Ort und Impuls vertauscht, selbstverständlich genauso. Um die Konsequenzen der Wellenfunktion eines Teilchens für Messungen des Ortes und Messungen des Impulses zu erproben, muss ein Teilchen, etwa ein Elektron, vielmals hintereinander in denselben Zustand mit derselben Wellenfunktion versetzt werden und an ihm alsdann entweder die Orts- oder die Impulsmessung durchgeführt werden. Dann werden die Ergebnisse beider Messserien selbstverständlich um Mittelwerte streuen. Wenn der Experimentator das auf seine Apparate zurückführt und deshalb immer raffiniertere baut, muss er feststellen, dass er eine Grenze für die simultane Unschärfe beider Messungen, sosehr er sich mühte, nicht unterschreiten konnte. Die Unschärferelation für Ort und Impuls besagt, dass er keine Chance hatte: Es gibt keine Wellenfunktion, die die Ergebnisse von Orts- und Impulsmessungen an Teilchen mit ihr als Wellenfunktion genauer festlegte, als das eine in ihrer quantenmechanischen Beschreibung inhärente Obergrenze zulässt.

Nun wäre es ein Widerspruch, wenn es Geräte geben könnte, die genauere Messungen von Ort und Impuls durchzuführen gestatteten als durch die Unschärferelation erlaubt. Das ist, so ein Korrelat der «eigentlichen» Unschärferelation, unmöglich. Falsch wäre es aber, den Teilchen der Quantenmechanik exakte Orte und Impulse zuzuschreiben und die Rolle der Unschärferelation darauf zu beschränken, dass sie deren genaue Bestimmung unmöglich macht. Eine wegen ihrer Klarheit besonders beeindruckende Darstellung dieser falschen Interpretation der Unschärferelation stammt von Bertolt Brecht (1898– 1956), der sie in seinen Flüchtlingsgesprächen den Physiker Ziffel so aussprechen lässt [Brecht 1965a, S. 55]: «Ich muss hier an eine Erfahrung der modernen Physik denken, den Heisenberg'schen Unsicherheitsfaktor. Dabei handelt es sich um Folgendes: Die Forschungen auf dem Gebiet der Atomwelt werden dadurch behindert, dass wir sehr starke Vergrößerungslinsen benötigen, um die Vorgänge unter den kleinsten Teilchen der Materie sehen zu können. Das Licht in den Mikroskopen muss so stark sein, dass es Erhitzungen und Zerstörungen in der Atomwelt, wahre Revolutionen anrichtet. Eben das, was wir beobachten wollen, setzen wir so in Brand, indem wir es beobachten. So beobachten wir nicht das normale Leben der mikroskopischen Welt, sondern ein durch unsere Beobachtung verstörtes Leben.» Brecht denkt hier wohl an ein Verhalten, das dem in der makroskopischen Welt beobachteten gleicht. Genau das ist falsch. Bezeichnet man das Verhalten von Teilchen in der Makrowelt als normal, gibt es in der Mikrowelt kein normales Verhalten. Man kann es nicht nur nicht beobachten, sondern bereits die Unterstellung, dass dem beobachteten Verhalten solch ein Verhalten zugrunde liege, führt auf Widersprüche zu experimentell bestätigten Vorhersagen der Quantenmechanik. Tatsächlich ist die Quantenmechanik allgemein und unbedingt gültig, sodass ihr genügendes Verhalten das einzig mögliche ist.

Die Physik muss und kann trotz Kontroversen erklären, wie aus diesem Verhalten das im Alltagsleben beobachtete «klassische» entsteht.

Nun also zu Schwingungen als Gegenstand von klassischer Physik und Quantenmechanik, dargestellt am Beispiel des Pendels. Noch einmal: In unsere Folgerungen geht wesentlich nur die universelle Unschärferelation zwischen Ort und Impuls ein, sodass die Auswahl des Pendels als Objekt der Beschreibung keine Beschränkung der Allgemeinheit bedeutet.

Bei einem Pendel ist klar, wie geartete Schwingungen «klein» sind: jene, die es nur wenig aus seiner in der Abbildung 23a) eingezeichneten Ruhelage fortführen. Nun kann ein Pendel der klassischen Physik fortwährend regungslos senkrecht herunterhängen; zumindest dann, wenn, was wir annehmen wollen, keine äußeren Störungen auf es einwirken. In diesem Zustand ist seine Energie offenbar so klein wie überhaupt möglich. Wir ernennen sie zur Energie null und bemerken, dass in diesem Zustand auch die Bewegungsenergie – weil regungslos – und die Lageenergie – weil senkrecht hängend – des Pendels beide ebenfalls so klein wie möglich, also null, sind. Ein Pendel der Quantenmechanik kann hingegen nicht fortwährend regungslos herunterhängen. Dann besäße es sowohl eine bestimmte Lage als auch einen bestimmten Impuls, beide nämlich null, und das verbietet wie beschrieben die Unschärferelation zwischen Ort und Impuls. Symbolisch können wir das so aussprechen (Abb. 23b), dass das Pendel in seinem Zustand niedrigster Energie so wenig wie im Einklang mit der Unschärferelation möglich um seine Ruhelage herum zittert.

Dieses Zittern, das auch Nullpunktsunruhe heißt, bedeutet nun aber nicht, dass das Pendel reale Schwingungen in dem Sinn vollführte, dass es – wie das klassische Pendel bei seinen Schwingungen – seinen Zustand dauernd änderte; im Gegenteil! Besitzt das quantenmechanische Pendel so wenig

Energie wie überhaupt möglich, befindet es sich in einem bestimmten Zustand, eben seinem Zustand niedrigster Energie, der sich im Laufe der Zeit nicht ändert. Dieser Zustand ist mit jenem des klassischen Pendels zu vergleichen, in dem es andauernd senkrecht herunterhängt, wobei es seinen Zustand im Laufe der Zeit ebenfalls nicht ändert. Das Zittern des quantenmechanischen Pendels wird dementsprechend als «virtuelle» Anregung bezeichnet, zur Unterscheidung von den tatsächlichen Anregungen, die das quantenmechanische Pendel ebenfalls besitzen kann und die mit den Schwingungen des klassischen Pendels um seine Ruhelage zu vergleichen sind.

Weil das Pendel der Quantenmechanik in seinem Zustand niedrigster Energie um seine klassische Ruhelage herum zittert, kann in diesem Zustand weder seine Bewegungs- noch seine Lageenergie minimal sein. Die Lageenergie wäre minimal – nämlich null –, wenn das Pendel senkrecht herunterhängen würde. Dann aber könnte es aufgrund der Unschärferelation keine bestimmte Geschwindigkeit besitzen. Wir müssten uns vorstellen, dass es in demselben Augenblick durch die senkrechte Stellung mit beliebig großer Geschwindigkeit nach der einen oder anderen Seite hindurchschwingt, statt in ihr zu verharren. Folglich wäre dann seine Bewegungs- und mit ihr seine Gesamtenergie als Summe aus Lage- und Bewegungsenergie beliebig groß – größer jedenfalls als in seinem Zustand mit minimaler Gesamtenergie. Die Bewegungsenergie des Pendels ist minimal – ebenfalls null –, wenn es ruht; egal in welcher Winkelstellung. Nun ergibt die Unschärferelation mit vertauschten Rollen von Lage- und Bewegungsenergie dasselbe wie zuvor: Die Summe beider ist nicht so klein, wie sie es sein kann. Im Zustand niedrigster Gesamtenergie des Pendels gehen dessen Lage- und Bewegungsenergie einen Kompromiss derart ein, dass jede für sich zwar nicht minimal, ihre Summe aber eben das ist – so klein wie überhaupt möglich. Diese minimale Grundzustandsenergie des Pendels der Quantenmechanik hängt nur von dessen Frequenz ab. Sie ist, genauer gesagt, zu ihr proportional, mit der Hälfte von Plancks *h* als Proportionalitätskonstante.

Achtet man nicht auf die Unschärfe des Impulses, kann ein Teilchen der Quantenmechanik zwar nicht dauerhaft, wohl aber für einen Augenblick einen beliebig genau festgelegten Ort besitzen, das Pendel also dem Zustand, in dem es senkrecht herunterhängt, beliebig nahekommen. Dann ist, wie beschrieben, seine Lageenergie beliebig nahe an null, sodass die Energieskala der Natur mit diesem Wert beginnen muss. Analog kann die Geschwindigkeit, mit der das Pendel zittert, für einen Augenblick beliebig nahe an null sein, mit der analogen Konsequenz für die Bewegungsenergie, dass nämlich auch sie beliebig nahe an null sein kann. Kleiner als null kann keine der beiden Energien werden, da sie zu den *Quadraten* von Ort und Impuls mit positiven Faktoren proportional sind. Die Energieskala der Natur beginnt also mit dem Wert null, den die Gesamtenergie des Pendels nicht annehmen kann. Die niedrigsten Gesamtenergien, die das Pendel besitzen kann, sind ungefähr die der Leiter der Abbildung 23c). Genau ist der niedrigste, mit ½ bezeichnete Wert; die anderen kommen wie dargestellt einem System namens Harmonischer Oszillator zu, das sich bei, und nur bei, niedrigen Energien praktisch genauso verhält wie das Pendel.

Das virtuelle Zittern, das wir am Beispiel des Pendels kennengelernt haben, kommt nun nach Auskunft der die Quantenmechanik mit der Speziellen Relativitätstheorie vereinigenden Quantenfeldtheorie jeder im Raum überhaupt möglichen Schwingungsform zu. Alle Schwingungen, die überhaupt angeregt werden können, tragen ihre Grundzustandsenergie namens ½ beim Pendel zur Energie des Raumes bei, der so energiearm ist wie überhaupt möglich. Den Leeren Raum der Physik unterscheidet von dem leeren

Raum unserer Vorstellung, von dem es nichts zu berichten gibt, als dass er schlicht leer ist, dass er das eben nicht ist: Als *zerstäubtes Nichts*, das er ist, schäumt er von Aktivität.[29] Wie Albert Einstein als Erster gesehen hat – ohne allerdings die Konsequenzen für seinen Posten Kosmologischer Term zu ziehen –, trägt die Möglichkeit elektromagnetischer Strahlung, die im sichtbaren Bereich Licht genannt wird, bei kürzeren Wellenlängen Röntgen- und Gammastrahlung, bei größeren Radiowellen, unabwendbar zur Energie des Leeren Raumes bei. Dass diese Energie kein leerer Wahn ist, konnte experimentell in zahlreichen Zusammenhängen nachgewiesen werden; ich beschränke die Darstellung auf den in der Abbildung 24 beschriebenen Effekt. Genüge es, weiterhin zu sagen, dass jeder von den anderen nach unserem besten Wissen unabhängige Einzelbeitrag den beobachteten lebensfreundlichen Wert der Gesamtenergie λ des Leeren Raumes um die oftmals erwähnten 120 Größenordnungen übersteigt.

Abhängig von der Natur der jeweiligen Schwingung treten sowohl positive als auch negative Beiträge zu λ auf. Genauer formuliert, verhält es sich so, dass die zu als Fermionen bezeichneten Teilchen wie dem Elektron gehörenden Schwingungsformen negative, die zu Bosonen genannten wie dem Lichtteilchen Photon gehörenden positive Beiträge liefern. Mehr noch: In einer Theorie namens ungebrochene Supersymmetrie, kurz SUSY, sind die Beiträge von Fermionen und Bosonen zu λ nicht voneinander unabhängig, sondern addieren sich notwendig zu null. Die Supersymmetrie, ob gebrochen oder nicht, besagt, dass jedes bekannte Fermion ein unbekanntes Boson als Partnerteilchen besitzt und genauso jedes bekannte Boson ein unbekanntes Fermion. Laut Supersymmetrie gibt es – gäbe es! – also doppelt so viele Elementarteilchen wie bekannt. Wenn zumindest eins dieser zusätzlichen Teilchen entdeckt würde – am besten durch Erzeugung und Nachweis an einem Beschleuniger –, wäre das

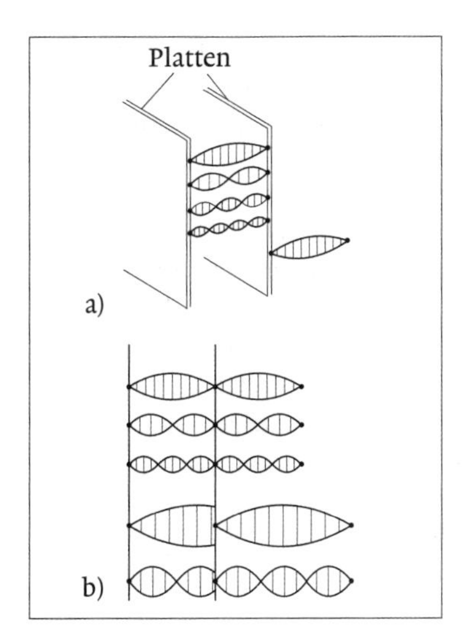

Abbildung 24: Die Nullpunktsunruhe der Abb. 23b) eines Pendels wirkt sich auch auf elektromagnetische Wellen wie das Licht aus, deren mathematische Beschreibung der des Pendels weitgehend gleicht. Ihre Mindestanregung, die dem 1/2 der Abb. 23c) entspricht, lässt sie auch im Leeren Raum der Physik vorhanden sein. In elektrische Leiter können elektromagnetische Wellen nicht eindringen, weil sie dort Elektronen in Bewegung setzen, die beschleunigte Wellen aussenden, die die eindringenden Wellen gerade kompensieren. Also besitzen elektromagnetische Wellen an Leiteroberflächen Knoten, vermöge deren sie auf die Oberflächen Druck ausüben. In einen von Leiterplatten begrenzten Hohlraum passen also a) nur Wellen mit ausgewählten Wellenlängen hinein, während aus den Halbräumen außerhalb Wellen mit allen möglichen Wellenlängen heranbranden b). Der auf die Platten einwirkende Druck von außen ist also größer als der von innen: Die Platten werden aufeinander zugetrieben, ziehen sich anders gesagt an. Dieser von dem niederländischen theoretischen Physiker H. B. G. Casimir (1909–2000) bereits 1948 vorhergesagte Effekt ist zunächst mit großen Unsicherheiten, seit 1997 überzeugend experimentell nachgewiesen worden.

ein starker Hinweis auf die Gültigkeit der Supersymmetrie, auf die es bisher nur vergleichsweise schwache Hinweise gibt. Einer dieser schwachen Hinweise ist für das Thema der Dunklen Materie des letzten Kapitels besonders interessant: Die Dunkle Materie könnte aus dem leichtesten aller zusätzlichen «supersymmetrischen» Teilchen bestehen. Die Box 2 erläutert die Hinweise aus der Astrophysik.

Box 2: Es ist eine attraktive theoretische Möglichkeit, dass das Standardmodell der Elementarteilchentheorie nur einen Aspekt einer erweiterten «supersymmetrischen» Theorie bildet. Nach Auskunft dieser umfassenderen Theorie besitzt jedes bekannte «gewöhnliche» Teilchen ein unbekanntes «supersymmetrisches» Partnerteilchen. Es wäre ein Triumph der Theorie, wenn supersymmetrische Teilchen experimentell an Beschleunigern erzeugt und nachgewiesen würden, was bisher nicht gelungen ist. Sie können nur paarweise erzeugt werden, denn die Eigenschaft, supersymmetrisches Partnerteilchen zu sein, können diese einzeln nicht ablegen und gewöhnliche Teilchen nicht gewinnen. Paare supersymmetrischer Teilchen aber können in gewöhnliche Teilchen übergehen und auch aus ihnen entstehen. Besteht nun die Dunkle Materie aus supersymmetrischen Teilchen, werden zwei von ihnen gelegentlich kollidieren und dabei und dadurch zu gewöhnlichen Teilchen werden. Was dann geschieht, folgt aus dem Standardmodell: Der Prozess generiert u. a. elektromagnetische Strahlung mit hoher Energie, die aus dem Weltraum bei uns ankommt und in einem Untergrund verwandter Strahlung aus anderen Quellen verborgen ist. Es war und ist eine schwierige Aufgabe, sie aus Daten, die das Teleskop EGRET für Energetic Gamma Ray Experiment Telescope auf dem Forschungssatelliten CGRO für Compton Gamma Ray Observatory der NASA zwischen 1991 und 2000 geliefert hat, so herauszupräparieren, dass wir mit einiger Zuversicht sagen können, die Dunkle Materie sei eine Ansammlung supersymmetrischer Teilchen [de Boer 2005 a]. Die endgültige Bestätigung oder Widerlegung werden an Beschleunigern und Weltraumteleskopen zu gewinnende Daten bringen.

Ungebrochen kann die Supersymmetrie auf keinen Fall sein, weil das bedeuten würde, dass die supersymmetrischen Teilchen dieselbe Masse besitzen wie ihre bekannten Partner. Das ist nicht so, weil sie sonst längst entdeckt worden wären und zu den bekannten Teilchen zählten. Wie die Supersymmetrie aber gebrochen sein könnte – gar so gebrochen, dass λ insgesamt richtig herauskäme – ist nicht einmal ansatzweise bekannt.

Aber nicht nur die dem Zittern des Pendels in seinem Zustand niedrigster Energie entsprechenden Fluktuationen

Box 3: *Abstrakt gesehen ist ein Feld etwas sehr einfaches: Jedem Punkt des Raumes oder, abermals abstrakter, jeder Raumkoordinate werden durch ein Feld eine oder mehrere Zahlen zugewiesen. Das Feld ist die Zuordnung selbst, eine Funktion im mathematischen Sinn. Beispielsweise ist die Temperaturverteilung auf der Erdoberfläche ein Feld – vierunddreißig Grad in Karlsruhe, einundzwanzig in Kiel. Auch ein Ährenfeld ist ein Feld in diesem Sinn: Den Orten der Halme sind die Neigungswinkel der Ähren zugewiesen. Felder sind im Allgemeinen Funktionen der Zeit; Temperaturverteilungen ändern sich, und Ähren bewegen sich im Wind – fluktuieren wie Quantenfelder. Keine begriffliche Klärung aber kann begreiflich machen, dass Felder in dem Sinn real sein können, dass sie wirken und dass auf sie eingewirkt werden kann. Dies ist eine der erfolgreichsten Hypothesen der Physik. So erfolgreich, dass sie Felder als primär, Teilchen als sekundär auffasst – Teilchen als Klumpungen der Felder und nicht Felder als Begleiter der Teilchen.*

von Quantenfeldern tragen zu λ bei, sondern auch die Felder (Box 3) selbst können das. Dann nämlich, wenn sie immer und überall dieselben sind. Genauer ist nicht einmal ihre überall im Universum gleiche Präsenz dafür erforderlich, dass sie in der von uns beobachtbaren Region des Universums ihre der Gravitation entgegenwirkende Kraft entfalten: Es reicht, dass sie in dieser Region seit Anbeginn gleichmäßig und unveränderlich präsent waren und selbstverständlich sind. Anders als Einsteins ursprüngliche Kosmologische Konstante, und anders auch als die Beiträge der Fluktuationen der im Universum existenzfähigen Felder, können die Beiträge der konstanten Felder zu λ auch wieder vergehen – mit ihnen selbst nämlich. Allgemeiner noch reicht es für einen positiven Beitrag zu λ aus, dass das Universum, oder zumindest eine beobachtbare Region, eine niedrigere gleichverteilte Energie annehmen kann als die vorhandene. Es ist diese Möglichkeit, die schlussendlich mit der Frage nach der niedrigsten überhaupt möglichen Energie zusammenhängt, die über λ entscheidet.

Wenn also die gleichverteilte Energie geringer sein kann, als sie das jeweils ist, führt das zu einem positiven Beitrag zu λ und damit zu einer die Expansion des Universums beschleunigenden Kraft. So war es während der Periode der Inflation: Ein überall gleiches Feld – nennen wir es mangels genauerer Kenntnis Inflaton – trug zur Energie des beobachtbaren Universums bei. Als die Inflation ausklang, wandelte sich die gleichverteilte Energie dieses Feldes in die klumpende Energie von Materie um – sie war nicht mehr Vakuumenergie, sondern explizit vorhandene, bei der Schwerkraft mitspielende klumpende Energie – die Periode der Inflation war beendet.

Abermals exotischer mutet ein Szenario an, das von einem feldfreien Universum zu einem führt, in dem ein Feld allüberall vorhanden ist. Beispielhaft von einem leeren zu einem mit dem Higgs-Feld der Theorie der Elementarteilchen angefüllten Universum. Dieses Feld, dessen Dasein die Elementarteilchen ihre Masse verdanken, wurde bereits erwähnt (S. 149). Entstanden ist es, weil der Raum mit ihm eine geringere gleichmäßig verteilte Energie besitzt als ohne es. Seltsam ist das schon – wenn es etwas statt nichts gibt, kann die Energie geringer sein, als sie das ohne dieses Etwas wäre. Zur Erklärung möge dienen, dass Wasser beim Gefrieren Energie abgibt. Sie reicht selbstverständlich um Größenordnungen nicht aus, um Wasser H_2O zur Existenz zu verhelfen – und, notabene, dazu noch derselben Menge Antiwasser aus Antiwasserstoff und Antisauerstoff. Grundsätzlich möglich ist das aber – dass nämlich der Raum, wenn es in ihm «etwas» gibt, eine geringere Energie besitzt als derselbe Raum ohne dieses Etwas.

Unerschlossene Effekte der anvisierten Universaltheorie tragen ebenfalls zu dem effektiv wirkenden λ bei. Es ist aber keine physikalische Theorie in Sicht, die mit dem tatsächlichen Wert von λ zurechtkommen, geschweige denn ihn vorhersagen könnte. So erweist sich Einsteins Kosmologischer Term als das am weitesten offenstehende Einfallstor für anthropische Argumente. Die Erklärung des Wertes von λ, die sich auf den ersten Blick anbietet, erklärt in Wahrheit überhaupt nichts: dass es uns freisteht, Einsteins «eigentliche» Kosmologische Konstante als vierte Naturkonstante, zusätzlich also zu *h*, G und *c*, so zu wählen, dass in summa das beobachtete kleine λ herauskommt. Gegen diese Möglichkeit spricht erstens ihre Trivialität, die vermutlich bereits zu Einsteins Unbehagen gegenüber dem Kosmologischen Term beigetragen hat: Die Beschleunigung der Expansion des Universums ist der *einzige* beobachtbare Effekt, den λ besitzt, sodass die Wahl von λ zu dem Zweck der Erklärung der Beschleunigung überhaupt nichts erklärt, sondern nur eine unverstandene Größe durch eine andere, ebenfalls unverstandene ersetzt. Anders als Einstein um 1916 kennen wir heute, wie beschrieben, mehrere unabhängige Beiträge zu dem Kosmologischen Term. Zu Bedenken gegenüber ihrer Kompensation durch λ als effektiv neue Naturkonstante spricht zweitens und vor allem, dass hierzu eine Feinabstimmung aller beitragenden Terme erforderlich wäre, die 120 Stellen weit reicht. Etwas Derartiges kennt die Physik bisher nicht, sodass eine physikalische Erklärung des Wertes von λ nur von *Neuer Physik* erhofft werden kann. Wäre λ experimentell null, läge der Verdacht nahe, dass ein Prinzip dieses Verschwinden erzwingt. Nun aber kann ein solches Prinzip, wenn es denn eins gibt, nur näherungsweise gültig sein, sodass wir zum Verständnis des tatsächlichen Wertes von λ erstens ein Prinzip und zweitens dessen Brechung brauchen.

Das erste, alte Problem mit der Kosmologischen Konstante, dass diese theoretisch um 120 Größenordnungen größer sein sollte als ihr experimentell größtmöglicher Wert, besteht also weiterhin. Die unbeantwortete Frage, warum die Konstante nicht null sei, ist durch die viel schwerer zu beantwortende ersetzt worden, warum sie klein, aber nicht null ist. Hieraus erwächst als weiteres Problem die Frage, warum die Dichte der manifesten, Klumpen bildenden Energie des Universums gerade zu unserer Lebzeit ungefähr mit der überall gleichen Dichte der Energie des Raumes selbst übereinstimmt. Antworten versuchen, die Entwicklung der Lebensbedingungen auf der Erde mit kosmischen Entwicklungen zu verkoppeln. Erfolgreich? Ich weiß nicht.

9 *Gott oder Multiversum – die Geschichten von John Leslie*

Beginnen wir mit dem Daumen des Seidenhändlers auf dem Loch in der Seide. Irgendwo muss er die Seide doch festhalten; warum dann nicht dort, wo das Loch ist? Trotzdem drängt sich eine andere Deutung für die Platzierung des Daumens auf. Genauso drängen sich laut John Leslie in seinem schon mehrfach erwähnten Buch «Universes» [Leslie 1996 a] für die tatsächlichen Werte der Naturkonstanten andere Deutungen auf als die, dass die Naturkonstanten irgendwelche Werte besitzen müssen – warum dann nicht die, die sie tatsächlich besitzen? Sind diese nicht genauso (un)wahrscheinlich wie alle anderen speziellen? Daher keiner Erklärung bedürftig oder derselben wie alle anderen nicht realisierten, wenn sie denn realisiert wären?

Demgegenüber kommt es nach meinem Eindruck John Leslie auf zweierlei an. Erstens darauf, dass Leben vor Nichtleben etwa so ausgezeichnet ist wie ein Loch in der Seide vor ihrem makellosen Rest, wenn auch mit entgegengesetzter Bewertung. Leben – genauer: Das intelligente Leben von Beobachtern, die Einsicht in die Bedingungen ihrer Existenz gewinnen können – ist laut Leslie ein Gut, das vorrangig der Erklärung bedarf; dessen aktuelle Erklärung durch höchst spezielle Werte der den Naturkonstanten und, notabene, Anfangsbedingungen des Universums zukommende Parameterwerte, also nur darauf verweist, dass diese Werte erklärungsbedürftig sind. Natürlich ist es nicht das Loch in der Seide selbst, das einer Erklärung bedarf – keine mag sich aufdrängen –, sondern die Platzierung des Daumens des Seidenhändlers verlangt nach einer Erklärung. Was sich aufdrängt, ist eine Erklärung dieser Platzierung, und erst dadurch wird laut Leslie klar, dass überhaupt eine Erklärung erforderlich ist.

Unerklärlich auf den ersten Blick ist also, wenn der Seidenhändler das Loch *nicht* zuhält. Hierzu eine wahre Geschichte: In einem Hotelladen in Indien wollte ich einmal einen Kissenbezug kaufen, der Handel war perfekt, ich war im Begriff zu gehen. Da verwies der Händler auf ein Loch in dem Bezug – ich musste sogleich an Leslies Geschichte denken –: Er könne mir den Bezug nicht verkaufen, nicht einmal schenken. Bedarf dies einer Erklärung? Selbstverständlich. Drängt sich eine auf? Ja, vielleicht wollte er bei den Kunden des Hotels seine Reputation nicht verlieren. Ist dies die richtige Erklärung? Zum Test wären weitere Käufe erforderlich gewesen. Jedenfalls habe ich den Laden mit einem zehnmal teureren Armband für meine Frau verlassen.

John Leslies Geschichten sind wunderbar erhellend. Es knirscht zwischen ihnen, gewiss, aber doch sind sie überaus wert, ihnen ein Kapitel zu widmen. Wie Analogieschlüsse können sie nichts beweisen, wohl aber Gemeintes verdeutlichen. Sie verwenden [Leslie 1996a, S. 22] nur die erfolgreichen Schlussweisen der Alltagsvernunft. Wie bei diesen fällt es auch bei Leslies Geschichten schwer, den exakten logischen Status seiner Schlüsse auf Erklärbarkeit – ob nur hinreichend, nur notwendig oder beides – zu erkennen.

Eine zweite Geschichte. Sie gehen unter einer Brücke hindurch, ein Stein fällt herunter und verfehlt Sie knapp. Gibt es hier etwas zu erklären? Sicher, wenn Sie einen Rivalen davonschleichen sehen. Sicher auch, wenn die Brücke verlottert ist. Wenn aber überhaupt keine Erklärung in Sicht ist? Weder durch ein Ziel noch durch eine natürliche Ursache? Kein Anlass dann, eine Kriminalgeschichte zu schreiben. Noch eine Neufassung der Geschichte der fraglichen Brücke. Die Gewissheit aber, dass es eine Ursache gegeben hat, bleibt.

Ob das John Leslie auch so sieht, ist mir nicht klargeworden. Dass das Angebot einer zumindest passablen Erklärung eines Sachverhalts Ursache genug ist, nach seiner wahren, möglicherweise anderen Ursache zu suchen, denke ich wie er. (Die Suche kann erfolglos bleiben.) Aber kann erst das Sichanbieten einer Erklärung für einen Sachverhalt Grund genug dafür sein, nach einer Erklärung Ausschau zu halten? Davon, dass das nicht so ist, bin ich überzeugt, und ich werde es durch Beispiele erhärten. Leslie [Leslie 1996a, S. 121; dort englisch] führt Autokennzeichen als Beispiele für Merkmale an, die sowohl einer als auch keiner Erklärung zugänglich sein können. «Es gibt Millionen Autokennzeichen, unter ihnen beispielsweise nur einmal CHT 4271. Obwohl es also unwahrscheinlich war, dass das Auto, das du, liebe Leserin, als Geburtstagsgeschenk bekommen hast, gerade dieses Kennzeichen trug, entbehrt das doch jeden speziellen Interesses. Anders ist es, wenn Bob, der am achten August 1973 geboren wurde, zu seinem zwanzigsten Geburtstag ein Auto mit dem Kennzeichen BOB 8893 geschenkt bekommt. Beschränkt wäre er, wenn er daran nichts Besonderes fände. [...] *Ein Hauptgrund für den Gedanken, dass etwas ganz besonders einer Erklärung bedarf, ist der Schimmer einer Ahnung, wie es schlüssig erklärt werden könnte*» [kursiv im Original]. Klar und unkontrovers, «der Schimmer einer Ahnung, wie etwas schlüssig erklärt werden könnte», ist ein hinreichender Grund für den Gedanken, dass «etwas ganz besonders der Erklärung bedarf». Aber als *notwendige* Bedingung der Erklärungswürdigkeit kann der «Schimmer einer Ahnung» doch wohl nicht gesehen werden? Andererseits – sieht man es nicht so, fällt es schwer, manche Zurückweisungen der Erklärungsbedürftigkeit bei Leslie nachzuvollziehen.

Die Autonummer des Geschäftsführers meiner Fakultät ist GER-HH-137, die eines Koautors von mir ist KN-PF-137, und meine eigene ist KA-HG-137. Der «Schimmer einer Ahnung», dass die dreimalige 137 durch eine Gemeinsamkeit der drei Autobesitzer erklärt werden könnte, täuscht nicht: Alle drei haben Physik studiert, und die 137 ist die aus historischen Gründen berühmteste physikalische Konstante. (Versuchen Sie es mit 137, wenn Sie den Safe eines Physikers knacken wollen.) Aber wie wäre es mit den drei Autonummern KA-HG-137, KA-HA-1836 und KN-602 214? Das einzig gemeinsame dieser drei Kennzeichen scheint das anfängliche K zu sein, und das besagt überhaupt nichts. Dem Physikkundigen fällt auf, dass neben 137 auch 1836 und 602 214 wichtige Konstanten der Physik sind. Denn 1836 ist das Verhältnis der Masse des Protons zu der des Elektrons und 602 214 sind die ersten sechs Ziffern von den vierundzwanzig der Anzahl der Moleküle pro Mol. Dass die Besitzer der Autos Physiker sind, sagt dem Physikkundigen, und nur ihm, der «Schimmer einer Ahnung», wie das gemeinsame Auftreten der drei Kennzeichen zu erklären ist.

Worum es hier geht, hat einen vornehmen Namen: Bayes'sche Logik oder Statistik, die auf einen 1763 posthum veröffentlichten Aufsatz des britischen Mathematikers und Geistlichen Thomas Bayes (1702–1761) zurückgeht. Die Bayes'sche Logik erlaubt es, durch neuerliche Erkenntnisse und Ereignisse fortschreitend, die relativen Wahrscheinlichkeiten von *vorgegebenen* – ich wiederhole, damit das nicht verloren gehe, vorgegebenen – Erklärungshypothesen abzuwägen. Unsere Putzhilfe hat sich jahrelang geweigert, Staub zu wischen. Wir haben über den Grund nachgedacht und keinen plausiblen gefunden. Jetzt hat sie eine Brille, jetzt wischt sie Staub. Die vorherigen Erklärungshypothesen sind sinnlos geworden; die Realität ist aus dem Schema ausgebrochen, in das sie die Bayes'sche Logik einzäunen wollte. Diese krankt ganz allgemein daran, dass sie nur über Hypothesen Auskunft geben kann, die ihrem Anwender bereits eingefallen sind und denen er A-priori-Wahrscheinlichkeiten zugewiesen hat. Klar, dass das Setzen dieser A-priori-Wahrscheinlichkeiten, von denen das Ergebnis der Anwendung entscheidend abhängt, mit Willkür verbunden ist. Zu den subtilen Voraussetzungen der Bayes'schen Logik gehört auch, dass die zu testenden Hypothesen voneinander unabhängig sein müssen. Insgesamt behindern zahlreiche subtile Fallstricke die gedankliche Anwendung der Bayes'schen Logik. Hierher gehört eigentlich nicht, soll aber erwähnt werden, dass die Physik, bevor sie – seit vielleicht einigen Jahrzehnten – von der Bayes'schen Logik überhaupt Notiz genommen hatte, recht weit vorangekommen ist.

Blickt man auf einige der wichtigsten Erkenntnisse der jüngeren Geschichte der Physik, wäre ein Schluss von der Abwesenheit des geringsten Schimmers einer Ahnung, wie aufgetretene Tatsachen erklärt werden könnten, darauf, dass sie zu erklären tatsächlich unmöglich ist, ganz und gar nicht berechtigt gewesen. Gewiss, noch eine Stufe zurück, auf der Vertrauen auf die Möglichkeit einer Erklärung überhaupt an die Stelle der Erahnung eines Wie getreten ist, bleibt überhaupt keine naturwissenschaftliche Tatsache übrig, der kein so definierter *Schimmer einer Ahnung, wie sie schlüssig erklärt werden könnte*, zukäme. Sieht man von den theoretisch anvisierten *objektiven Zufällen* der Quantenmechanik ab, lässt diese Betrachtungsweise überhaupt keinen Raum für Vorkommnisse, für die sich keine Erklärungsmöglichkeit anböte.

Eine Bewegungsform des Planeten Merkur namens «Perihel-Drehung» weist eine kleine Abweichung von der nach der Newton'schen Himmelsmechanik zu erwartenden auf, die von dem kanadisch-amerikanischen Astronomen Simon Newcomb (1833–1909) in der Mitte des 19. Jahrhunderts sehr genau berechnet worden ist und die sich bis zu Einsteins Allgemeiner Relativitätstheorie 1916 jedem Erklärungsansatz entzogen hat. Dies zeigt, dass jede direkte Suche nach einer Ursache für den Effekt zu Misserfolg verdammt war: Die

Erklärung durch die Allgemeine Relativitätstheorie ist sozusagen ein Abfallprodukt einer Bemühung mit ganz anderen Zielen. Aber auch die ausdrückliche Suche nach einer Erklärung eines nach allem Vorwissen unerklärlichen Effekts kann radikale Neuerungen bewirken. Ich habe Max Plancks Entdeckung 1900 des nach ihm benannten Wirkungsquantums als fundamentaler Naturkonstante im Sinn, aus der schlussendlich die gesamte Quantenmechanik erwachsen sollte. Gesucht hatte Planck nach einer Erklärung von Eigenschaften der Wärmestrahlung, die sich für Jahrzehnte jeder Erklärung entzogen hatten und die, wie die Gültigkeit seiner Erklärung zeigen sollte, mit vorgedachten physikalischen Modellen tatsächlich nicht erreicht werden konnte. Weniger fundamental, aber doch lehrreich ist die Geschichte der Supraleitung, die 1911 von dem niederländischen Physiker Heike Kamerlingh Onnes (1853–1926) entdeckt worden ist und deren Erklärung durch die amerikanischen theoretischen Physiker «BCS» John Bardeen (1908–1991), Leon Neil Cooper (geb. 1930) und John Robert Schrieffer (geb. 1931), gemeinsamer Physiknobelpreis 1972, bis 1957 hat auf sich warten lassen. Die Moral dieser Geschichten ist für mich, dass die Suche nach einer physikalischen Erklärung eines nach allem und dauerhaftem Anschein zufälligen Ereignisses niemals aufgegeben werden sollte. Wenn man nicht, wie wohl bei den Lottozahlen, positiv weiß, dass Ereignisse zufällig sind, kann man nicht schließen, dass der Zufall seine Hand im Spiel hatte. Denn das wäre ein Schluss aus Unwissen auf Wissen, und der ist unter keinen Umständen berechtigt. Damit, dass ich in diesem Zusammenhang die Ergebnisse der «Ziehung» von Lottozahlen als zufällig bezeichne, lege ich kein Urteil ab über die Gültigkeit eines deterministischen Weltbildes. Es kann in diesem Zusammenhang nur um den sozusagen praktischen Zufall gehen, dessen Beschreibung als «Eine sehr kleine Ursache, die uns entgehen mag, bewirkt einen beachtlichen Effekt, den wir nicht ignorieren können, und dann sagen wir, dass dieser Effekt auf Zufall beruht» durch Poincaré ich bereits zitiert habe. Ich weiß, damit kommt der Subjektivismus der Festlegung der Ursache eines Ereignisses als *zufällig* wieder herein. Aber es ist doch ein Unterschied, ob ich die Zahlenfolge 4, 17, 34, 35, 36, 49 ohne Kenntnis ihres Ursprungs zum Zufallsprodukt ernenne oder erst wenn ich weiß, dass sie als Auswürfe einer Lottotrommel aufgetreten sind. Sicherheit kann im Übrigen in der Wissenschaft niemals erreicht werden. Und als Ergebnis der Ziehung von Lottozahlen wäre auch die Zahlenfolge 1, 2, 3, 4, 5, 6 zufällig.

Die wichtigste seiner Geschichten ist für John Leslie offenbar[30] die von dem Fischer, der aus einem See mit undurchsichtig trübem Wasser einen 0,5907430 Meter langen Fisch herausgezogen hat. Gibt es hier etwas zu erklären? Zunächst nicht; irgendeine Länge muss der Fisch ja haben, weshalb dann nicht 0,5907430 Meter? Als sich nun aber erweist, dass der Fangapparat des Fischers nur Fische mit Längen zwischen 0,5907429 und 0,5907431 Meter fangen kann, ist zunächst einmal klar, dass jeder gefangene Fisch eine Länge zwischen diesen engen Abmessungen besitzen muss. Wie aber erklärt sich, dass es im See mindestens einen derartigen Fisch gegeben hat? John Leslie drängen sich zwei Erklärungen auf. Erstens die, dass im See zahlreiche Fische mit verschiedenen Längen schwimmen, von denen nur jene mit der für den Fischer günstigen Länge durch seinen Apparat gefangen werden konnten, was einem von ihnen zufällig widerfahren ist. Zweitens, und für John Leslie, nicht aber für das naturwissenschaftlich eingestimmte Publikum gleichberechtigt, kann es sein, dass eine dem Fischer wohlgesinnte Instanz Fische mit der für seinen Apparat gerade richtigen Länge in dem See erschaffen hat. Zudem kann beides zusammenkommen, die wohlgesinnte Instanz hat dann auch die Vielzahl der Fische mit ihrer Vielzahl von Längen erschaffen.

Ein Beobachter des Himmels und der Erde stelle fest, dass die Naturkonstanten und Anfangsbedingungen des Universums in engen Bereichen liegen müssen, damit es Beobachter geben kann. Dann ist selbstverständlich, dass die tatsächlichen Konstanten und Bedingungen in diesen Bereichen liegen, weil es doch ihn als Beobachter gibt. Kein Grund also, darüber verwundert zu sein? Diesem Schluss tritt John Leslie mit mehreren Geschichten entgegen, und wir folgen ihm darin. Zunächst, sagen wir, kann das Wort *selbstverständlich* je nach Vorgeschichte sehr Verschiedenes bedeuten. Das *selbstverständlich* des Beobachters, das wir anerkennen, beruht auf der Voraussetzung, dass es ihn gibt und also geben kann. Aber gerade *das* ist die Seltsamkeit, die zum Verwundern Anlass bietet und die es zu erklären gilt.

Zwei «Schimmer einer Ahnung, wie es schlüssig erklärt werden könnte», die er allein oder zusammen zu gültigen Erklärungen erhärten möchte, sieht Leslie darin, dass *entweder* eine Instanz, die Gott zu nennen er sich nicht scheut, die Konstanten und die Bedingungen, damit es intelligente Beobachter gebe, so festgelegt hat, wie sie festgelegt sind, *oder* dass es mehrere *wirklich existierende* Welten mit verschiedenen Konstanten und Bedingungen gibt, von denen nur wenige Heimstatt von Beobachtern sein können. Dieser Gott Leslies und seiner philosophischen Richtung des Neuplatonismus ist kein Designer-Gott, ja überhaupt keine Person [Leslie 1996a, S. 165], sondern ein wirksames Prinzip, das «kreativ effektiv» ist. Ich schließe mich gern der Formulierung Bernulf Kanitscheiders an, der auf S. 103 seines Buches [Kanitscheider 1995 a] den Standpunkt Leslies so beschrieben hat: «Leslie verteidigt die neuplatonische Idee, dass das Gute ein *reales* Agens ist, das eine innere Tendenz besitzt, sich im Laufe der Entwicklung des Universums zu verwirklichen. Nach diesem realistischen Verständnis von Werten können diese eine kausale Rolle im Netz der Dinge übernehmen.

Bewusstsein, Leben und Intelligenz stellen Werte dar, und diese besitzen nach Leslie eine schöpferische Eigendynamik. Deshalb wird das Universum in jene feinabgestimmte Richtung getrieben, die ein geistiges Leben ermöglicht.» Dies weist Kanitscheider entschieden zurück, und ich folge ihm darin. Er schreibt: «Alle [...] neurologischen Befunde sprechen dagegen, die Wertvorstellungen des Menschen [...] zu verdinglichen. Die chemische und elektrische Stimulationsfähigkeit des Gehirns zu emotiven Reaktionen, die Ausfallserscheinungen geistiger Leistungen bei cerebralen Läsionen, die Teilung des Selbstbewusstseins bei Durchtrennung [...] des Gehirnbalkens, alle diese Tatsachen lassen sich kaum mit einer ontologischen Entkopplung seelischer und geistiger Aktivitäten vom biologischen Träger vereinen. Werte sind danach subjektive Einstellungen des Menschen, die in den emotiven Zentren des Gehirns [...] verankert sind. Die elementaren Wertorientierungen sind als biologische Adaptionen vermutlich phylogenetischen Ursprungs. [Folglich] ist es höchst unglaubwürdig, dass Werte im Wirkzusammenhang des Universums eine Rolle übernehmen können, sei es kausal oder teleologisch-retroaktiv.» Dies wurde 1995 geschrieben. Verstärkungen, und nur sie, sind seither hinzugekommen. Dass hinter der seit Darwin im Prinzip verstandenen Evolution durch Zufall und Auswahl eine mal so, mal so benannte Vitalkraft stehen könnte, hält heute kein ernstzunehmender Wissenschaftler mehr für erwähnenswert. Dass aber hinter der Evolution kultureller Werte wie Güte, ja des Gottesbegriffs eine sie bewirkende spirituelle Kraft stehe, wird noch heute weithin, besonders in der von John Leslie vertretenen neuplatonischen Philosophie, behauptet. Dieser philosophisch/theologische Standpunkt kann aber keine naturwissenschaftliche Unterstützung für sich reklamieren. Im Gegenteil, wie mehr und mehr deutlich wird. «Menschen leben in einer Welt von Sprache, Mathematik, Geld, Regierungen, Bildung, Wissenschaft und Religion, d.h. von kulturellen Institutionen, die aus kulturellen Konventionen bestehen. Diese sozialen Institutionen und Konventionen werden durch bestimmte Formen der Interaktion und des Denkens innerhalb einer Gruppe von Menschen *geschaffen* [meine Hervorhebung] und aufrechterhalten», schreibt der Leipziger Anthropologe Michael Tomasello in seinem Buch *Die kulturelle Entwicklung menschlichen Denkens* [Tomasello 2002 a]. Wie Tomasello behandeln alle mir bekannten neueren Autoren der Naturwissenschaften die evolutionäre, von Vorgaben freie Entwicklung der Werte, der Kultur, auch der Gottesvorstellungen insgesamt als Selbstverständlichkeit, sodass sie in Publikationen nicht einmal mehr behauptet, sondern schlicht vorausgesetzt werden. Hier ein aus dem Zusammenhang gerissenes Zitat von dem Frankfurter Hirnforscher Wolf Singer auf S. 177 seines Buches [Singer 2002 a]: «Die Evolution, über welche der Mensch auf die Erde kam, und mit ihm die mentalen Phänomene…» Dies ist arg verkürzt. Mehr zum Thema mit ausführlichen Literaturangaben findet die interessierte Leserin in [Fischer und Wiegandt 2003 a]. Eindrücke der Göttlichkeit spielen eine Sonderrolle, die sich zusammengefasst und mit Literaturangaben bei [Vaas 2005 b] finden.

Ich könnte trotz sorgfältiger Wortwahl missverstanden werden und fasse deshalb meinen Standpunkt zusammen: Ich wende mich an dieser Stelle nicht dagegen, dass eine übergeordnete Instanz die Naturgesetze und die Anfangsbedingungen des Universums mit dem Ziel festgelegt hat, dass sich intelligentes, mitfühlendes, beobachtendes, einfach gutes Leben entwickeln konnte oder musste. (Für plausibel halte ich das nicht.) Wohl aber dagegen, dass für die Entwicklung des Lebens, dann auch der produktiven Intelligenz abermals und neu übergeordnete Kräfte eingegriffen haben. Was heute auch Entwicklungsphilosophen für die Phylogenese der Arten, (noch) nicht aber für die der Ideen und Werte ausschließen.

All dies ist aber nach meiner Kenntnis nirgendwo in Beziehung zu John Leslies neuplatonischem Glauben gesetzt worden. Dazu fühle auch ich mich nicht berufen und fasse unerschüttert die Diskussion so zusammen: Werte sind ein im Prinzip durch die Evolution verstehbares emergentes Produkt des menschlichen Geistes; keinesfalls aber umgekehrt, dass nämlich der menschliche Geist ein Produkt vorgegebener, ontologisch selbständiger Werte sein könnte. John Leslie will übrigens nur zeigen, dass sein neuplatonischer Standpunkt keine logischen Widersprüche aufweist.

So weit das *entweder*. Das *oder*, dass es zahlreiche aktuell existierende Welten mit sowohl lebensfreundlichen als auch lebensfeindlichen Eigenschaften gibt, nistet sich allgemach in den Herzen auch von Naturwissenschaftlern ein – notgedrungen, wie mehrere Passagen dieses Buches zeigen. Beides zusammen, dass «das Gute» zahlreichen Welten zum Zweck seiner Verwirklichung in mindestens einer zur Existenz verholfen hat, hält Leslie ebenfalls für möglich. Die Abbildung 25 veranschaulicht diese Möglichkeit.

Nun zu John Leslies dies alles erhellenden Geschichten. Erstens die in seinem Buch häufig erwähnte Geschichte des Delinquenten eines Exekutionskommandos. Das Kommando besteht aus fünfzig Mann, sie alle zielen und feuern auf ihn, aber keiner trifft. Anlass zum Verwundern? Der überlebende Delinquent ist nicht verwundert – «hätte auch nur einer getroffen, stünde ich nicht hier, um über das Erlebnis zu berichten» –, aber wir sind verwundert, wie beschrieben. Eine Bombe explodiert in Ihrem Garten, Sie überleben. Und auch einen Schlangenbiss überleben Sie. Dass Sie hierüber zu berichten wissen, überhebt die Behörden nicht der Notwendigkeit, nach Ursachen zu forschen.

Schließlich ist es legitim, danach zu fragen, ob nicht auch Welten beobachtendes Leben erlauben können, deren Naturgesetze sich nicht nur etwas, sondern radikal von den in un-

Abbildung 25: *Hat Gott, hier von Ivan Steiger als Person dargestellt, zahlreiche Welten erschaffen, von denen nur wenige, mindestens aber eine, intelligentes, beobachtendes Leben entwickeln konnten?*

serer Welt geltenden unterscheiden. Ja, das mag so sein. Wir haben bei unserer Frage nach möglichen Welten, die sich von unserer Welt unterscheiden, zwar die Parameter der Naturgesetze in Gedankenexperimenten variiert, deren Formen aber dieselben sein lassen. Denn ohne diese Einschränkung hätten sich unsere Betrachtungen ins Uferlose verloren. Mehr noch haben wir bei der Feststellung der Feinabstimmung der Parameter nur kleine Variationen betrachtet. Es genügte uns festzustellen, dass ihre tatsächlichen lebensfreundlichen Werte wie Oasen von einer Wüste lebensfeindlicher umgeben sind. Die Frage, ob sich jenseits dieser Wüste lebensfeindlicher Parameterwerte erneut Paradiese lebensfreundlicher eröffnen, mussten wir offenlassen. Konnten und durften wir das, ohne den Ausgangspunkt unserer Schlussfolgerungen ungültig zu machen, dass nur ein kleiner Bruchteil aller überhaupt möglichen Universen Leben – genauer: beobachtendes Leben – erlaubt? Wörtlich genommen nicht. John Leslie, der seinen Leser rhetorisch dieselbe Frage stellen lässt, präzisiert sie durch seine Geschichte von der *Fliege an der Wand* und zeigt, dass die von lebensfreundlichen Werten leere Nachbarschaft der tatsächlichen Parameterwerte für seine und unsere Zwecke damit gleichbedeutend ist, dass nur ein kleiner Bruchteil *aller* überhaupt möglichen Welten Leben erlaubt.

Hier die Geschichte, insofern[31] sie für das Vorangehende relevant ist [Leslie 1996a, S. 17 f, 53, 138, 158 und 162]: Eine Fliege sitzt an einer Wand, umgeben von einer großen fliegenfreien Zone. Eine Gewehrkugel trifft die Fliege. Daran, dass ein einmal ungezielt abgefeuerter Schuss die Fliege zufällig getroffen hat, wollen wir nicht glauben. (Jedenfalls nicht, wenn wir nicht wissen, dass es so war.) Dies erstens deshalb nicht, weil die Stelle, an der die Fliege sitzt, bereits vor dem Einschlag des Geschosses eben durch sie als Markierung vor allen anderen Stellen ihrer Umgebung ausgezeichnet war. Hinzu kann zweitens kommen – oder ist gar die Hauptsache –, dass eine Fliege als komplexes Wesen vor jedem Punkt einer schlichten Wand sowieso schon ausgezeichnet ist. Drittens haben wir als *Hauptgrund für den Gedanken*, dass der Treffer einer Erklärung bedarf, den *Schimmer einer Ahnung*, dass er dadurch erklärt werden kann, dass entweder ein Scharfschütze gezielt auf die Fliege geschossen hat oder dass wir das zufällige und seltene Resultat einer großen Anzahl von Schüssen vor uns haben, von denen jeweils einer auf eine Wand mit einer in ihrer Umgebung einsamen Fliege abgefeuert worden ist. Die Geschichte kann und soll nicht erklären, weshalb wir gerade diesen letzteren Fall einer an ihrer Wand getroffenen Fliege vor uns haben. Das mag das Resultat einer Durchmusterung sein oder, dem eigentlich Gemeinten näher, das Resultat einer Art Froschkönigsgeschichte, in der die Fliege durch den Treffer zum Beobachter wurde. Wie auch immer – jetzt geht es nur darum, dass es für alles bisher Gesagte und für alle möglichen Schlussfolgerungen ohne Belang ist, dass – und ob! – fern von der getroffenen Fliege eine Unzahl von ihnen an der Wand herumkriecht.

Dem Leser ist sicher die Verwandtschaft der von lebensfreundlichen Parameterwerten leeren Umgebung der tatsächlichen Parameterwerte mit Steven Weinbergs Interpretation der Notwendigkeit der Naturgesetze aufgefallen. Für ihn würde logische Notwendigkeit der Naturgesetze bedeuten, dass die Parameterwerte der die Oase der tatsächlichen umgebenden Wüste nicht nur lebensfeindlich, sondern sogar logisch ausgeschlossen sind – in ihrer logischen Umgebung sind die tatsächlichen Naturgesetze die einzig möglichen. Weinberg weiß natürlich, dass die tatsächlichen Naturgesetze nicht in dem Sinn logisch notwendig sind, dass nicht auch ganz andere widerspruchsfrei wären. Ich erinnere an die Diskussion auf S. 9 und S. 27.

Auf S. 198 von [Leslie 1996 a] fasst John Leslie die Ergebnisse seiner Überlegungen so zusammen: «My argument has been that the fine tuning is evidence, genuine evidence, of the following fact: *that God is real, and/or there are many and varied universes.* And it could be tempting to call the fact an observed one. Observed indirectly, but observed none the less.» Ich habe diese Passage nicht übersetzt, weil ich das nicht könnte, ohne meine Zweifel mitschwingen zu lassen.

10 *Die Landschaften der Stringtheorien*

Ein Teppich, von dem aus einigem Abstand eine sinnvolle Botschaft abgelesen werden kann: «Die einen jubeln, die anderen aber erschrecken zutiefst, als ein Komet, ein Unglücksbote, erscheint.» Geht man näher an den Teppich heran, erweckt er den Eindruck, einzelne verschieden gefärbte Punkte seien die Träger der Botschaft. Doch dieser Eindruck täuscht, und das zeigt ein abermals näherer Blick auf den Teppich: Was wie eine Ansammlung von Punkten aussah, ist tatsächlich ein Gewebe von Fäden.

Schauen wir nun auf das Universum und seine Theorien. Irgendwie sinnvoll scheint es uns schon zu sein, wenn wir uns mit dem Großen und Ganzen begnügen. Gegenwärtige Theorien, die uns dieses vorläufige Verständnis ermöglichen, gehen nicht tiefer als die auf einzelnen, verschieden gefärbten Punkten beruhenden Interpretationen des Teppichs von Bayeux. Genauer soll es nach Auskunft der Superstringtheorie auch in der Realität Fäden namens Strings geben, auf denen der Eindruck der Punktförmigkeit der Mikrowelt von der Makrowelt aus gesehen beruht. Elementarteilchenphysiker wissen, dass Elektronen und Quarks bis hinab zu einem Attometer – das sind, wie erwähnt, 10^{-18} Meter – strukturlos sind. Was sich hinter dieser Strukturlosigkeit verbirgt, ob echte Punktförmigkeit oder eine kleinere, noch zu entdeckende Struktur, ist unbekannt. Es kann sein, dass es unterhalb einer «Elementaren Länge» sinnlos ist, von Abmessungen überhaupt zu sprechen, weil der Raum selbst das nicht zulässt. Die Physik der Elementarteilchen und auch die Superstringtheorie, der dieses Kapitel vor allem gewidmet ist, betten ihre Objekte in einen Raum ein, auf dessen Dimensionszahl noch einzugehen sein wird, und in eine Zeit, die aus Punkten und ihren Umgebungen so aufgebaut sind, dass sie durch ein Kontinuum von Zahlen beschrieben werden können. Dies, obwohl die Vorstellung des Raumes als Hintergrund allen Geschehens mannigfacher Kritik ausgesetzt ist. Für Einstein war schließlich[32] alles am Raum mit Ausnahme von Koinzidenzen – Begegnungen von materiellen Punkten an demselben Punkt zu derselben Zeit – Illusion. Diese von der Allgemeinen Relativitätstheorie abgeleitete Auffassung berücksichtigt die Quantenmechanik nicht, die kleinen Abmessungen in Raum und Zeit große Impulse und Energien zuordnet, die etwaige Strukturen zerstören würden. Raum und Zeit der Quantenmechanik bilden dementsprechend bei kleinen Abständen eine Art Schaum. Die Vorstellung, es gebe eine Elementare Länge, kann weiterhin bedeuten, dass Raum und Zeit aus Elementen mit dieser Länge als Abmessungen aufgebaut sind wie Dünen aus Sand. Dadurch gewinnt der Raum eine körnige «diskrete» Struktur: Sinnlos ist es dann, von einem Punkt oder Augenblick innerhalb eines Korns zu sprechen; sinnvoll ist nur die Benennung des Kornes, das einem Ereignis zuzuordnen ist. Dieser Auffassung des Raumes kann nur eine Theorie gerecht werden, die es unternimmt, mit dem Geschehen Raum und Zeit selbst aufzubauen, sie also nicht als vorgegeben zu betrachten und alsdann zu manipulieren – zu krümmen, schrumpfen zu lassen und zu Schaum zu schlagen. Dies in etwa unternehmen die Theorien der Spin-Netzwerke und der Quantengeometrie ([Penrose 2004 a], [Smolin 2000 a] sowie [Vaas 2005 a]), die im Detail zu beschreiben uns zu weit von unseren Pfaden zu den multiplen Universen abbringen würde.

Ob Elementarteilchen nun ausgedehnt oder punktförmig sind, ihre Wechselwirkungen beschreiben die heutigen Theorien der Elementarteilchen jedenfalls durch die Werte der Felder aller beteiligten Teilchen an derselben Stelle zu derselben Zeit. Dadurch handeln sie sich eine mit der Unschärferelation in enger Verbindung stehende Schwierigkeit ein: Exakte Werte von Ort und Zeit lassen eine Obergrenze von Energie und Impulsbetrag der beteiligten Felder nicht zu, sodass bei Vorgabe endlicher Werte für die Eigenschaften der beteiligten Teilchen wie Massen und Stärken ihrer Wechselwirkungen sich Wahrscheinlichkeiten für Prozesse ergeben, die außerhalb des logisch allein erlaubten Intervalls zwischen null und eins liegen. Das Standardmodell der Elementarteilchentheorie vermag diese Schwierigkeit durch eine Kombination zweier Verfahren namens Regularisierung und Renormierung zu kurieren, die im Wesentlichen darin bestehen, die wirklichen «angezogenen» Teilchen und ihre Wechselwirkungen aus hypothetischen «nackten» Teilchen aufzubauen. Dieses Verfahren ist, bedenkt man seine Künstlichkeit, wegen deren es Dirac bis zu seinem Tode abgelehnt hat, überraschend erfolgreich. So erfolgreich, dass durch es Wahrscheinlichkeiten von Reaktionen des Standardmodells im Einklang mit dem Experiment prozentgenau berechnet werden konnten. Kein Zweifel auch, dass es mit einer allerdings bedeutenden Ausnahme auf alle nach den Prinzipien des Standardmodells konstruierten Theorien angewendet werden kann. Die Ausnahme: die Allgemeine Relativitätstheorie der Gravitation.

Elementarteilchen wechselwirken miteinander dadurch, dass sie Teilchen austauschen. Das Austauschteilchen der vereinigten elektrischen und magnetischen Wechselwirkungen ist das Lichtteilchen, das Photon. Dass die gleichnamigen Pole zweier Magnete sich abstoßen, erklärt die Theorie schlussendlich so, dass ständig eine Unzahl von Photonen zwischen den Polen hin- und herfliegt. Durch Photonenaustausch erklärt sie auch, dass ein mit einem Katzenfell geriebener Glasstab Papierschnitzel anzieht. Anwendung der erfolgreichen Prinzipien der Theorien des Standardmodells auf die Gravitation weist auch ihr ein Austauschteilchen zu, das zwar noch nicht nachgewiesen wurde, das aber bereits einen Namen – das Graviton – hat und von dem ständig eine Unzahl zwischen einem Stein und der Erde hin- und herwechseln sollen – mit dem Resultat, dass sie sich anziehen.

Man wird von der sich aus dieser Vorstellung ergebenden Theorie der Schwerkraft erwarten, dass auch sie ohne die Tricks der Regularisierung und Renormierung keine sinnvollen Ergebnisse wird liefern können. Tatsächlich ist es viel, viel schlimmer: Es hat sich erwiesen, dass *keine* Übertragung der erfolgreichen Methoden des Standardmodells auf eine Theorie der Gravitation sinnvolle Ergebnisse liefern kann. Grund für den Unterschied beider Theorien ist vor allem ein Unterschied einer Eigenschaft namens Spin ihrer Austauschteilchen. Was der Spin ist, lasse ich hier beiseite; der Spin der Austauschteilchen des Standardmodells ist eins, der des Gravitons zwei.

Die Schwierigkeiten einer Theorie der Gravitation à la Standardmodell haben sich so als Verschärfungen von Schwierigkeiten erwiesen, die bereits im Standardmodell auftreten, dort aber trickreich kuriert werden können, was wie festgestellt bei Theorien der Gravitation unmöglich ist. Letztlich folgen die Schwierigkeiten aus der angenommenen «lokalen» Form der Wechselwirkungen: dass zu deren Beschreibung jeweils ein Punkt in Raum und Zeit herausgegriffen und den Feldern aller beteiligten Teilchen zugewiesen wird. Wie, wenn die Teilchen in Wahrheit ausgedehnt wären und ihre Ausdehnung ihre Wechselwirkungen bestimmte? Bei Wechselwirkungen würden die Teilchen einander durchdringen, diese würden also, statt in jeweils einem den Feldern aller beteiligten Teilchen gemeinsamen Punkt stattzufinden, über die ganze Ausdehnung der Teilchen ausgeschmiert sein: Ein jeder Punkt in der Ausdehnung eines Teilchens würde dann mit allen Punkten in den Ausdehnungen aller anderen beteiligten Teilchen

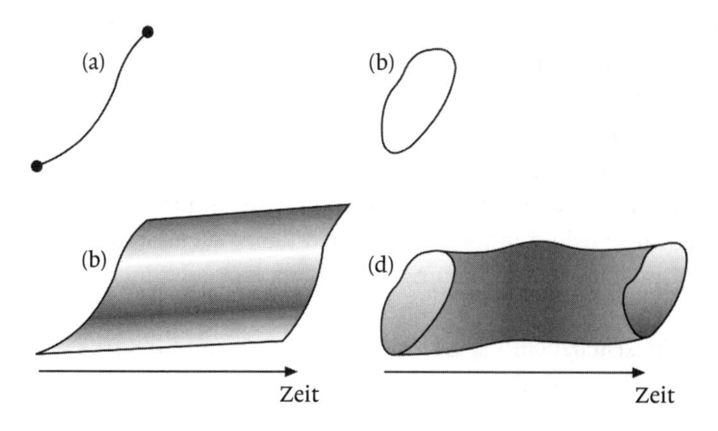

Abbildung 26: *Strings können a) offen und b) geschlossen sein. Offene Strings überstreichen im Laufe der Zeit eine Fläche c), geschlossene bilden die Oberfläche einer Röhre.*

in Wechselwirkung treten, statt nur, wie bei einer lokalen Wechselwirkung, mit demselben. «Derselbe» Punkt würde damit seine ausgezeichnete, die Schwierigkeiten der lokalen Theorien verursachende Wirkung verlieren.

Die Superstringtheorie ist eine solche Theorie. Nach einer wechselvollen Geschichte mit verschiedenen «Revolutionen», die in den siebziger Jahren des vergangenen Jahrhunderts angefangen hat, kann ihr gegenwärtiger Zustand so beschrieben werden: Die elementaren Objekte der Theorie sind schwingungsfähige Saiten, die auch im Deutschen als Strings bezeichnet werden (Abb. 26). Die Strings bestehen keinesfalls aus Elementarteilchen, sondern jedes Elementarteilchen ist als eine Schwingungsform eines Strings zu interpretieren. Das ist zunächst einmal schön anschaulich. Da die Superstringtheorie als fundamentale Theorie *h*, G und *c* enthalten muss, ist es nur natürlich, den Strings Längen im Bereich einer Planck'schen Länge zuzuweisen. Ihre Dicke ist aber null, sodass sie streng eindimensionale Gebilde sind. Von ihnen ist noch zu sagen, dass für die Konsistenz ihrer Theorie die Supersymmetrie der Physik der Elementarteilchen erforderlich ist.

Eingebettet sind die Strings der Superstringtheorie in eine Raumzeit der Allgemeinen Relativitätstheorie, die gekrümmt sein und in Raumzeiten zerfallen kann, die nur durch die Gravitation in Beziehung zueinander stehen. Ein gefeierter Triumph der Superstringtheorie ist, dass vermöge einer ihrer Konsistenzbedingungen aus ihr als erster und einziger Theorie die Dimensionszahl des Raumes folgt. Nicht aber zu drei, was ein unmittelbar einsichtiger Triumph wäre, sondern zu neun oder zehn – ein Unterschied, der vom Standpunkt dieses Buches aus gesehen schon gleich nichts mehr ausmacht. Da es unstreitig ist, dass wir in genau drei im Alltagsleben bemerkbaren räumlichen Dimensionen leben, müssen die überflüssigen irgendwie unbemerkbar gemacht werden. Hier endet jede Zwangsläufigkeit, welche die Theorie an sich besitzen mag: Wir dürfen uns vorstellen, dass manche/alle der überflüssigen Dimensionen zu unerfahrbar kleinen Gebilden zusammengeschrumpft sind und/oder, durch Abstände in überflüssigen Dimensionen von uns getrennt, aberwitzigen Wesen in zwei bis fünf Dimensionen eine Heimstatt bieten. Leben, wie wir es kennen – oder intelligentes Leben überhaupt –, kann es wohl nur in drei Dimensionen geben, sodass nicht erst das aufgetretene Leben, sondern bereits die Voraussetzung seiner Möglichkeit die Dreidimensionalität des Raumes impliziert.

Die Spannung der Strings ist die einzige Naturkonstante der Superstringtheorie. Wenn ein String überhaupt schwingt, birgt das eine so hohe, mit der Planck-Energie vergleichbare Energie, dass die uns bekannten «gewöhnlichen» Elementarteilchen wie Quarks und Leptonen als schwingungsfähige, aber nicht schwingende Strings interpretiert werden müssen (z.B. [Randall 2005a], S. 285). Die den schwingenden Strings entsprechenden weiteren Elementarteilchen mit Energien im Bereich der Planck-Energie konnten an Beschleunigern mit ihren um viele Größenordnungen geringeren Energien selbstverständlich nicht erzeugt werden.

Die Strings der Superstringtheorie können, müssen aber nicht geschlossen sein. Das Graviton, dessen Existenz sich in der ersten triumphalen Revolution der Superstringtheorie als Konsequenz ihrer Grundideen erwiesen hat, ist als geschlossener String zu interpretieren, der mangels Enden nirgends festgemacht werden kann. Als Darsteller eines Teilchens, eben des Gravitons, mit der Masse null schwingt dieser geschlossene String nicht und treibt sich zwischen und in allen Räumen, den sogleich einzuführenden *Branen* und den Räumen mit geschrumpften Dimensionen, gleichermaßen herum.

Bei den großen Energien der Planck-Skala wird die Superstringtheorie durch ihre Prinzipien mit Ausnahme des bereits erwähnten einen Parameters, der Spannung der Strings, eindeutig festgelegt. Für die Theorie sind h, G und c keine Parameter, sondern frei wählbare Konstante – sie wählt 1 für alle drei –, durch die im Verein mit der Spannung der Strings sämtliche beobachtbaren Größen ausgedrückt werden können; unter ihnen selbstverständlich die Kosmologische Konstante λ. Ist die Spannung so gewählt, dass eine Beobachtungsgröße richtig herauskommt, sollten sich aus der Theorie *alle* – alle Massen, alle Stärken von Wechselwirkungen und so weiter – richtig und gesetzmäßig ergeben. Dies jedenfalls ist der Anspruch der Superstringtheorie, als fundamentale Theorie betrachtet, und ihre Proponenten haben ab Entdeckung der Eindeutigkeit der Theorie im Jahr 1983 für einige Zeit die Ansicht vertreten, zumindest aber zugelassen, die eindeutig festgelegte Theorie habe diese eindeutig festlegbaren Konsequenzen auch für unsere wirkliche Welt bei Energien, die viele, viele Größenordnungen kleiner sind als die Planck'sche Energie, bei der möglicherweise tatsächlich alle Wechselwirkungen gleich, alle Massen entweder null oder von der Größenordnung der Planck-Masse, so auch λ, und alle neun oder zehn Raumdimensionen unendlich ausgedehnt sind. Diese Meinung ist längst zerstoben. Im April 1989 habe ich [Genz 1989 a] in einer Besprechung des schönen, zuerst 1984 auf Englisch erschienenen, der Superstringtheorie gewidmeten Buches [Davies 1987 a] Die *Urkraft* von Paul Davies die damalige Abschätzung 101 500 der Anzahl der im Wesentlichen gleichberechtigten Versionen der Theorie bei den niedrigen Energien unserer Welt wiedergegeben. Eine heutige, bereits erwähnte Abschätzung fällt mit 10^{130} geringer aus (z. B. [Smolin 2005 a]), führt aber auf dieselben Schlussfolgerungen.

Beim Abstieg von der Planck-Skala zur Skala unserer Welt muss vor allem und erstens die Zahl der räumlichen Dimensionen von neun oder zehn auf die drei der Alltagswelt reduziert werden. Zweitens müssen die Elementarteilchen die Massen erwerben, die sie tatsächlich besitzen. Drittens müssen aus der einen, einheitlichen Urkraft der Superstringtheorie die vier elementaren Kräfte unserer Welt mit ihren sehr verschiedenen Stärken entstehen. Dazu gehört notwendig eine Brechung der Supersymmetrie, die wegen λ besondere Schwierigkeiten bereitet.

Unser Verständnis der Massen und Kräfte des Standardmodells der Elementarteilchenphysik, auf das viel weiter oben eingegangen wurde, will ich nicht nochmals beschreiben. Das Graviton besitzt exakt die Masse null auch bei allen Energieskalen der Superstringtheorie. Bleiben die mit den Dimensionen des Raumes und der Kosmologischen Konstante verknüpften Fragen. Insbesondere die nach der Kosmologischen Konstante sollte eine universelle, die Gravitation einschließende Theorie wie die der Superstrings beantworten können. Aber weit gefehlt! Ich habe erwähnt, dass die Superstringtheorie die Supersymmetrie einschließt; übrigens notwendig so, wenn theoretische Schrecknisse namens Anomalien vermieden werden sollen. Also ist, wie in der supersymmetrischen Erweiterung des Standardmodells, die Kosmologische Konstante in der Superstringtheorie zunächst einmal null. Aber, wie ebenfalls bereits gesagt, die Supersymmetrie ist keine Symmetrie der Welt der Elementarteilchen mit ihren realen Massen. Also muss die Supersymmetrie gebrochen sein; unbekannt ist, wie. Diese Brechung ergibt auf jeden Fall einen Beitrag zur Kosmologischen Konstante. Dieser ist im Standardmodell unbekannt; in der Superstringtheorie, deren Energieskala die Planck'sche ist, muss auch der Brechungsterm der Supersymmetrie diese Größenordnung besitzen, sodass zu erwarten ist, dass er viel, viel,..., viel zu groß herauskommen wird. Oder es kann auch sein, dass er überhaupt nicht herauskommt, sondern dass sein Wert ein Zufallsprodukt des Abstiegs von den Planck'schen Energien zu denen der Elementarteilchen ist. Galt anfangs ihre Eindeutigkeit als höchste Ehr und Zier der Superstringtheorie, ist es heute gerade die Flexibilität dessen, was sich aus ihr bei niedrigen Energien ergeben kann, die ihr nach Ansicht mancher ihrer Proponenten zum Ruhme gereichen soll. Aber nicht aller; ein so gewaltiger Paradigmenwechsel von der Notwendigkeit der Vorhersagen einer Theorie zu deren Zufälligkeiten fällt schwer. Hören wir die – im Juni 2005 – jüngste für das allgemeine Publikum bestimmte Zusammenfassung dieser Diskussion aus dem berufenen Munde von Lisa Randall, Professorin an der Universität Harvard, in ihrem Buch [Randall 2005a] «Warped Passages» auf S. 299 (dort englisch): «Die Frage, warum die Energiedichte [des Vakuums] so außerordentlich klein ist, bildet ein vollkommen ungelöstes Problem. Einige Physiker glauben, dass keine wirkliche Erklärung möglich ist. Obwohl die [Super]stringtheorie eine einheitliche Theorie ist mit einem einzigen Parameter [...], können Stringtheoretiker sie noch nicht benutzen, um die meisten Eigenschaften des Universums vorherzusagen. Die meisten physikalischen Theorien enthalten physikalische Prinzipien, die uns zu entscheiden erlauben, welche der zahlreichen möglichen physikalischen Konfigurationen eine Theorie wirklich vorhersagen könnte. Beispielsweise werden die meisten Systeme die Konfiguration annehmen, bei der die Energie am geringsten ist. Aber dieses Kriterium reicht bei der Stringtheorie anscheinend nicht aus, weil es so scheint, als ob es Anlass geben könnte zu einer unendlichen Anzahl unterschiedlicher Konfigurationen, die nicht dieselbe Vakuumenergie besitzen – und wir wissen nicht, welche von ihnen, wenn überhaupt eine, als tiefste bevorzugt ist. Einige Stringtheoretiker machen gar nicht mehr den Versuch, eine eindeutig festgelegte Theorie zu finden. In Ansehung der möglichen Größen und Gestalten der eingerollten Dimensionen [von denen sogleich die Rede sein soll] und der unterschiedlichen Möglichkeiten, die Energie eines Universums zu wählen, kommen sie zu dem Schluss, dass die Stringtheorie nur ein Landschaftsbild entwerfen kann, dessen Beschreibung die ungeheure Anzahl möglicher Universen enthält, in denen wir leben könnten. Diese Stringtheoretiker sind nicht der Ansicht, dass die Stringtheorie die Energie des Vakuums eindeutig festlegt. Sie glauben, dass der Kosmos zahlreiche unverbundene Regionen [auch von ihnen sogleich] mit verschiedenen Werten der Vakuumenergie enthält und dass wir in dem Teil des Kosmos mit der für uns richtigen Vakuumenergie leben. [...] Diese Schlussweise hat einen Namen: das Anthropische Prinzip.» Für Lisa Randall wäre es enttäuschend, wenn das Anthropische Prinzip zur Beantwortung physikalischer Fragen benötigt würde. Damit drückt sie die Stimmungslage der Mehrzahl der Physiker aus. Aber, wie gesagt, ein Paradigmenwechsel scheint sich bei den Superstringtheoretikern vorzubereiten.

Eine frühe und wichtige Stimme hierzu ist die von Steven Weinberg in seinem Buch [Weinberg 1993a], dessen amerikanisches Original 1992 deutlich vor der Entdeckung der beschleunigten Expansion des Universums erschienen ist. Auf S. 236f der deutschen Ausgabe heißt es: «Schließlich wird man die Möglichkeit einer kosmologischen Konstante, die achtzig oder neunzig Prozent der gegenwärtigen ‹Massen›dichte des Universums beisteuert, bestätigen oder verwerfen. Eine solche kosmologische Konstante ist so viel kleiner, als nach Schätzungen der Quantenfluktuation zu erwarten wäre, dass sie mit anderen als anthropischen Gründen kaum zu erklären sein wird. Sollte eine solche kosmologische Konstante durch die Beobachtung bestätigt werden, so wird man daraus also vernünftigerweise schließen können, dass unsere eigene Existenz eine wichtige Rolle spielt, wenn es darum geht, zu erklären, warum das Universum so ist, wie wir es beobachten. Ich hoffe allerdings, dass dieser Fall nicht eintreten wird. Als theoretischer Physiker würde ich es lieber sehen, dass wir in der Lage sind, präzise Vorhersagen zu machen und nicht nur verschwommene Aussagen mit dem Inhalt, dass gewisse Konstanten in einem Wertebereich liegen müssen, der für das Leben mehr oder weniger günstig ist. Ich hoffe, dass die Stringtheorie eine echte Grundlage für eine endgültige Theorie darstellt und dass diese Theorie so viel Vorhersagekraft besitzt, dass sie allen Naturkonstanten einschließlich der kosmologischen Konstante bestimmte Werte vorschreiben kann. Man wird sehen.» Inzwischen hat man gesehen; Weinbergs Standpunkt «danach» wird auf S. 226f beschrieben. Als «anthropische Gründe» kommen für den bekennenden Atheisten Weinberg selbstverständlich nur die multiplen Universen in Betracht. Die Idee eines Designer-Universums, der er in einem Essay seines Buches [Weinberg 2001a, ab S. 230] eine entschiedene Absage erteilt hat, erwähnt er in diesem Zusammenhang nicht einmal.

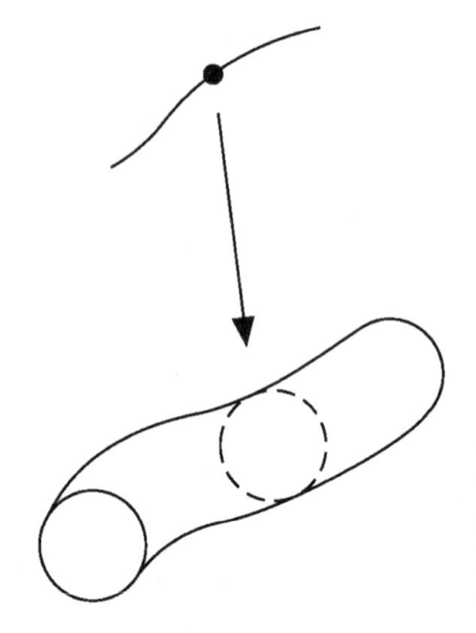

Abbildung 27: Was von fern wie ein Punkt auf einer Linie aussieht, kann sich bei näherem Hinsehen als eine Schleife um einen Schlauch erweisen.

Nun zu den Dimensionen des Raumes. Aus den neun oder zehn bei der Planck-Skala gleichberechtigten Dimensionen müssen die drei von uns bewohnten zusammen mit der Erniedrigung der Energie hervortreten. Aber wie? Kein Zusammenhang zwischen der Vakuumenergie eines Raumes und seiner Dimensionszahl, der auf unseren Raum führen könnte, ist bekannt. Also bildet die Zahl der Dimensionen unseres Raumes für die Superstringtheorie ein von der Frage nach dem Wert der Kosmologischen Konstante entkoppeltes zusätzliches Problem.

Natürlich kann es nur um die erfahrbaren Dimensionen gehen. Dass sie drei statt neun oder zehn sind, hat die Superstringtheorie zunächst nur auf einen durch seine Geschichte geadelten Prozess namens Kompaktifizierung zurückgeführt. Eingeführt worden ist die Kompaktifizierung überflüssiger räumlicher Räume im Jahr 1923 durch den schwedischen Physiker Oskar Klein, der dadurch einer Idee des Mathematikers Theodor Kaluza aus dem Jahr 1919 zur Respektabilität verholfen hat: dass die elektromagnetische Kraft als Schwerkraft in vier räumlichen Dimensionen statt der beobachteten drei verstanden werden könne. Aufgerollt zu unbeobachtbar winzigen Kreisen sollte die überflüssige Dimension sein (Abb. 27). Die Superstringtheorie hat diese Idee mit hochdimensionalen Kugeln anstelle der Kreise übernommen und konnte durch sie ihre überflüssigen Dimensionen hinwegerklären. Keine Erklärung aber wusste sie dafür, dass gerade drei ausgedehnte Dimensionen übrig geblieben sind. Auch hier hilft das anthropisch verstandene hochdimensionale Multiversum: Mal hier, mal dort konnten sich bei der Kompaktifizierung dreidimensionale Unteruniversen erhalten. Wenn, wie alsbald begründet werden soll, Strukturbildung mit intelligentem Leben als Resultat nur in drei räumlichen Dimensionen – auch mit passenden Werten der anderen Naturkonstanten, zuvörderst der Kosmologischen Konstante – möglich sein sollte, bietet sich das Anthropische Prinzip als zunächst alleinige Erklärung an.

Kompaktifizierung weist den durch sie geschrumpften Dimensionen unbeobachtbar kleine Abmessungen zu, sodass die, und nur die, nicht geschrumpften Dimensionen bei uns zugänglichen Energien in Erscheinung treten können – drei also statt neun oder zehn. Möglich ist aber auch, dass weniger als zehn Dimensionen von den übrigen dadurch abgekapselt sind, dass sie Räume bilden, die einzig durch die Gravitation mit der aus anderen Dimensionen gebildeten Außenwelt in Verbindung stehen. Genauer soll es so sein, dass von den Teilchen mit Energien weit unterhalb der Planck-Energie nur Gravitonen als geschlossene Strings nicht an einen Raum gebunden sind. Die anderen Elementarteilchen besitzen als offene Strings zwei Enden, die verhaftet an einem Raum kleben. Brane in der Einzahl, Branen in der Mehrzahl heißen, von Membrane abgeleitet, diese Einzelräume, die irgendeine

Dimension von eins bis neun besitzen können. *Klebrig* hat Brian Greene die Branen in seinem Buch [Greene 2004a] genannt, weil, wie beschrieben, die Enden der offenen Strings an ihnen kleben.

All dies verdiente natürlich, weit ausgesponnen zu werden.[33] Wichtig für unser Thema ist aber nur, dass Branen die Möglichkeit eröffnen, dass das komplette Universum tatsächlich und wirklich ein Multiversum ist mit zahlreichen «parallelen» Universen mit allerlei Dimensionen, die voneinander durch weitere Dimensionen getrennt sind. Kompaktifizierung als Prozess, der von zehn Dimensionen auf die uns zugänglichen drei führen soll, hätte auch anders verlaufen können, sodass sein tatsächliches Resultat nur eins ist unter praktisch unendlich vielen Möglichkeiten, deren jede ebendeshalb praktisch unendlich unwahrscheinlich ist. Branen, wenn es sie denn gibt, sind hingegen aktuell existierende parallele Universen, von denen unseres nur eins ist. Dass wir uns in einem befinden, dessen Eigenschaften die Entwicklung und den Erhalt von intelligentem Leben erlauben, wundert alsdann nicht. Kein «unendlich» unwahrscheinlicher Zufall hat in dem Fall auf die lebensfreundlichen Eigenschaften unserer Welt geführt, zu dessen Erklärung wir auf die Vorsehung angewiesen wären, sondern die Wahrscheinlichkeit ist groß, dass unter den «zahllosen» parallelen Universen sich eins mit lebensfreundlichen Eigenschaften befindet, in dem als einzigem wir uns entwickeln und erhalten konnten.

Die Entwicklung von Strukturen braucht Zeit und Raum, die es in einem Universum mit einer dem Betrag nach großen Kosmologischen Konstante wie beschrieben nicht geben kann: Ist sie groß und negativ, stürzt das Universum unmittelbar nach seinem Urknall wieder in sich zusammen; ist sie hingegen groß und positiv, wird es durch schnelle Expansion so ausgedünnt, dass sich ebenfalls keine Strukturen bilden können. Lebensfreundlich kann also nur ein Universum mit

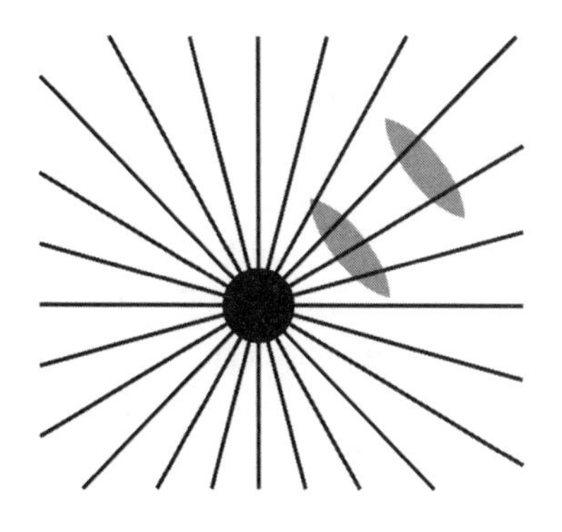

Abbildung 28: Von der Massekugel in der Mitte gehen nach allen Richtungen gleichmäßig Kraftlinien aus. Die Stärke der Kraft, mit der sie eine der ovalen Massen der Abbildung anzieht, ist zu der Anzahl der Kraftlinien proportional, die diese treffen. Die äußere von ihnen ist von dem Mittelpunkt der Massekugel doppelt so weit entfernt wie die innere. Die Abbildung zeigt, dass in der Ebene durch Verdopplung des Abstands die Anzahl der Feldlinien, welche die ovale Masse treffen, halbiert wird: Die Zahl der Feldlinien, die ein kleines Objekt trifft – und mit ihr die Kraft, die auf es einwirkt –, ist zum Abstand umgekehrt proportional. Übertragung der Abbildung in die drei Dimensionen des Raumes zeigt, dass die Kraft dort zum Quadrat des Abstandes umgekehrt proportional ist. Allgemeiner ist offenbar die Kraft zur Oberfläche einer Kugel in dem jeweiligen Raum in Abhängigkeit von ihrem Radius umgekehrt proportional, sodass in vier Dimensionen die Kraft zur dritten Potenz des Abstandes proportional ist. Dass nur der tatsächliche, den drei Dimensionen des Raumes zugeordnete Abfall der Schwerkraft stabile Planetenbahnen ermöglicht, wusste bereits Paley (S. 90).

einer Kosmologischen Konstante sein, die gemessen an der Planck-Skala zumindest nahezu null ist.

Jetzt zu der Anzahl der räumlichen Dimensionen, die für das Leben förderlich und hilfreich sind. Es gibt zahlreiche Argumente dafür, dass Leben sich nur in drei Dimensionen entwickeln und erhalten konnte. Das wohl mächtigste gegen mehr als drei Dimensionen beruht auf dem zugehörigen Abfall der Schwerkraft mit der Entfernung (Abb. 28). Dasselbe Argument spricht auch gegen weniger als drei Dimensionen, wobei die Unmöglichkeit von Leben in nur einer Dimension wohl nicht begründet werden muss. An erster Stelle der weiteren Argumente, die gegen Leben in den zwei Dimensionen der Ebene sprechen, stehen Schwierigkeiten der Vernetzung. Unser Gehirn ist ein milliardenfach vernetztes System von Milliarden Zellen, in dessen Bahnen über- und untereinander wie Autos in den Autobahnen von Los Angeles Ströme hin- und widerfließen. So etwas kann es in zwei Dimensionen offensichtlich nicht geben – wenn auch einander durchdringende Informationsströme durch Radiowellen in beliebig vielen Raumdimensionen möglich sind. Ergänzend spricht auch ein topologisches Argument gegen intelligente Lebensformen in einer anderen räumlichen Dimensionszahl als drei. Ich habe es in der Witzform kennengelernt, dass die Seefahrt drei Dimensionen erfordert. Denn in zwei Dimensionen können offenbar keine Knoten in Seile geflochten werden, und in mehr als drei kann es aufgrund eines mathematischen Theorems keine Knoten geben, die nicht durch Ziehen aufgelöst werden könnten. Die Seefahrt aber benötigt haltbare Knoten zum Festmachen ihrer Schiffe, sodass deren Erfordernisse als anthropische Argumente für genau drei räumliche Dimensionen dienstbar gemacht werden können. Ernsthafter ist, dass sich verflochtene Strukturen wie die der Moleküle des Lebens sich in einer anderen Dimensionszahl als drei entweder nicht bilden könnten oder instabil wären.

Bekannt ist vielleicht die unerfüllbare Aufgabe eines topologischen Kinderspiels (Abb. 29a), jeden Punkt von dreien (1, 2, 3) mit jedem von drei anderen (4, 5, 6) in der Ebene durch Linien zu verbinden, die einander nicht schneiden. In zwei Dimensionen ist es also bereits unmöglich, drei Punkte mit drei anderen zu vernetzen. Offenbar unmöglich ist es in der Ebene auch, Dinge durch Nägel zusammenzuhalten (Abb. 29b). Damit ihr Verdauungstrakt Lebewesen nicht in zwei Hälften unterteile, muss er eine komplizierte Gestalt besitzen (Abb. 29c). Wie weit man trotz aller Schwierigkeiten

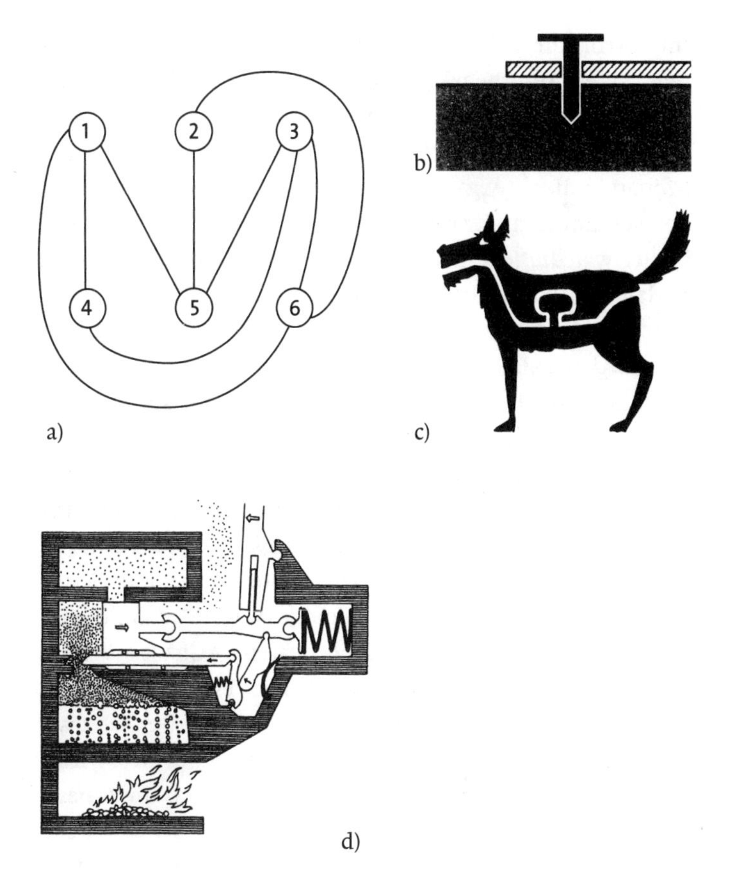

Abbildung 29: Was es mit den zweidimensionalen Analoga dreidimensionaler Objekte auf sich hat, steht im Text.

damit kommen kann, eine funktionierende Lebenswelt in zwei Dimensionen zu ersinnen, zeigt nach dem klassischen Vorbild des Buches *Flatland* von Edwin A. Abbott [Abbott 1952 a] insbesondere A. K. Dewdneys *The Planiverse* [Dewdney 2001 a], dem ich die Abbildung 29d) entnommen habe.

Bereits Einsteins Allgemeine Relativitätstheorie eröffnet

im Verein mit der Quantenmechanik, also unabhängig von der Superstringtheorie, Möglichkeiten der Existenz von mehreren Welten mit verschiedenen lebensrelevanten Eigenschaften, unter ihnen die Kosmologische Konstante. Zwei Szenarien dieser Art wurden in den frühen achtziger Jahren des vergangenen Jahrhunderts entwickelt. Ausgangspunkt beider war die Idee der Inflation. Wenn, so die Grundidee, Verlauf und Ende der Inflation von Zufällen abhängt, unter ihnen der Wert der Kosmologischen Konstante, besteht kein Grund, dass außer und neben dem Keim, aus dem sich unser riesiges beobachtbares Universum entwickeln sollte, nicht auch andere, ja zahllose Keime im Urknall entstanden sind, die sich im Allgemeinen anders entwickelt haben als unser Universum. Eins mit, sagen wir, sieben räumlichen Dimensionen, von denen vier durch Inflation gewachsen, die übrigen drei aber klein geblieben sind. Die Existenz der zusätzlichen Universen könnten wir nicht bemerken, weil sie außerhalb unseres Universums angesiedelt wären. «Chaotische Inflation» hat einer der hauptsächlichen Proponenten, der russische theoretische Physiker Andrei Linde, der jetzt als Professor an der Stanford-Universität in Kalifornien wirkt, dieses Szenario genannt, das es auch zulässt, dass unser nach allem Anschein dreidimensionales Universum zusätzliche geschrumpfte Dimensionen birgt. Warum aber hier innehalten? Wenn der Urknall einmal passiert ist, warum nicht mehrmals, immer wieder? Was spricht dagegen, dass immer mal wieder irgendwo und irgendwann im Multiversum, gern auch in unserem Teil, sich ein Urknall ereignet, aus dem jeweils ein Universum entsteht, dessen Beschaffenheit von Zufällen abhängt? «Immerwährende Inflation» heißt dieses Szenario in der Terminologie Lindes. Natürlich würde uns der Schlund eines nahebei entstandenen Universums bei Annäherung verschlingen.

Dann die Wurmlöcher im Universum, das durch sie zum

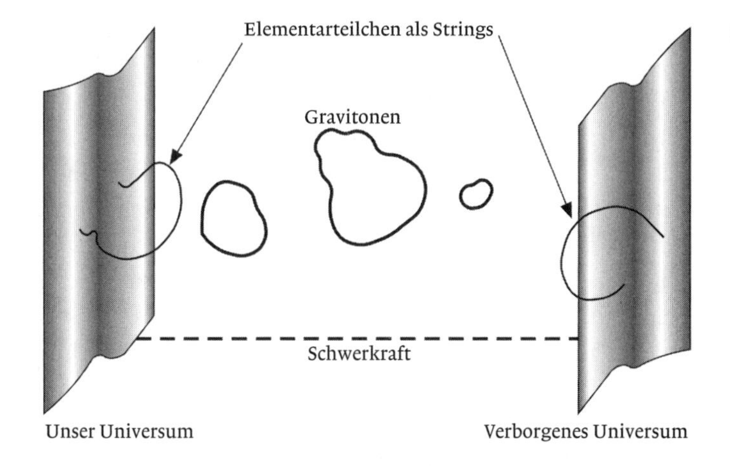

ABBILDUNG 30: *Die Abbildung veranschaulicht eine spezielle, von dem Papst der Superstringgemeinde, E. Witten, zusammen mit dem tschechischen Theoretiker P. Horava aufgefundene Möglichkeit, unser dreidimensionales Universum zusammen mit einem ebenfalls dreidimensionalen, vor uns verborgenen in eine insgesamt elfdimensionale Raumzeit einzubetten. Die von dem verborgenen parallelen Universum ausgehende Schwerkraft könnte selbst dann mit gegenwärtigen Mitteln nicht nachgewiesen werden, wenn es nur 10^{-30} Meter von uns entfernt wäre. Andere, gegenwärtig vieldiskutierte Modelle eröffnen die Möglichkeit, dass sich bereits bei Millimeterabständen Abweichungen von der drei Dimensionen angemessenen Schwerkraft zeigen. Unterdrückt ist die Möglichkeit, dass ein offener String die zwei Branen verbindet. Die Abbildung und ihre Beschreibung folgen S. 247 ff von [Webb 2004 a]. Dort kann der interessierte Leser hier unterdrückte Einzelheiten finden. Siehe auch S. 300 bis 333 von [Randall 2005 a] sowie [Vaas 2005 a].*

Multiversum wird. Die Allgemeine Relativitätstheorie lässt zu und der Raum als Schaum im Universum bis zur Planck-Zeit nach dem Urknall macht wahrscheinlich, dass Regionen im Universum entstanden und groß geworden sind, die wechselweise nur durch schlauchartige Gebilde, eben die Wurmlöcher, zugänglich sind. Wurmlöcher können hinter den Horizonten Schwarzer Löcher, auf die wir nicht eingehen konnten, beginnen und enden.

Hinter den Horizonten Schwarzer Löcher können durchaus unzugängliche Welten verborgen sein. Das eröffnet die Möglichkeit, dass sich lebensfreundliche Universen durch einen zum biologischen analogen Ausleseprozess entwickelt haben. Einmal angenommen, so der amerikanische theoretische Physiker Lee Smolin [Smolin 1999a], die Explosion eines Sterns als Supernova mit einem Schwarzen Loch als Resultat erzeugt auch ein hinter dessen Horizont verborgenes Universum. Dann wird ein Universum umso mehr Universen als Abkömmlinge erzeugen, je mehr Sterne in ihm als Supernovae explodieren. Angenommen auch, die Naturkonstanten der von einem Universum produzierten Abkömmlinge sind von Explosion zu Explosion etwas verschieden – etwa so, wie biologische Abkömmlinge durch Mutationen etwas andere genetische Eigenschaften besitzen können als ihre Eltern. Dann wird die Entwicklung von Generation zu Generation zu Universen führen, die für die Produktion einer Vielzahl von Schwarzen Löchern günstige Eigenschaften besitzen. Wenn wir nun noch bedenken, dass die für die Supernovaexplosionen günstigen Eigenschaften eines Universums auch für die Entwicklung von intelligentem Leben in ihm günstig, ja erforderlich sind, verstehen wir mit Smolin, wie sich lebensfreundliche Universen durch eine zur biologischen analoge Evolution entwickeln konnten.

So spekulativ die in diesem Kapitel beschriebenen Theorien auch sein mögen, zeigen sie doch, dass die Idee eines Multiversums zu einer festen Größe des physikalischen Weltbildes geworden ist (Abb. 30).

11 *Schlussendlich ...?*

Von Leonard Susskind, einem der Väter der Stringtheorie, stammt die Parabel [Susskind 2003a] über Tiefseefische, die ihren schmalen Lebensraum, in dem sie weder zerplatzen noch zerquetscht werden, perfekt verstehen. Allerdings mit einer Ausnahme: Sie können sich nicht erklären, warum die Temperatur immer und überall ihren für sie lebensfreundlichen Wert besitzt. Innerhalb nämlich der kleinen Spanne von null Grad Celsius – darunter, so wissen sie, kann es nur Eis statt Wasser geben – bis zu einhundert Grad, worüber es, wie sie ebenfalls wissen, statt flüssigem Wasser nur Dampf geben kann. Woher also die allgegenwärtige, gemäßigte, fischgerechte Temperatur? Die Physiker der Fische, sosehr sie sich mühten, haben keine Lösung gefunden. Wohl aber die Kosmologen (*Cod*mologen, so Susskind): Jeder Versuch, den tatsächlichen Wert der Temperatur des Universums der Fische aus ersten Prinzipien erklären zu wollen, müsse scheitern, weil es tatsächlich Welten mit Temperaturen ober- und unterhalb der fischigen Grenze gebe.

In Susskinds Parabel steht die Wassertemperatur für die Kosmologische Konstante menschlicher Physik, die mehr und mehr zum Menetekel geworden ist. An ihrem Wert drohen tiefverwurzelte Erwartungen an die Physik zu scheitern. Rekapitulieren wir: Die Forderungen nach Einfachheit (Einstein) und/oder logischer Konsistenz (Weinberg) legen für sich allein die Gesetze des Universums nicht fest. Sowohl logisch konsistent als auch einfacher als unsere ist eine Welt ohne Objekte, vielleicht sogar ohne Zeit und Raum. Newtons Welt, die sich mit Massepunkten unter dem Einfluss der Schwerkraft begnügt, ist sowohl logisch konsistent als auch einfacher als die wirkliche Welt. Um also die wirklich geltenden Gesetze abzuleiten, müssen Forderungen gestellt werden, die über die nach Einfachheit und logischer Konsistenz hinausgehen. Um etwelche Zahlenwerte von Beobachtungsgrößen kann es als Ingredienzien hierbei nicht gehen; diese sollen, wenn alles Sinn macht, aus dem Großen Schema abgeleitet werden können. Nur um Prinzipien kann es gehen, aus deren mathematischer Formulierung alsdann Zahlenwerte von Beobachtungsgrößen abgeleitet werden können.

Aber um welche Prinzipien? Das ist letztlich egal, wenn es nur Prinzipien sind. Denn Prinzipien enthalten keine Parameter, können aber Parameterwerte festlegen. Am Ende kann es nur um eine prinzipielle Forderung gehen, die zuerst Werner Heisenberg ohne größeren Anspruch an abgeschlossene Theorien gestellt, Steven Weinberg aber dann zum Kriterium «der» endgültigen Theorie überhaupt, an die er glaubte, erhoben hat: Dass es nämlich *in ihrer logischen Nachbarschaft* keine logisch konsistente Theorie gebe. Nicht einmal ihre Parameter könnten auch nur ein wenig abgeändert werden, ohne logische Absurditäten wie negative Wahrscheinlichkeiten herbeizuführen. Für eine solche Theorie hat Weinberg, wie bereits gesagt, das schöne Bild eines kostbaren Stücks Porzellan gefunden, das bei dem Versuch, es zu verbiegen, zerbricht.

Schön wäre es, wenn ich die Möglichkeit einer solchen Theorie nicht nur behaupten, sondern auch erfahrbar machen könnte. Aber es geht nicht. Symmetrien, die nur bestehen, wenn Parameterwerte übereinstimmen, die ohne sie beliebig verschieden sein könnten, reichen als stabilisierende Prinzipien nicht aus. Erfahren habe ich die Möglichkeit, eine Theorie – das hochberühmte Standardmodell der elektroschwachen Wechselwirkung der Elementarteilchentheorie – allein durch die Forderung nach ihrer logischen Konsistenz abzuleiten, durch Vorträge ihrer Proponenten, die Schritt für

Schritt neue Teilchen und Wechselwirkung eingeführt haben, bis schließlich eine logisch konsistente Theorie erreicht war.

Da es verschiedene logisch konsistente Theorien der Natur gibt und die einfachste von ihnen, dass es schlicht und im Wortsinn nichts gibt, nicht realisiert ist, ist es undenkbar, die wirklichen Naturgesetze sozusagen *a priori* herzuleiten. Für sich allein reicht selbstverständlich auch Weinbergs Kriterium der logischen Isoliertheit einer endgültigen Theorie als Forderung zu ihrer Herleitung nicht aus: Gerade die einfachste Theorie, dass es nichts statt etwas gibt, ist zwar logisch isoliert, aber falsch. Zur Herleitung hinzutreten müssen Eigenschaften der Welt, wie wir sie beobachten: Dass es *uns* gibt, ist eine solche Eigenschaft; dann, dass sowohl die Allgemeine Relativitätstheorie als auch die Quantenmechanik gelten, die in einer experimentell im Detail überprüften Theorie zu vereinigen bisher nicht gelungen ist.

Das Ziel der Physik ist seit je, die fundamentalen Gesetze der Natur herauszufinden. Was ein fundamentales Gesetz sei, ist schwer zu sagen, aber das Ohm'sche Gesetz für Strom, Spannung und elektrischen Widerstand ist sicher keins. Es folgt aus fundamentaleren Gesetzen vermöge der Umstände, unter denen sie wirken, und auch seine Gültigkeitsgrenzen sind sowohl theoretisch als auch experimentell bekannt. Aber wie steht es um Gesetze, deren Wirkungsumstände wir nicht ändern können? Nicht einmal kennen? Könnten nicht auch sie kontingente Gesetze sein, mächtig gemacht durch die Entwicklungsgeschichte unseres Subuniversums des Multiversums? Das kann so sein, und wahrscheinlich ist es so.

Das Ersinnen der endgültigen Theorie bedarf also des Inputs von der beobachteten wirklichen Welt. Zwar logisch genommen nur als Korrektiv, psychologisch aber auch als Inspiration. Da die Letztere nicht unser Thema ist, wenden wir uns dem objektiv Erreichten oder erreichbar Scheinenden zu.

Können die knapp zwanzig Parameter des Standardmodells der Elementarteilchentheorie auf nur wenige zurückgeführt werden? Vielleicht, wie wir gesehen haben. Kann dasselbe auch für die Parameter der Kosmologie glücken? Vielleicht, mit der Kosmologischen Konstante Einsteins und ihren Surrogaten als einziger, aber überragend wichtiger Ausnahme.

Einhundertundzwanzig Größenordnungen größer als ihr experimentell größtmöglicher Wert ist der Beitrag der Quantenmechanik zu der Kosmologischen Konstante, die Albert Einstein eingeführt, dann aber als unnötig verworfen hat. Ist die Kosmologische Konstante positiv, wirkt sie der Schwerkraft entgegen und ermöglicht ein Universum, das weder wächst noch schrumpft, wohl aber instabil zwischen den beiden Möglichkeiten verharrt. Ein Universum, das entgegen der Schwerkraft mit abnehmender Geschwindigkeit expandiert, bedarf keiner Kosmologischen Konstante, welche die Expansionsgeschwindigkeit sowohl vergrößern als auch verringern kann. Beschleunigte Expansion hingegen, wie sie empirisch unabweisbar auftritt, bedarf einer positiven Kosmologischen Konstante – wobei wir, hoffentlich nicht glücklos, Alternativen, die in diesem aktuellen Forschungsgebiet hervorgetreten sind, nicht beachten.

Unabweisbar ist also, dass nicht die Quantenmechanik allein den wirklichen Wert der Kosmologischen Konstante festlegen kann. Aber können wir hoffen und glauben, dass eine zukünftige Theorie dies bewirken wird? Wäre die Konstante null, wie jahrzehntelang im vergangenen Jahrhundert angenommen werden durfte, bestünde Hoffnung auf die Entdeckung eines Prinzips, welches als Summe aller Beiträge eben diesen Wert erzwingt. Aber die Summe ist nicht null, sondern nur um, sagen wir, 118 Größenordnungen kleiner als der quantenmechanische Wert, sodass es eines Mechanismus bedarf, vermöge dessen 118 Stellen hinter dem Komma des Beitrags der Quantenmechanik zur Kosmologischen

Konstante durch andere Beiträge aufgehoben werden – die wenigen restlichen aber nicht.

Der von null verschiedene, ihren quantenmechanischen Erwartungswert aber um 118 Größenordnungen unterbietende tatsächliche Wert der Kosmologischen Konstante hat die Erwartungen der Kosmologen und auch der Physiker an die endgültige Theorie des Universums entscheidend modifiziert. Zwei Seelen wohnen besonders in Steven Weinbergs Brust, der sowohl als Elementarteilchenphysiker als auch als Kosmologe hervorgetreten ist. Grundsätzlich, als Elementarteilchenphysiker, strebt er die Erklärung aller gültigen Naturgesetze mitsamt der in ihnen auftretenden Naturkonstanten durch ein endgültiges Naturgesetz an, das Prinzipien genügt, deren höchstes ist, dass sich in der logischen Nachbarschaft eben dieses Gesetzes kein anderes, ebenfalls logisch mögliches befindet. Logisch möglich mögen beliebig viele andere Gesetze sein – und sind das auch –, aber sie sind von dem tatsächlich gültigen nicht nur durch Zahlenwerte getrennt, die ein wenig anders wären als die tatsächlichen.

Da das endgültige Gesetz seine logische Isoliertheit vermutlich mit anderen möglichen, aber nicht realisierten Gesetzen teilt, kann auf seine Ableitung ohne Bezug auf die real existierende Welt nicht gehofft werden. Aber kann es, Ableitung hin oder her, überhaupt ein solches Gesetz «aus feinem Porzellan» geben? Steven Weinberg, auf den wir uns hier abermals beziehen und den wir interpretieren, hofft, dass es so sei, muss als Kosmologe aber zugeben, dass der zwar endliche, in Ansehung der Quantenmechanik aber unendlich kleine Wert der Kosmologischen Konstante nur anthropisch erklärbar zu sein scheint.

Nur der Wert dieser Naturkonstante? Das ist zumindest Weinbergs Annahme. Ihr stehen Einschätzungen gegenüber, die darauf hinauslaufen, dass zwei, drei, neun, achtzehn oder gar mehr fundamentale Zahlen nicht anders als anthropisch erklärt werden können. Wir wollen aus Gründen der Ökonomie nur Weinbergs Annahme als Repräsentanten der ganzen Klasse von Einschätzungen mit mehreren nur anthropisch zu erklärenden Naturkonstanten diskutieren.

Die Kosmologische Konstante ist die einzige Naturkonstante, die Beiträge sowohl aus dem Bereich der Allgemeinen Relativitätstheorie als auch der Quantenmechanik empfängt. Beide Beiträge mögen auf dem fundamentalen Niveau einer Theorie, die Quantenmechanik und Allgemeine Relativitätstheorie vereinigt, in einer notwendigen Beziehung zueinander stehen, aber darauf deutet gegenwärtig rein gar nichts hin. Auch die Stringtheorien weisen der Kosmologischen Konstante keinen bestimmten Wert zu. Wie bereits gesagt, würde der mit unserer Existenz bestens vereinbare Wert null der Konstante zu der schönen Hoffnung berechtigen, dass die Summe aller Beiträge aufgrund eines noch unbekannten Prinzips verschwindet. Aber doch nicht ein endlicher Wert, der um 118 Größenordnungen kleiner ist als der quantenmechanische Beitrag für sich allein!

Als Maßstab für den Wert der Kosmologischen Konstante kann die gegenwärtige Massendichte im Universum dienen. Auch sie steht für eine Massen- oder – gemäß $E = mc^2$ – Energiedichte im Universum; die des leeren Raumes ohne manifesten Energieinhalt. Wenn das Universum expandiert, wird die manifeste Energie ausgedünnt, während die durch die Kosmologische Konstante beschriebene Energie*dichte* des leeren Raumes ungeändert bleibt. Da diese, wie erklärt, zu einer abstoßenden Kraft führt, die der Anziehung der manifesten Energie durch die gewöhnliche Gravitation entgegenwirkt, impliziert die Galaxienbildung im frühen Universum, dass ihre abstoßende Kraft zu dieser Zeit nicht so groß gewesen sein kann, dass sie die Galaxienbildung verhindert hätte. Weinberg konnte 1987 zeigen, dass die Kosmologische Konstante die Bildung von Galaxien vor Milliarden Jahren verhindert hätte, wäre sie – dieselbe zu allen Zeiten! – größer, als die Dichte manifester Energie zu jener Zeit gewesen ist; ein durchaus plausibles Resultat. Heute ist diese Dichte um den Faktor 200 gefallen, sodass das Vorhandensein der Galaxien zeigt, dass die Kosmologische Konstante um diesen Faktor kleiner sein muss als die heutige Dichte manifester Masse oder Energie – ob sichtbar oder unsichtbar!

Ohne Galaxien kein Leben, wie wir es kennen, sodass diese Obergrenze auch dadurch «anthropisch» begründet werden kann, dass es uns gibt. Diese Verwendung eines anthropischen Arguments hat selbstverständlich keine geheimnisvolle Nebenbedeutung: Es fasst «uns» einfach als Messinstrumente wie andere auf; etwa so, wie wir Messinstrumente sind, von denen eine Obergrenze für die durch den noch immer hypothetischen Protonenzerfall induzierte Radioaktivität abgelesen werden kann. Anders ist es, wenn zur Begründung der Werte fundamentaler Konstanter vermeintlich notwendige Bedingungen intelligent beobachtenden Lebens überhaupt herangezogen werden. Dies ist bei nahezu allen prominenten Beispielen verwegen; wissen wir doch nicht, welche anderen bewussten Lebensformen unter veränderten Bedingungen möglich sind. Auch ist die Enge des Korridors lebensfreundlicher Werte nicht so überzeugend dargelegt worden, wie nahezu immer, so auch hier unterstellt wird. Zweifel hat insbesondere Weinberg [Weinberg 199 a] unter Berufung auf [Livio et. al. 1989 a] für das Paradebeispiel – ja, das einzige Beispiel – einer anthropischen *Vorher*sage, die Kohlenstofferzeugung in Sternen[34] (S. 107), angemeldet. Die Kosmologische Konstante spielt hier die Sonderrolle, dass ein Universum, in dem sie einen sehr großen positiven oder negativen Wert besäße, zweifelsohne kein Leben hätte hervorbringen können. Seine Lebensdauer wäre dafür zu kurz gewesen. Entweder weil es bei negativer Konstante, will sagen anziehender Kraft, in zu kurzer Zeit wieder zusammengestürzt oder bei positiver Konstante, also abstoßender Kraft, auseinandergeflogen wäre. Wir setzen hier als selbstverständlich voraus, dass das Leben sich im Universum entwickelt hat, nicht mit ihm entstanden ist.

Wenn die Zahlenwerte von Naturkonstanten in enge lebensfreundliche Intervalle fallen, kann das schlicht Zufall sein. Aber die Frage nach einer Ursache drängt sich auf. Dabei kann es nicht nur darum gehen, wie wahrscheinlich oder unwahrscheinlich ein gewisses Ergebnis ist. Nehmen wir eine Lotterie mit 1000 Losen, von denen genau eins gewinnt. Dass John Leslie, von dem dies Beispiel stammt, als Besitzer eines Loses gewinnt, besitzt die Wahrscheinlichkeit 1/1000. Wenn er gewinnt, wird man sich auf die Frage, warum *gerade er* gewonnen hat, mit der Antwort zufriedengeben, dass er Glück hatte – einer musste ja gewinnen. Genauso wäre es, wenn nicht nur 1000, sondern 1000 · 1000 · 1000, das ist eine Milliarde, Lose ausgegeben worden wären – die Wahrscheinlichkeit wäre zwar nur eins zu einer Milliarde, aber zu erklären gäbe es weiterhin nichts. Gesetzt nun, statt der einen Lotterie wurden drei veranstaltet, jede mit 1000 Losen, und das Los von John hätte jedes Mal gewonnen. Die Wahrscheinlichkeit dafür ist zwar dieselbe (eins zu einer Milliarde) wie bei der Lotterie mit einer Milliarde Losen, aber wir würden doch nach einer anderen Erklärung suchen als der, dass John schlicht Glück gehabt hat – je nach Stimmung und Temperament würden wir Schummelei oder eine gute Fee für Johns dreimaligen Gewinn verantwortlich machen. Wenn nun noch bekannt wird, dass Johns Schwester die Veranstalterin der Lotterien war, wird das wohl auch den Staatsanwalt interessieren.

Das Multiversum als Anfangsverdacht der Physik zur Erklärung der lebensfreundlichen Eigenschaften unseres Universums hat sich zu mehr als einem Verdacht dadurch erhärtet, dass sich Theorien bewähren, zufolge deren der Urknall, der unser Universum hervorgebracht hat, nur als eine unter vielen spontanen quantenmechanischen Fluktuationen verstanden werden kann, die unabhängige oder verschachtelte Universen – insgesamt das Multiversum – mit unterschiedlichen Gesetzen hervorbringen. Den Details haben wir zwei Kapitel gewidmet. Es ist, wie bereits in der Einleitung hervorgehoben, die kreative Kraft der Quantenmechanik, die das Hervortreten von Universen unabdingbar macht: Die Quantenmechanik erzwingt, allgemein gesprochen, dass es etwas statt nichts gibt (S. 28 f). Denn wenn sie gilt, muss es Schwankungen geben und damit ein vages «Etwas». Das ist selbstverständlich kein Beweis, dass die Quantenmechanik gilt, weil die Betrachtung ja gerade das voraussetzt. Wären und blieben die Naturgesetze nach jedem Urknall dieselben, wären alle Universen identisch und erlitten dasselbe Schicksal, würden kurzlebig oder langlebig sein, inflationär auf Riesenausmaße wachsen oder klein wie Atome bleiben. Aber so ist es nach den gegenwärtig besten Theorien nicht, und gerade daraus bezieht das Konzept des Multiversums seine erklärende Kraft. Natürlich ist es ontologisch verschwenderisch, zur Erklärung eines – unseres – Universums die Existenz unzähliger Universen anzunehmen, von denen weder wir noch unsere spätesten Nachfahren jemals direkte Kunde erlangen werden. Sieht man aber statt auf die Objekte auf die Naturgesetze, so ist diese Annahme so ökonomisch wie überhaupt möglich: Hinter allen Beobachtungsgrößen steht ein endgültiges Gesetz, das diese Größen aber nicht festlegt, sondern sie einer zufälligen Entwicklung überlässt.

Schneekristalle können als erläuterndes Beispiel[35] dienen: Sie alle besitzen Sechsecksymmetrie, aber keine zwei gleichen einander. Das Gesetz ihres Aufbaus aus Wassermolekülen erzwingt die Sechseckstruktur; das Aussehen aber einer einzelnen Schneeflocke innerhalb dieses Rahmens hängt von Zufällen bei ihrer Bildung ab, also von der lokalen Feuchtigkeit, der Temperatur und vielem anderen. Vielfalt innerhalb des Rahmens, den ein fundamentales, endgültiges, unabänderliches Gesetz vorgibt, ist das gemeinsame von Universen und Schneeflocken bei dieser Analogie. Die Einzelheiten der Abkühlung eines Universums nach seinem Urknall legen seine Naturkonstanten fest.

Man sage nicht, das Konzept des Multiversums als Erklärung der lebensfreundlichen Eigenschaften unseres Universums sei unwissenschaftlich, weil es nicht widerlegt werden könne. Selbstverständlich, und wie gesagt, ist ein Test nach der Methode «fahr hin und sieh nach» unmöglich. Aber wie stets in den Naturwissenschaften ist es auch hier das Gesetz als Ganzes, das durch Tests seiner überprüfbaren Vorhersagen überprüft wird. Bewährt es sich bei ihnen, verleiht das auch seinen unüberprüfbaren Unterstellungen Glaubwürdigkeit. Als eindrückliches Beispiel kann die in allgemeinen Diskussionen immer wieder behauptete prinzipielle Sinnlosigkeit der Frage dienen, was «vor dem Urknall» gewesen sei. Wie naturwissenschaftliche Einzelfragen überhaupt muss auch diese außerhalb der Theorie, der sie angehört, keinen rechten Sinn besitzen. Innerhalb ihrer aber sehr wohl, sodass jeder Test der Theorie auch eine Bewährungsprobe für die Antwort darstellt, die sie auf die vermeintlich sinnlose Frage gibt. Solch eine Theorie könnte beispielsweise darin bestehen, dass vermöge einer zeitlosen Form der Quantenmechanik Universen mit ihrer speziellen Zeit entstehen und vergehen. Macht nun eine solche Theorie erfolgreich überprüfte Vorhersagen über eine Klasse von Universen, denen das unsere angehört, so verleiht dieser Erfolg der ganzen Theorie Glaubwürdigkeit und damit auch der Aussage, dass – von uns aus gesehen – vor aller Zeit eine zeitlose Form der Quantenmechanik Bestand gehabt habe.

Doch tatsächlich sind direktere Tests des anthropischen Ursprungs von Naturkonstanten als die der Überprüfung noch hypothetischer Gesetze, in die sie eingebettet sind, denkbar. Nehmen wir noch einmal die Kosmologische Konstante. Unser Leben erlaubt sie, wenn sie, wie bereits gesagt, höchstens um den Faktor 200 oder so größer ist als die gegenwärtige Dichte manifester Materie und Energie in unserem Universum. Ihr tatsächlicher Wert ist wesentlich kleiner, indem er mit der gegenwärtigen Dichte von manifester Materie und Energie nahezu übereinstimmt (Abb. 20). Kein Problem, sind wir zunächst versucht zu sagen. Aber genauer genommen haben wir uns mit einem um einen so großen Faktor unter der anthropischen Obergrenze liegenden Wert unser Anfangsproblem in einem neuen Gewand wieder eingehandelt. Das Problem nämlich, dass die Forderung nach einem lebensfreundlichen Wert der Kosmologischen Konstante hiermit in einem Maße übererfüllt ist, dass sie zur Erklärung nicht taugt; ja dass sie als alleiniger Grund für den Wert der Kosmologischen Konstante versagt hat, deren anthropische Theorie durch den kleinen Wert gar widerlegt ist.

Wir halten fest, dass Übererfüllung einer Forderung diejenige Theorie als erklärende widerlegt, auf der sie beruht. Dies in dem Sinn, dass sie als Theorie des beobachteten Effektes nicht ausreicht. Ein zweites Beispiel, bei dem – anders als bei der Kosmologischen Konstante – tatsächlich Hoffnung besteht, den tatsächlichen Wert, der weit abgeschlagen unter dem anthropisch höchstens erlaubten liegt, durch eine im eigentlichen Sinn physikalische Theorie zu erklären. Ich meine den Kehrwert der Lebensdauer des Protons, wobei ich den Kehrwert statt der Lebensdauer selbst nehme, um weiterhin von einer anthropischen Ober- statt Untergrenze sprechen zu können. Zur Erinnerung (Abb. 17): Kann das Proton zerfallen, führt das auf eine allgegenwärtige, «in unseren Knochen spürbare» Radioaktivität, die Leben dann unmöglich machen würde, wenn dieser Kehrwert oberhalb einer Schwelle liegen würde, die einer Lebensdauer von 10^{16} Jahren entspricht –

das ist eine Million Mal das heutige Alter der Welt. Die tatsächliche, noch unbekannte Lebensdauer des Protons ist um mindestens etwa 16 Größenordnungen größer, sodass auch hier die anthropische Obergrenze zur Erklärung bei weitem nicht ausreicht. Eine weitere Theorie wird also zur Erklärung der langen Lebensdauer des Protons gebraucht – eine Theorie der Elementarteilchen, die am besten den tatsächlichen, noch zu ermittelnden Wert festlegen wird. Anders als bei der Kosmologischen Konstante ist ein endlicher, also von null verschiedener Kehrwert der Lebensdauer, die dann endlich wäre, aufgrund unserer vorläufigen Theorien zu erwarten. Ist die physikalische Theorie der Lebensdauer des Protons gefunden, erfüllt diese nebenbei auch die durch das Leben gesetzte Grenze, womit die anthropische Theorie der Lebensdauer des Protons endgültig ad acta gelegt sein wird.

Wenn die anthropische Obergrenze des Wertes einer Naturkonstante um einen riesigen Faktor unterschritten wird, erweckt das also begründete Zweifel daran, dass das anthropische Argument der einzige und wahre Grund für den tatsächlichen Wert sei. Andererseits ist auch nicht zu erwarten, dass der tatsächliche Wert gerade soeben unterhalb der anthropischen Obergrenze liegt. Zu erwarten ist vielmehr, dass dieser unser Wert typisch ist für die ganze Klasse von Universen, die Leben erlauben, die also Zahlenwerte der Konstanten unterhalb der Grenze aufweisen. Zum Test der anthropischen Theorie eines Zahlenwertes gilt es also, denjenigen herauszufinden, der für ein durchschnittliches Universum, *das aber Leben erlaubt*, zu erwarten ist. Es ist die Voraussetzung eines unser Leben erlaubenden Universums, die bei dieser Abschätzung gemacht werden kann und muss, weil es ein empirisches Faktum ist, dass es uns gibt. Für die Kosmologische Konstante hat Weinberg diese Abschätzung durchführen können und gefunden, dass ihr für ein durchschnittliches Universum mit Leben zu erwartender Wert um einen viel kleineren Faktor als 200 größer ist als ihr tatsächlicher Wert. Genauer gibt Weinberg eine Wahrscheinlichkeit von 5 bis 12 Prozent dafür an, dass wir uns in einem Universum befinden, dessen Urknall eine Kosmologische Konstante hervorgebracht hat, die für nicht mehr als den jetzigen Anteil ihrer Energiedichte an der gesamten Energiedichte unseres Universums ausreicht. «Anders gesagt», so Weinberg, «scheint die von unserem Urknall hervorgebrachte Energie des leeren Raumes zu klein, aber nicht unvertretbar klein zu sein. Anthropische Erwägungen können daher sowohl das alte als auch das neue Problem der Kosmologischen Konstante lösen.» Zur Erinnerung (S. 179): Das alte Problem ist, dass die aufgrund der Quantenmechanik erwartete Kosmologische Konstante um 120 Größenordnungen größer sein muss, als Beobachtungen erlauben. Das neue Problem, dass sie ungefähr mit der heutigen Dichte der manifesten Energie und Materie übereinstimmt. «Klein ist die Kosmologische Konstante», so Weinberg mit Koautoren anderswo, «also nicht wegen eines physikalischen Prinzips, das sie in allen Universen klein machen würde, sondern weil nur in Universen, in denen sie klein ist, es jemanden geben kann, der sie misst.» Ist dies die endgültige Antwort auf das Problem der Kosmologischen Konstante, hat die Physik ihren Traum, dass physikalische Prinzipien die endgültige Theorie mit allen Naturkonstanten festlegen, ausgeträumt.

12 *Coda: Das kreative Universum*

Im Großen und Ganzen ist die Welt so beschaffen, dass sich irgendwann und irgendwo Bedingungen herausbilden konnten, die zuerst die Entwicklung von Leben überhaupt und alsdann von intelligentem, bewusstem und beobachtendem Leben ermöglicht haben. Wäre das nicht so, wir wären nicht hier. Kann aber auf einer oder gar allen dieser Stufen, die von den Parametern des Universums über lokale Bedingungen und das Leben überhaupt zu intelligenten und bewussten Beobachtern geführt haben, ein starkes «Muss» an die Stelle des schwachen «Kann» treten? Absehen müssen wir bei dem Versuch, eine Antwort zu finden, von unserer speziellen menschlichen Verwirklichung eines intelligenten und bewussten Beobachtertums – «haarlos und mit aufrechtem Gang, mit jeweils fünf Fingern an zwei Händen, die wir Englisch oder Französisch sprechen und Tennis oder Schach spielen» ([Dennett 1997a], S. 73) – sowie von dem Wasser und der Luft, die wir zum Leben brauchen. Wir wollen auch nicht noch einmal fragen, ob die Parameter des Universums zufällig oder notwendig so sind, wie sie sind – und was Notwendigkeit dieser Parameter überhaupt bedeuten könnte. Zufällig könnten die Parameter unserer Welt dadurch sein, dass sie ein Abglanz wären von notwendigen Werten, die sie in anderen, höherdimensionalen Welten besäßen, von denen unsere Welt selbst ein Abglanz wäre – zwar zufallserzeugt, aber dadurch ausgezeichnet, dass sie Leben ermöglichen und mit ihm dieses Buch und den Leser, der gerade jetzt diese Passage liest. Wenn so, besteht keine Hoffnung, die Parameter unserer Welt auf «Erste Prinzipien» welcher Art auch immer zurückzuführen.

Beispielsweise die Stärke des Abfalls der Schwerkraft mit der Entfernung. Schon Paley wusste, dass diese Stärke im Großen so sein muss, wie sie ist, damit Leben möglich sei. Seither hinzugekommen ist die Erkenntnis, dass die Dimensionszahl des Raumes die Stärke festlegt. Mit der Dimensionszahl wäre also auch die Stärke des Abfalls ein Zufallsprodukt.

Die Form der Naturgesetze können wir nicht in Frage stellen, ohne uns ins Uferlose zu verlieren. Notwendigkeit setzt ein, wenn auch ihre Parameter festgelegt sind – aus welchen Gründen auch immer. Wieder und wieder haben wir gesehen, dass die tatsächlichen Parameterwerte, die unser Leben ermöglichen, in einer winzigen Oase von Werten liegen, die ebenfalls intelligentes, bewusstes und beobachtendes Leben ermöglichen. Umgeben ist diese Oase mit ihren Ausläufern von einer Wüste von Werten, deren Verwirklichung bereits die Entwicklung von Leben ermöglichenden lokalen Bedingungen verhindert hätte und weiter verhindern würde.

Dies, und nicht das präzise – wenn auch verbesserungswürdige – Funktionieren beispielsweise der Augen, ist die «hohe Präzision», die Naturwissenschaftler meinen, wenn sie sie als Vorbedingung intelligenten Lebens anführen. Manche Glaubensvertreter hingegen, indem sie im Trüben lassen, was genau sie meinen, wenn sie sich auf die tatsächliche «hohe Präzision» des Lebens für ihre Thesen berufen, erwecken im Effekt und wohl auch gewollt den Eindruck, dass die funktionelle Präzision des Lebens im Detail ohne einen Designer-Gott, der eben hieran mitgewirkt hat, nicht habe hervortreten können. Wohl in dem Vorgefühl, dass jede Nennung eines bestimmten wissenschaftlich (noch) unerklärten konkreten Sachverhalts durch dessen nachfolgende Erklärung ad absurdum geführt werden könnte, vermeiden sie nach Möglichkeit derartige Nennungen. Nur ein kurzes Wort hier zu den Kreationisten, die uns glauben machen wollen, die Bibel habe im

Wortsinn recht und die Welt sei vor sechstausend Jahren in sechs Tagen erschaffen worden – komplett mit allen, alsdann nur scheinbaren Gebrauchs- und Vergangenheitsspuren. Das kurze Wort: Vertreter von *Intelligent Design* haben bei diversen Gelegenheiten den Vorwurf zurückgewiesen, sie seien Kreationisten – ein Vorwurf, den niemand erhoben hatte. Ob ausgesprochen oder unausgesprochen, beiden gemeinsam ist die These, dass die Welt sich nicht autonom aus einem vielleicht gottgegebenen Anfangszustand durch Zufall und Notwendigkeit entwickelt habe, sondern dass wir unser Dasein göttlicher Steuerung im Detail verdankten.

Aber mussten sich bei Vorgabe der Parameter des Universums, wie sie nun einmal sind, lebensfreundliche Bedingungen irgendwo und irgendwann ausbilden? Ich denke, dass das so ist. Nicht deterministisch genau diese oder jene, sondern zufällig irgendwelche, die Leben ermöglichen. Das Besondere an den Parametern des Universums ist ja nicht, dass sie deterministisch dieses oder jenes festlegen – das mag so sein, aber wir können es nicht wissen –, sondern dass sie Zufälle zulassen, die irgendwann und irgendwo auf erstens lebensfreundliche Bedingungen, dann zu etwelchem Leben und schließlich zu intelligentem, bewusstem und beobachtendem Leben führen müssen.

Deterministische makroskopische Gesetze, die durch mikroskopische Zufälle verstanden werden können, kennt die Physik zur Genüge; man denke nur an die Gasgesetze. Irrelevant für das deterministische Ergebnis der Molekülbewegungen ist, ob diese tatsächlich auf Zufällen beruhen oder auf deterministischen Gesetzen, die wie Zufälle wirken. Dass ihr Ursprung für ihre Konsequenzen irrelevant ist, gilt für die hier gemeinten kreativen Zufälle genauso wie für die der Molekülbewegungen. Ob sie echte irreduzible Zufälle der Quantenmechanik sind oder gemeine Zufälle der nicht-quantenmechanischen Physik, die nur deshalb als Zufälle durchgehen, weil wir ihre gesetzmäßige Ursache nicht kennen (können), mag dahingestellt bleiben. Jedenfalls sind die Zufälle, die wir meinen, kreativ: Während die Gültigkeit der Gasgesetze nicht davon abhängt, wie die zufälligen Bewegungen der Moleküle jeweils beschaffen sind, hängt das makroskopische, die weitere Entwicklung sichtbarlich beeinflussende Ergebnis eines kreativen Zufalls gerade davon ab, welche von verschiedenen, nach allem Anschein gleichberechtigten Möglichkeiten durch ihn zufällig realisiert worden ist. Wenn ein armer Schlucker zufällig den millionenschweren Jackpot knackt, eröffnen sich ihm kreativ zahlreiche Möglichkeiten. Wenn aber nicht, dann nicht.

Damit das nicht verloren gehe, sei noch einmal gesagt, dass es kreative Zufälle nur deshalb geben kann, weil die Parameter des Universums sie erlauben. Bereits wenig verschiedene Parameter würden das nicht. Mit ihnen würde das Universum entweder in dem strukturlosen Chaos des Urknalls verharren oder aber sich deterministisch versteifen. Entweder kein kalter Himmel, der die bei Strukturbildungen notwendig erzeugte Wärme aufnehmen kann, oder die Starre Schwarzer Löcher. Es ist die unermessliche Vielzahl der von den tatsächlichen Parametern des Universums zugelassenen Zufälle, die in einer Art *Diffuser Kausalität* Konsequenzen dieser Art irgendwann und irgendwo erzwingen. Erfährt das Universum doch von jedem seiner Punkte aus gesehen dieselbe Expansion, sodass es in jedem Punkt ein «Jetzt» als den Zeitpunkt gibt, in dem das ihn umgebende beobachtbare Universum 13,7 Milliarden Jahre alt und 30 Milliarden Lichtjahre groß ist. Immense Größe im Verein mit immensem Alter des Universums und eine beidem entsprechende Vielzahl von Zufällen muss geradezu zwangsläufig darauf führen, dass sich intelligentes, bewusstes und beobachtendes Leben ausbildet – wenn die Parameter des Universums dies überhaupt erlauben.

Beginnend mit dem Urknall, hat das Universum niemals aufgehört, kreativ zu sein. Erst höchstes Kuddelmuddel, dann inflationäre Expansion, abermals Kuddelmuddel, die Trennung alsdann von Materie und Strahlung, die Entstehung von Galaxien, Sternen, Planetensystemen und dem kalten Himmel, der die heißen Abfallprodukte der sich bildenden Strukturen aufnimmt. Bedürfen wir zum Verständnis dessen und der späteren Entwicklung intelligenten, bewussten und beobachtenden Lebens etwelcher Wunder, die über das Wunder des Anfangs hinausgehen? Ich denke nicht. Zwar stehen uns noch nicht alle Details naturwissenschaftlich klar und deutlich vor Augen, aber die Betonung muss auf *noch nicht* liegen. Ein Designer-Gott, der mehr bewirkt haben sollte, als das Universum mit seinen Parametern im Urknall angeknipst und es dann sich selbst überlassen zu haben, müsste für immer ein Lückenbüßergott bleiben.

Die Idee, dass der Schöpfergott, an den er glaubte, die Welt nicht sich selbst überlassen könne, sondern zu deren Erhalt wie ein Ingenieur im Ruhestand gelegentlich eingreifen müsse, hat aus guten wissenschaftlichen Gründen Isaac Newton vertreten. Newton musste die Welt aufgrund seiner Gleichungen und seiner Vorstellung, das Universum sei statisch, für so instabil halten wie ein Arrangement von Nadeln, die auf ihren Spitzen stehen. Um den Zusammenbruch des Universums zu verhindern, muss Gott laut Newton von Zeit zu Zeit in den ansonsten automatischen Ablauf eingreifen – wie ein, so Leibniz, schlechter Uhrmacher, der seine Uhren wieder und wieder reparieren muss. Wissenschaftlich wusste Leibniz dem Argument Newtons nichts entgegenzusetzen; so hat er sich denn mit einem theologischen Argument begnügt, das nun aber die Berufung auf einen Designer-Gott ganz anders bewertet, als die heutigen Vertreter von *Intelligent Design* das tun. Hier ist, was Leibniz 1715 in seinem bereits erwähnten berühmten Briefwechsel mit Newton über Clarke

(S. 101) auf das Argument Newtons geantwortet hat [Schüller 1991a, S. 19]: «Monsieur Newton und seine Anhänger haben von Gottes Werk eine recht merkwürdige Meinung. Ihrer Meinung nach ist Gott gezwungen, seine Uhr von Zeit zu Zeit aufzuziehen, anderenfalls würde sie stehenbleiben. Er besaß nicht genügend Einsicht, um ihr eine immerwährende Bewegung zu verleihen.» Noch für Einstein war bis zu dem theoretischen Vorschlag von Hermann Weyl und anderen (S. 165), dass das Universum möglicherweise nicht statisch sei, sondern expandiere, keine überzeugende Lösung von Newtons Problem der Stabilität in Sicht.

Computersimulationen der Entwicklung des Universums unter realistischen Bedingungen zeigen in der Tat, dass sich Strukturen ausbilden, die mit den tatsächlichen, lebensfreundlichen im Großen und Ganzen übereinstimmen. Dabei hängt das sichtbare Ergebnis einer Simulation nicht nur von den vorgegebenen Parameterwerten, sondern durchaus auch von Zufällen ab. Rechner rechnen nämlich nicht unendlich genau, sondern machen Fehler, indem sie von den eigentlichen Werten der Größen, die ihnen eingegeben wurden oder die sie zur weiteren Verwertung berechnen sollen, nur endlich viele Stellen berücksichtigen[36]. Die Prozedur der Rundung mag deterministisch sein, ist aber, vom Standpunkt der intendierten Rechnung aus gesehen, rein zufällig. Statt deterministisch zu sein – was sie in ihren Leben verhindernden Formen durchaus sein könnten –, lassen die Parameter des Universums Zufälle zu, die irgendwo, irgendwann auf lebensfreundliche Bedingungen führen mussten und/oder noch müssen.

Wenn wir von den Parametern des Universums sprechen, müssen wir zwischen denen unterscheiden, die in den Naturgesetzen auftreten, und denen, deren Werte den Anfangszustand des Universums festlegen. Während die Ersten, damit sich das Universum strukturell so entwickeln konnte, wie es sich entwickelt hat, einer engen Oase entstammen müssen, werden die Zweiten durch diese Forderung nur in weiten Grenzen festgelegt. Unabdingbar müssen sie der Forderung genügen, dass das Universum durch seinen Anfangsschwung einen langen Entwicklungsweg vor sich hatte. Innerhalb dieser Forderung aber ist ihre Verteilung für die Entwicklung des Universums weitgehend irrelevant. Wären die durch die Abbildung 21 symbolisch dargestellten Anfangsbedingungen des Universums *zufällig* etwas anders gewesen, wäre aus ihnen doch ein Universum entstanden, das dem wirklichen strukturell gliche. Die Entstehungsgeschichte des Universums ist damit vereinbar, dass zwar sein Anfangszustand durch Zufälle, seine weitere Entwicklung aber durch die Naturgesetze festgelegt wurde. Hören wir Demokrit ([Capelle], S. 414), der «auch bei der Weltbildung vom Zufall Gebrauch zu machen schien, während er bei keiner Einzelheit des Naturgeschehens den Zufall als Ursache betrachtet [...]».

Beim Auftreten lokaler Strukturen entstehen Abfälle – typischerweise Wärme –, die hinweggeschafft werden müssen, damit die Strukturen sich bilden und erhalten können. Es ist, wie bereits gesagt, die Expansion des Universums, die letztlich in Gestalt des kalten Himmels Platz für Abfälle schafft. Bei dem – wie soll man ihn nennen – Kulturphilosophen und Dichter Bazon Brock findet sich ein schönes Beispiel für die Bildung eindrücklicher Strukturen, das vermutlich auf eine von Carl Friedrich von Weizsäcker 1948 gehaltene Vorlesung zurückgeht, deren Mitschrift 2004 veröffentlicht worden ist ([Weizsäcker 2004a], S. 177f). Hier ist, was Bazon Brock auf der ersten Seite seiner 1960 erschienenen Dichtung [Brock 1960a] D. A. S. E. R. S. C. H. R. E. C. K. E. N. A. M. S. formuliert hat: «denken Sie auf eine Ebene einen Hügel von einigermaßen glatter Oberfläche aufgesetzt. auf seinem Gipfel sollen viele gleichfalls geglättete Kugeln liegen. durch einen kleinen Anstoß bringt man die Kugeln ins Rollen. sie rollen nach allen Seiten hinab bis an den Fuß[37] des Hügels und dann noch ein kleines Stück, bis sie liegen bleiben. wenn das Gelände nicht zu unregelmäßig ist, werden sie um den Hügel eine Kreislinie bilden. jemand, der diese Gestalt sieht, wird sie für sehr unwahrscheinlich halten.» Hat sich hier tatsächlich entgegen dem berühmten Zweiten Hauptsatz der Thermodynamik, der feststellt, dass die Ordnung *insgesamt* nur abnehmen kann, aus einem wahrscheinlichen, da ungeordnet, ein unwahrscheinlicher Zustand, da geordnet, entwickelt? Hören wir dazu Weizsäcker, der zunächst die Bildung von Kristallen betrachtet: «Für alle diese Fälle gilt, dass die [...] Wahrscheinlichkeit des Gesamtsystems zunimmt, obwohl sich dabei hochkomplexe Gestalten bilden.» Alsdann stellt er das Modell vor, das wir von Brock kennen, und schließt: «Jeder, der diese Gestalt sieht, wird sie für außerordentlich unwahrscheinlich halten und sie als einen höheren Grad von Ordnung empfinden als den Anfangszustand. In Wahrheit ist der Anfangszustand statistisch noch unwahrscheinlicher, denn in ihm haben die Kugeln außer der geometrischen Ordnung noch die potenzielle Energie der hohen Lage.» Es ist diese «potenzielle Energie der hohen Lage», die als Wärmeenergie an die Umwelt abgeführt werden muss, damit sich der Kugelkreis bilden kann. In Wärmeenergie umgewandelt wird die Lageenergie durch Reibung der Kugeln an der Ebene, die dafür beide nicht allzu glatt sein dürfen. Gäbe es keine Reibung, würden die Kugeln nicht zur Ruhe kommen. Allgemeiner werden sich lokale Strukturen bilden, wenn durch sie die Ordnung insgesamt effektiver abgebaut werden kann.

Um die Entwicklung des Universums im Großen Schritt für Schritt in der Computersimulation zu verstehen, reichen die fundamentalen Naturgesetze zusammen mit Anfangsbedingungen aus. Die Entstehung des Lebens kann (bisher) so nicht verstanden werden. Hinzukommen müssen effektive Gesetze, deren Ursprung wir nicht einmal auf der molekularen Ebene verstehen, geschweige denn auf der Ebene der fundamentalen Naturgesetze für die Elementarteilchen. Staunenswert ist, dass *Ebenen der Beschreibung* abgegrenzt werden können, für die effektive Gesetze gelten, in denen nur Begriffe vorkommen, die auf der jeweiligen Ebene definierbar sind. Chemiker können in einem wohldefinierten Sinn mögliche von unmöglichen Molekülen allein aufgrund von Wertigkeiten unterscheiden, die den einzelnen Atomen zukommen – ohne, darum geht es jetzt, den physikalischen Ursprung der Wertigkeiten in Betracht zu ziehen. Dass die Entwicklung des Universums im Großen, die Wirkungen von Zufällen eingeschlossen, aufgrund fundamentaler Naturgesetze beschrieben werden kann, liegt eben daran, dass es so groß ist: Galaxien, Sterne und Monde kommen einander nur selten in die Quere. Hingegen ist eine quantitative Beschreibung der Entstehung und Entwicklung des Lebens auf dem beschränkten Lebensraum Erde durch die fundamentalen Naturgesetze praktisch unmöglich. Ich sage nicht, dass die effektiven Gesetze hierfür nicht auf fundamentalen Naturgesetzen beruhen, sondern nur, dass es unmöglich war und wohl auch bleiben wird, sie Zeile für Zeile aus ihnen abzuleiten. Dass die Entwicklungsgesetze statistische Gesetze sind, die nur für eine große Anzahl von Individuen exakt gelten, stört hierbei nicht; schließlich sind nach Auskunft der Quantenmechanik auch die fundamentalen Gesetze für die Atome und Moleküle statistische Gesetze.

Lebewesen konkurrieren um die Ressourcen ihrer Lebensräume, und das verhindert die freie Entfaltung aller zufällig entstandenen Varianten. Das von Darwin zuerst formulierte effektive Naturgesetz der natürlichen Auswahl steuert die Auswirkungen des Zufalls. Zufälle stellen das Material bereit, aus denen Darwins Naturgesetz auswählt. Wir verstehen heute viele Details besser als Darwin, aber letztlich läuft alles darauf hinaus, dass das Leben dadurch kreativ ist, dass die

Konsequenzen mancher Zufälle Bestand haben, die anderer aber nicht. Die natürliche Auslese ist kein Mittel zu irgendeinem Zweck, sondern erzwingt, was ihr Name schon sagt – Auslese. Der Chemienobelpreisträger des Jahres 1967, Manfred Eigen, betont in seinem 1975 mit Ruthild Winkler verfassten Buch [Eigen und Winkler 1975 a] *Das Spiel – Naturgesetze steuern den Zufall* auf S. 189 den Gesetzescharakter der Auslese: «Der Darwin*ismus* ist überholt! [...] Ein auf die fundamentalen Prinzipien zurückführbares Naturgesetz sollte nicht als ‹Ismus› bezeichnet werden. Dort, wo seine Voraussetzungen zutreffen, ist es Gesetz und lässt keine Alternativen zu; wo diese nicht zutreffen, kann es als Gesetz auch keinen Anspruch auf Gültigkeit erheben.» Über das Wechselspiel von Zufall und Notwendigkeit bei «einer Kette von ‹konservierten› *Zufällen*» hat Eigen in seinem Vorwort zu der deutschen Ausgabe von Jacques Monods Buch *Zufall und Notwendigkeit* [Monod 1983 a] dies zu sagen: «Die zufällige Mutation ist einem Ausleseprozess unterworfen, und dieser trifft keineswegs eine ‹willkürliche› Entscheidung. Der Selektion liegt vielmehr ein physikalisch klar formulierbares *Bewertungsprinzip* zugrunde. Wäre die Selektion reine Willkür, wäre das einzige Kriterium der Auswahl die *Tatsache* des Überlebens selbst, so würde Darwins Selektionsprinzip – von ihm selbst formuliert als ‹survival of the fittest› – nur eine triviale Tautologie, ‹survival of the survivers› zum Ausdruck bringen. [...] Das Bewertungsprinzip der Selektion lässt sich für makroskopische Systeme ähnlich den Gesetzen der Thermodynamik formulieren. Der einzige formelle Unterschied besteht darin, dass an die Stelle der absoluten Extremalprinzipien der Thermodynamik ‹eingeschränkte› Optimalprinzipien treten. [...] Wir sehen also, dass nur die Entstehung der individuellen Form dem Zufall unterworfen ist. Ihre Selektion – in Konkurrenz zu anderen Formen – jedoch bedeutet eine Einschränkung bzw. Reduzierung des Zufalls; denn sie erfolgt nach streng formulierbaren

Kriterien, die im Einzelfall zwar – wie in der Thermodynamik – Schwankungen zulassen, in der großen Zahl aber Gesetz, also *Notwendigkeit* bedeuten. [...] Was ich sagen will, ist, dass die ‹Notwendigkeit› gleichberechtigt neben den ‹Zufall› tritt, sobald für ein Ereignis eine Wahrscheinlichkeitsverteilung existiert und diese sich – wie in der Physik makroskopischer Systeme – durch *große Zahlen* beschreiben lässt. [...] So sehr die individuelle Form ihren Ursprung dem Zufall verdankt, so sehr ist der Prozess der Auslese und Evolution unabwendbare Notwendigkeit.»

Zu den Formen, deren Auftreten die Parameter des Universums zwar nicht erzwungen, wohl aber ermöglicht haben, gehört unser Leben. Geprägt wurde es durch die auf der Erde herrschenden Bedingungen. Diese Bedingungen, woher auch immer sie kommen mögen, ermöglichen die Lösungen von Problemen durch mal dieselben, mal verschiedene Konstrukte wie die Augen, deren einen Typ, das kameraartige Auge, die Evolution mindestens sechsmal unabhängig voneinander erfunden hat und das sich genauso beim Menschen und anderen Wirbeltieren wie bei dem Octopus findet (z.B. [Morris 2003a], S. xii und S. 151). Krabben haben hingegen eine andere Form des Auges entwickelt, was, wie Morris auf S. 151 schreibt, ein Hinweis darauf ist, dass die Lösungen von Problemen durch die Evolution zwar nicht eindeutig festgelegt sind, wohl aber sehr starken Einschränkungen unterliegen. *Diffuse Kausalität* also auch hier: Die Bedingungen auf der Erde sind so beschaffen, dass sie das Auftreten von Augen zulassen, ja implizieren. Wobei nicht diese oder jene Form der Lösung der Aufgabe des Sehens auftreten muss, wohl aber mindestens eine, welche auch immer.

Die Bedingungen auf der Erde sind Zufallsprodukte innerhalb der von den Parametern des Universums und den Naturgesetzen gesetzten Schranken. Weil die Parameter des Universums nun einmal so sind, wie sie sind, lassen sie Zufälle an der Grenzlinie zwischen reinem Chaos und deterministischer Erstarrung zu. Zu diesen Zufällen gehört die Entwicklung der Bedingungen unseres Lebens und alsdann unseres Lebens selbst. Wendet nun jemand ein, objektive Zufälle gebe es nicht, bereits bei Anbeginn des Universums sei alles festgelegt, was in ihm geschehen wird, kann ich seinem Glaubensbekenntnis nicht widersprechen – wenn auch die Quantenmechanik nach gängiger Interpretation das tut. Meiner *Diffusen Kausalität* als schwächerer Behauptung widerspricht er damit jedenfalls nicht. Verlangt sie doch nur, dass sich lebensfreundliche Bedingungen irgendwann, irgendwo im praktisch unendlichen Kosmos zufällig einstellen mussten. Natürlich muss es, wenn meine Unterstellung einer *Diffusen Kausalität* richtig ist, intelligente, bewusste und beobachtende Außerirdische geben. Dagegen spricht angesichts der Weite des Universums nicht, dass sie sich bisher bei uns nicht gemeldet haben.

Die friedliche Koexistenz (Abb. 31) von christlichem Glauben und Naturwissenschaft, die seit langem von den Anhängern des *Intelligent Design* und, durch sie beeinflusst, nun auch von dem Wiener Kardinal Schönborn in Frage gestellt wurde, hat der amerikanische Astrophysiker Lawrence M. Krauss in einem Leitartikel in der New York Times vom 17. Mai 2005 so beschrieben [Krauss 2005 a]: «Die Theorie des Urknalls ist keine metaphysische, sondern eine physikalische Theorie, die auf Gleichungen beruht, die der Beschreibung des Universums angemessen sind, und die Voraussagen macht, die überprüft werden können. Man kann, wenn man will, darüber nachdenken, ob der Urknall als Akt eines Schöpfers zu interpretieren sei. Aber derartige Spekulationen gehören der Wissenschaft nicht an, liegen außerhalb ihrer. Deshalb kann die katholische Kirche fest daran glauben, dass Gott die Menschen erschaffen hat, und zugleich die überwältigende wissenschaftliche Evidenz akzeptieren, die für den gemein-

Abbildung 31: «Concordantia astronomiae cum theologica» – etwa «Übereinstimmung der Astronomie mit der Theologie» – heißt das Buch aus dem Jahr 1490, dem die Abbildung entstammt. Der Astronom im weißen und der Theologe im schwarzen Hut diskutieren im Stil der Zeit wissenschaftliche Inhalte, nicht nur deren Interpretationen. Zu hoffen ist, dass die Wissenschaft künftig Versuchen der Politik und der Religionen, in sie hineinzuwirken, wird erfolgreich entgegentreten können.

samen Ursprung allen Lebens auf der Erde spricht.» Wie aber wäre es, wenn statt der Urknalltheorie eine alternative Theorie, die keinen Schöpfer zulässt, wieder wissenschaftlich an Boden gewänne? Wie es war, als die katholische Kirche in Gestalt einer Ansprache (z.B. [Genz 1994a], S. 60) von Papst Pius XII. an die Mitglieder der Päpstlichen Akademie der Wissenschaften am 23. November 1951 die Urknalltheorie sanktionierte und damit die konkurrierende Theorie namens *Steady State* als mit dem christlichen Glauben unvereinbar zurückwies[38]? Die *Tatsache der Evolution* anerkennt die offizielle katholische Kirche im Einklang mit der Schöpferinterpretation des Urknalls in mindestens zwei Äußerungen uneingeschränkt. Wie sie aber die *Viele-Welten-Theorie*, von der in diesem Buch schon mehrfach die Rede war, in ihr Weltbild einordnen würde, wenn diese zum Standardmodell der Kosmologie avancieren würde, ist ungewiss.

Unter manchen der unermesslich zahlreichen Bedingungen, die jeweils lokal im Universum herrschen, ist Leben wohl unausweichlich. Je mehr Leben unter unwirtlichsten Umständen – am Meeresboden, in Wüsten – hier auf der Erde entdeckt wird, desto mehr verfestigt sich diese Überzeugung. Aber intelligentes, bewusstes und beobachtendes Leben? Auch das. Die *Diffuse Kausalität*, die mir im Universum zu herrschen scheint, erhebt diese Attribute unserer menschlichen Existenz zu Durchgangs- oder Endformen der optimierenden Entwicklung des kreativen Universums. *Alles Lebendige ist nur ein Gleichnis*? Ja, wenn wir von unserem irdischen Leben auf Leben im Universum insgesamt schließen wollen. Bedarf das Universum mit seinen Parametern, wie sie nun einmal sind, zur Hervorbringung intelligenten und bewussten Beobachtertums des gelegentlichen Wunders, des Eingreifens eines Designers? Ich denke nicht und verweise noch einmal auf Leibniz, der das von Newton geforderte Eingreifen Gottes in seine Schöpfung als für eben ihn beleidigend zurückgewiesen hat.

Anhang

Anmerkungen

1: *Intelligent Design* bildet ein Dauerthema in Wissenschaftszeitschriften wie *Nature* und *New Scientist*. Ich verweise auf die Ausgaben des *New Scientist* vom 28. September 2002 und vom 9. Juli 2005 sowie auf die Ausgabe von *Nature* vom 28. April 2005.

2: Nach Auskunft neuer Tabellen ist der Wert näher an 1836 als 1837.

3: Es sei noch einmal darauf hingewiesen, dass diese Sicherheit, wie überall im Buch, nur eine relative ist, die auch auf einem Mangel an Phantasie beruhen kann.

4: Genauer (siehe auch S. 117) können drei beliebige, aber möglichst fundamentale Größen mit in dem Sinn unabhängigen Dimensionen, dass aus ihnen eine Länge, eine Zeit und eine Masse konstruiert werden können, frei gewählt und aus ihnen alle dimensionsbehafteten Größen konstruiert werden. Wählt man h, G und c als diese Fundamentalgrößen, kann man ihnen einen beliebigen Zahlenwert – vorzugsweise 1 – zuordnen. Alsdann betrifft die Festlegung der Naturkonstanten mit dem Leben als Ziel alle anderen dafür relevanten, ausgedrückt durch h, G und c mit ihren willkürlichen Zahlenwerten.

5: Die Zählung weist auf drittens die Spezifische Wärme, viertens die latente Kristallisations- und fünftens die Verdampfungswärme des Wassers hin.

6: Kohlenstoff C und Silizium Si sind beide vierwertig. Ein wichtiger Unterschied ist, dass zwar der Kohlenstoff, nicht aber das Silizium zu Doppelbindungen neigt. Darauf beruht der für das Leben wichtige Unterschied zwischen ihren Verbindungen mit dem zweiwertigen Sauerstoff O: Während das Kohlendioxyd CO_2 mit der Strukturformel $O = C = O$ unter irdischen Bedingungen ein aus einzelnen Molekülen bestehendes wasserlösliches Gas bildet, gibt es ein eigenständiges SiO_2-Molekül genau genommen nicht, da dieses zwei unabgesättigte Valenzen besäße. Folglich tritt SiO_2 bevorzugt als fester räumlicher Verband – beispielsweise als Sand – von zahlreichen SiO_2-Einheiten auf.

7: Schwierigkeiten bereitet vor allem der letzte Teilsatz des Dialogs, in dem für Cicero die Äußerungen des Disputanten und historischen Stoikers Q. Lucilius Balbus «mehr Ähnlichkeiten mit der Wahrheit zu haben schienen» als die seines Gegenspielers und historischen Juristen, Konsuls und Akademikers C. Aurelius Cotta. Nach Einschätzung der Exegeten ist es eher Cotta als Balbus, der in den Dialogen die Meinungen Ciceros vertritt.

8: Eine ergötzliche Erläuterung dieser Fundstellen findet sich in dem Essay *Cicero – Eine Welt für den Menschen – Schweineleben und Ohrenschmalz* in [Schmidt 2001 a], S. 37–76.

9: Bisse giftiger Schlangen sind gut (S. 260), weil sie bewirken, dass kleine Tiere, die die Schlangen verschlingen, bereits unterwegs vom Schlund in den Magen durch das Gift sterben. Aber: «Frösche und Mäuse können auch [ohne diese Vergünstigung] lebendig verschlungen werden.» Menschliche Todesfälle durch Insektenstiche kennt Paley, wie er angibt, keine, sodass er deren Nutzen nicht ergründen muss. Zwar nicht die Güte Gottes (S. 266), wohl aber seine Existenz, Kraft und Intelligenz können diese Beispiele beweisen. Wie wir langsames Essen genießen, sollen Fische, die Fische als ihre Mahlzeit herunterschlingen, bei deren Verdauen Freude empfinden (S. 267). «Wenn das so ist, werden sie für ihren Mangel an Geschmacksnerven mehr als entschädigt: Die Festlichkeit währt so lange wie die Verdauung.»

10: In einer Fußnote dankt er dem Astronomieprofessor Rev. J. Brinkle für «obliging communications».

11: Das sich ohne äußere Einflüsse möglicherweise ergebende chaotische Verhalten der weit voneinander entfernten Planeten des Sonnensystems in ferner Zukunft beziehen wir nicht ein. So auch Paley, selbstverständlich.

12: Je weiter in die unendliche Folge der Stellen hinter dem Komma hinein die Übereinstimmung reicht, desto länger dauert es, bis Unterschiede sich bemerkbar machen.

13: Der Abschnitt über Leibniz folgt in wesentlichen Punkten [Russell 1975 a] und [Russell 2001 a]. Das Zitat entstammt S. 23 (dort englisch).

14: Die Leibniz-Zitate «Wer sich vorstellt...», «die Ordnung...» und «dass der Raum...» entstammen in dieser Reihenfolge [Russell 1975a, S. 256 f; dort englisch], [Schüller 1991a, S. 58] und [Schüller 1975a, S. 60].

15: Wenn immer möglich, zitiere ich Leibniz nach [Schüller 1991 a]. Die dortigen Übersetzungen aus der Theodizee sind klarer als die «meiner» Ausgabe [Leibniz 1985 a]. Das [Schüller 1991 a], S. 169, entnommene Zitat «Es gibt niemals...» aus § 46 des Teils I der Theodizee steht dort auf S. 277 und lautet: «Nie aber besteht eine ausgewogene Gleichgültigkeit, d. h. eine Gleichgültigkeit, die nach beiden Seiten hin gleich groß wäre, ohne dass es nach einer Seite eine größere Neigung gäbe.» Das Zitat «Es ist wahr...» entstammt in der Übersetzung von [Schüller 1991 a], ebenfalls S. 169, dem § 49 von Teil I der Theodizee; S. 279 von [Leibniz 1991 a]. Die Fortsetzung «Denn das Weltall...» habe ich [Leibniz 1991 a], S. 281, entnommen. Das Zitat «dass Gott überhaupt...» aus § 8 von Teil I der Theodizee, hier in der Übersetzung von [Schüller 1991 a], S. 173, steht anders übersetzt auf S. 219 von [Leibniz 1985 a].

16: Die Briefstelle findet sich auf S. 26 von [Rutherford 1995 a]; dort englisch. Die besondere Fruchtbarkeit der tatsächlichen Naturgesetze für Materie hatte zuerst Malebranche unterstellt (Fußnote 5 auf S. 40 von [Rutherford 1995 a]; dort englisch).

17: Der Roman *Doktor Faustus* ist Band VI von [Mann 1960–1974 a].

18: Ich verweise auf [Weinberg 1977 a].

19: Der klassische Elektronenradius ergibt sich durch Gleichsetzung der Ruheenergie des Elektrons nach Einsteins $E = mc^2$ mit derjenigen Energie, die erforderlich ist, um dessen elektrische Ladung aus dem Unendlichen in einer homogen geladenen Kugel mit eben diesem Radius zusammenzubringen.

20: Ich muss mich zu einer Ungenauigkeit bekennen: Die Planck'schen Größen werden üblicherweise durch $h/2\pi$ statt, wie hier, durch h definiert. Die sich durch unsere Formeln ergebenden Planck'schen Größen sind daher um den Faktor 2,5 größer als die in der Literatur angegebenen. Ich habe diesen Faktor überall im Text unterdrückt.

21: Der Roman *Bekenntnisse des Hochstaplers Felix Krull* steht in Band VII von [Mann 1960–1974 a].

22: Mit dem Verhältnis Thomas Manns zu den Naturwissenschaften setzen sich [Genz und Fischer 2004 a] auseinander. Das von Thomas Mann benutzte Exemplar von [Barnett 1948 a] mit seinen Anstreichungen kann im Thomas-Mann-Archiv in Zürich eingesehen werden. Das dortige angelsächsische *billion*, das eine Milliarde (10^9) bedeutet, hat er fälschlich als deutsche Billion (10^{12}) interpretiert.

23: Das Poincaré-Zitat habe ich aus [Ruelle 1992 a], S. 49, übernommen.

24: Zur Vereinfachung der Argumentation unterdrücke ich bei den Diskussionen dieses Kapitels alle kernphysikalischen Details. Natürlich *gibt* es den β-Zerfall von Kernen sowie den β^+-Zerfall genannten effektiven Zerfall eines Protons in ein Positron und ein Neutrino in einem protonenreichen Kern. Diese Details haben auch Auswirkungen auf die in diesem Kapitel vorgestellten hypothetischen Fälle, die durch die Bemerkung, dass *alles andere so sein soll, wie es ist,* nur unvollkommen abgedeckt werden.

25: Wenn es um Größenordnungen geht, setze ich Lebensdauer und Halbwertszeit, die sich um den Faktor 0,7 unterscheiden, gleich. Die angegebenen 10^{32} Jahre – genauer: 10^{31} bis 10^{33} Jahre – Mindestlebensdauer des Protons sind die gegenüber plausiblen Zerfallskanälen wie dem der Abb. 17. Nach diesen Zerfällen wurde gesucht, ohne dass einer nachgewiesen werden konnte. Bezieht man alle überhaupt möglichen Zerfallskanäle ein, also auch wenig plausible, ergibt sich nur noch $1{,}6 \cdot 10^{25}$ Jahre als Obergrenze der Lebensdauer – jetzt ausdrücklich nicht Halbwertszeit! – des Protons.

26: Wenn wir zur Vereinfachung alle Parameter gleich 1 setzen, ist die Energie E eines Projektils mit der Geschwindigkeit v_E in der Entfernung R vom Erdmittelpunkt $E = v_E^2/2 - 1/R$. Die Fluchtgeschwindigkeit v_0 ist durch die Bedingung $E = 0$ charakterisiert, sodass $v_0^2 = 2/R$ für alle R und damit auch für alle Zeiten.

Also gilt für das in Rede stehende Verhältnis $O = (v_O/v_E)^2 = 1/(1 + R \cdot E)$. Dieses Verhältnis weicht bei von 0 verschiedenem E von 1 umso mehr ab, je größer R und damit die seit dem Abschuss verflossene Zeit ist. Wobei zu beachten ist, dass bei negativem E der Abstand R nicht größer werden kann als der Betrag von 1/E. Bei E= 0, also $v_E = v_O$, gilt offenbar für alle R und damit für alle Zeiten O = 1. Überwiegt die tatsächliche kinetische Energie $v_E{}^2/2$ die zu der Fluchtgeschwindigkeit v_o in der Entfernung R gehörige $v_o 2/2$, so ist E größer als 0, das Verhältnis O also kleiner als 1, das Projektil entfernt sich in alle Ewigkeit von der Erde und O strebt dem Wert 0 zu. Im umgekehrten Fall ist E kleiner als null, sodass O größer ist als 1 und bis unendlich wächst. Bei dem zugehörigen R beginnt das Projektil, zur Erde zurückzufallen.

27: Eine zusammenfassende Beschreibung ist Wetterich 2004a.

28: Da das Universum expandiert, ist die Entfernung, aus der uns Licht seit dem Urknall erreicht haben kann, größer als 13,7 Millionen Lichtjahre, nämlich etwa 30 Millionen.

29: Die Metapher «zerstäubtes Nichts» entstammt Rühmkorf 1959a, S. 59.

30: Der *Index of Concepts* von [Leslie 1996 a] weist unter dem Stichwort *stories* 27 Eintragungen auf. Unter der Eintragung *fishing* wird auf die meisten Buchseiten verwiesen, nämlich 21, gefolgt von *Messages, in Rocks etc.* mit 16 Seiten.

31: Auf S. 17 f, und nur dort, verbindet Leslie die Fliegengeschichte, wie ich sie nacherzähle, mit einer Hintergrundannahme, die darauf hinausläuft, dass man etwas nicht weiß. Die Gedanken, die sich daran anschließen, sind für mein Verständnis (anscheinend auch für Leslies spätere Folgerungen) irrelevant. Ich habe mir daher erlaubt, die Geschichte so zu erzählen, wie ich sie verstehe und für relevant halte.

32: Einsteins «Lochbetrachtung», die ich etwa auf dem Niveau dieses Buches in [Genz 2004 a], S. 234–237, wiedergegeben habe, kommt zu dem Schluss, dass Kausalität und Koordinatenunabhängigkeit der Gleichungen der Allgemeinen Relativitätstheorie nur dann kompatibel sind, wenn es außer Koinzidenzen keine beobachtbare Realität gibt.

33: Es gibt zahlreiche Darstellungen der Superstringtheorie bis hin zu kollidierenden Branen von Experten auf ungefähr dem Niveau dieses Buches: [Davies 1987a], [Kaku 1994a], [Webb 2004a], [Greene 2004a] und [Randall 2005a]. Vor allem der aktuelle Stand, Spekulationen eingeschlossen, ist umfassend dargestellt in [Vaas 2005a].

34: Wie Weinberg ebenfalls anmerkt, ist diese Schlussfolgerung umstritten [Oberhummer et al. 2001a]. Siehe auch [Oberhummer 2002a].

35: Das Beispiel habe ich von [Rees 2001a], S. 173, übernommen.

36: Ein nahezu beliebiges Beispiel für den Besitzer eines Taschenrechners, der über die Kreiszahl π verfügt und bis zu 10 Ziffern anzeigt: Berechnen Sie $[\sqrt{(\pi+10)^2}]-10$ und vergleichen Sie das Ergebnis mit dem eingegebenen π, mit dem es übereinstimmen sollte: Beide stimmen in der neunten Stelle nach dem Komma nicht überein.

37: Die Vorlage hat «Fluss» statt «Fuß». Da diese Wortwahl den Sinn zerstören würde, ist sie vermutlich auf einen Druckfehler zurückzuführen. Ihn in einer *Dichtung* stillschweigend zu korrigieren schien mir nicht angemessen.

38: Eine eindrückliche Darstellung der sich hieraus ergebenden Kontroverse findet sich in [Singh 2005a], S. 370 ff.

Literaturverzeichnis

ABBOTT 1952 a: Edwin A. Abbott, *Flatland*; Dover Publications, New York 1952

ADAMS 2004 a: Fred Adams, *Leben im Universum*; Deutsche Verlags-Anstalt, München 2004

ALDISS UND PENROSE 1999 a: Brian W. Aldiss und Roger Penrose, *Weisser Mars*; Heyne, München 1999

ARIANRHOD 2003 a: Robyn Arianrhod, *Einstein's Heroes – Imaging the World Through the Language of Mathematics*; Icon Books, Cambridge (UK) 2003

ARISTOTELES 1995 a: *Aristoteles*, Philosophische Schriften 4; Felix Meiner Verlag, Hamburg 1995

BALL 2005 a: Philipp Ball, Seeking the solution; *Nature 436*, 25. August 2005, S. 1084

BARNETT 1948 a: Lincoln Barnett, *The Universe and Dr. Einstein*; New York 1948. Übersetzung ins Deutsche: Lincoln Barnett, *Einstein und das Universum*. Mit einem Vorwort von Albert Einstein; S. Fischer Verlag, Frankfurt / Main 1952

BARROW 1988 a: John Barrow, *The World within the World*; Clarendon Press, London 1988

BARROW 1993 a: John D. Barrow, Patterns of explanation in cosmology; in: [Bertola und Curi 1993 a], S. 1

BARROW 1994 a: John D. Barrow, *The Origin of the Universe*; Weidenfels & Nicolson, London 1994

BARROW 2002 a: John Barrow, *The Constants of Nature*; Jonathan Cape, London 2002

BARROW 2005 a: John Barrow, *The Infinite Book – A Short Guide to the Boundless, Timeless and Endless*; Jonathan Cape, London 2005

BARROW ET AL. 2004 a: John D. Barrow et al. (Hrsg.), *Science and Ultimate Reality*; Cambridge University Press, Cambridge 2004

BARROW UND TIPLER 1986 a: John D. Barrow und Frank J. Tipler,

The Anthropic Cosmological Principle; Clarendon Press, Oxford 1986

BARROW UND WEBB 2005a: John D. Barrow und John K. Webb, *Veränderliche Naturkonstanten*; Spektrum der Wissenschaft Oktober 2005, S. 78

BARTELMANN 2005a: Matthias Bartelmann, Dunkle Strukturen; *Physik Journal 4*, Nr. 6, S. 18 (2005)

BERTOLA UND CURI 1993a: F. Bertola und U. Curi (Hrsg.), *The Anthropic Principle*; Cambridge University Press, Cambridge 1993

BÖRNER 2002a: Gerhard Börner, *Kosmologie*; Fischer Taschenbuch Verlag, Frankfurt/Main 2002

BÖRNER 2003a: G. Börner, *The Early Universe – Facts and Fiction*, Fourth Edition; Springer, Berlin 2003

BÖRNER 2005a: Gerhard Börner, Der Nachhall des Urknalls; *Physik Journal 4*, Nr. 2, S. 21 (2005)

BRECHT 1965a: Bertolt Brecht, *Flüchtlingsgespräche*; Suhrkamp, Stuttgart 1965

BREUER 1984a: Reinhard Breuer, *Das anthropische Prinzip*; Ullstein, Frankfurt/Main 1984

BROCK 1960a: Bazon Brock, *D.A.S.E.R.S.C.H.R.E.C.K.E.N.A.M.S – ANWENDUNG JENES PRINZIPS DES UNVERMÖGENS*; Panderma, Basel 1960

BROCKMAN 1991a: John Brockman (Hrsg.), *Doing Science – The Reality Club 2*; Prentice Hall Press, New York 1991

BUSCH, WILHELM, Fipps der Affe; in: Wilhelm Busch, *Lustige Bildergeschichten für Kinder*; Verlag von Fr. Bassermann, München o.J.

BUTTERFIELD UND PAGONIS 1999a: Jeremy Butterfield und Constantine Pagonis, *From Physics to Philosophy*; Cambridge University Press, Cambridge 1999

CAHN 1996a: Robert N. Cahn, The eighteen arbitrary parameters of the standard model in your everyday life; *Rev. Mod. Phys. 68*, 591 (1996)

CAPELLE: Wilhelm Capelle, *Die Vorsokratiker*; Alfred Kröner Verlag, Stuttgart o.J.

CARILLI 2001a: Chris L. Carilli, When constants are not constant; *Physics World*, Oktober 2001, S. 26

CARR 2001 a: Bernard Carr, Life, the cosmos and everything; *Physics World*, October 2001, S. 23

CARR UND REES 1979 a: B. J. Carr und M. J. Rees, The anthropic principle and the structure of the physical world; *Nature 278*, 605 (1979)

CARTER 1974 a: Brandon Carter, Large Number Coincidences and the Anthropic Principle in Cosmology; in: [Longair 1974 a], S. 291. Nachgedruckt in [Leslie 1998 a], S. 131

CARTER 1993 a: Brandon Carter, The anthropic selection principle and the ultra-Darwinian synthesis; in: [Bertola und Curi 1993 a], S. 33

CICERO 1995 a: M. Tullius Cicero, *De natura deorum / Das Wesen der Götter*; Reclam, Stuttgart 1995

COHEN-TANNOUDJI 1993 a: Gilles Cohen-Tannoudji, *Universal Constants in Physics*; McGraw-Hill, New York 1993

COOKE 1880 a: J. P. Cooke, *Religion and Chemistry*; Scriven, New York 1880. Unsere Darstellung folgt [Barrow und Tipler 1986 a], S. 88 und 118.

CORNWELL 2004 a: John Cornwell (Hrsg.), *Explanations*; Oxford University Press, Oxford 2004

COWIE UND SONGALLA 2004 a: Lennox L. Cowie und Antoinette Songalla, The inconstant constant?; *Nature 428*, 132 (2004)

COYNE 1993 a: Some theological reflections on the anthropic principle; in: [Bertola und Curi 1993 a], S. 161

COYNE 2005 a: George Coyne SJ, Gott sprach zu Darwin; *Frankfurter Allgemeine Zeitung*, 25. August 2005, S. 31

DARWIN 2004 a: Charles Darwin, *Die Entstehung der Arten durch natürliche Zuchtwahl*; Nikol Verlagsgesellschaft, Hamburg 2004

DAVIES 1982 a: P. C. W. Davies, *The Accidental Universe*; Cambridge University Press, Cambridge 1982

DAVIES 1983 a: Paul Davies, *God and the New Physics*; J. M. Dent & Sons, Toronto 1983

DAVIES 1987 a: Paul Davies, *Die Urkraft – Auf der Suche nach einer einheitlichen Theorie der Natur*; Rasch und Röhring, Hamburg 1987

DAVIES 1988 a: Paul Davies, *The Cosmic Blueprint*; Simon and Schuster, New York 1988

Davies 1991a: Paul Davies, What Are the Laws of Nature?; in: [Brockman 1991a], S. 45

Davies 1992a: *The Mind of God – The Scientific Basis for a Rational World*; Simon & Schuster, New York 1992

Davies 1997a: Paul Davies, *Sind wir allein im Universum? – Über die Wahrscheinlichkeit außerirdischen Lebens*; Wilhelm Heyne Verlag, München 1997

Davies 2004a: Paul C. W. Davies, John Archibald Wheeler and the clash of ideas; in: [Barrow et al. 200a], S. 3

Dawkins 2003a: Richard Dawkins (Hrsg.), *The Best American Science and Nature Writing 2003*; Houghton Mifflin Company, Boston 2003

de Boer 2005a: W. de Boer, Evidence for dark matter annihilation from galactic gamma rays?; *New Astronomy Reviews 49*, 213 (2005)

Dembski 1999a: William A. Dembski, *Intelligent Design – The Bridge Between Science and Theology*; Inter Varsity Press, Downers Grove Ill. 1999

Dennett 1997a: Daniel C. Dennett, *Darwins gefährliches Erbe*; Hoffmann und Campe, Hamburg 1997

Dennett 2005a: Daniel C. Dennett, Intelligent Design – Wo bleibt die Wissenschaft; *Spektrum der Wissenschaft* Oktober 2005, S. 110

Dewdney 2001a: A. K. Dewdney, *The Planiverse – computer contact with a two-dimensional world*; Copernicus, New York 2001

Dicke 1961a: R. H. Dicke, Dirac's Cosmology and Mach's Principle; *Nature 192*, 440 (1961)

Dirac 1937a: P. A. M. Dirac, The Cosmological Constants; *Nature*, 20. Februar 1937, S. 323

Dirac 1937b: P. A. M. Dirac, Ohne Titel; *Nature*, 12. Juni 1937, S. 1001

Dirac 1938 a: P. A. M. Dirac, A new basis for cosmology; *Proc. Roy. Soc.*, A, *165*, 199 (1938)

Dirac 1961a: P. A. M. Dirac, ohne Titel; *Nature 192*, 441 (1961)

Dyson 1997a: Freeman Dyson, *Imagined Worlds*; Harvard University Press; Cambridge, MA, 1997

Edis 2002a: Taner Edis, *The Ghost in the Universe*; Prometheus Books, Amherst 2002

Ehrenfest 1920 a: P. Ehrenfest, Welche Rolle spielt die Dreidimensionalität des Raumes in den Grundgesetzen der Physik?; *Annalen der Physik* 61, 440 (1920)

Eigen und Winkler 1975 a: Manfred Eigen und Ruthild Winkler, *Das Spiel – Naturgesetze steuern den Zufall*; Piper, München 1975

Ellis 1993 a: George F. Ellis, *Before the Beginning – Cosmology explained*; Boyars / Bowerdean, London 1993

Ellis 1993 b: G. F. R. Ellis, The anthropic principle: laws and environments; in: [Bertola und Curi 1993 a], S. 27

Ellis 2005 a: George F. R. Ellis, Physics, complexity and causality; *Nature* 435, 743 (2005)

Feynman u. a. 1991 a: Richard P. Feynman, Robert B. Leighton und Matthew Sands, *Feynman Vorlesungen über Physik* – Band II; R. Oldenbourg Verlag, München 1991

Feynman u. a. 1991 b: Richard P. Feynman, Robert B. Leighton und Matthew Sands, *Feynman Vorlesungen über Physik* – Band I; R. Oldenbourg Verlag, München 1991

Fischer und Wiegandt 2003 a: Ernst Peter und Klaus Wiegandt (Hrsg.), *Evolution – Geschichte und Zukunft des Lebens*; Fischer Taschenbuch Verlag, Frankfurt / Main 2003

Fritzsch 2003 a: Harald Fritzsch, Sind die fundamentalen Konstanten constant?; *Physik Journal* 2 (2003) Nr. 4, S. 49

Fritzsch 2005 a: Harald Fritzsch, *Das absolut Unveränderliche – Die letzten Rätsel der Physik*; Piper, München 2005

Galilei 1985 a: Galileo Galilei, *Unterredungen und mathematische Demonstrationen über zwei neue Wissenszweige, die Mechanik und die Fallgesetze betreffend*; Wissenschaftliche Buchgesellschaft, Darmstadt 1985

Gamow 1967 a: George Gamow, History of the Universe; *Science* 158, 766 (1967)

Gardner 1986 a: Martin Gardner, WAP, SAP, PAP and FAP; *The New York Review of Books*, 8. Mai 1986. Nachgedruckt in [Gardner 1996 a], S. 40

Gardner 1996 a: Martin Gardner, *The Night Is Large*; St. Martin's Press, New York 1996

Gell-Mann 1994 a: Murray Gell-Mann, *Das Quark und der Jaguar*; Piper, München 1994

Genz 1987a: Henning Genz, *Symmetrie – Bauplan der Natur*; Piper, München 1987. Taschenbuch 1991

Genz 1989a: Paul Davies – Die Urkraft; *Spektrum der Wissenschaft*, April 1989

Genz 1994a: Henning Genz, *Die Entdeckung des Nichts – Leere und Fülle im Universum*; Hanser, München 1994. Rowohlt Science Taschenbuch, Reinbek 1999

Genz 1996a: Henning Genz, *Wie die Zeit in die Welt kam – Die Entstehung einer Illusion aus Ordnung und Chaos*; Hanser, München 1996. Rowohlt Science Taschenbuch, Reinbek 1999

Genz 1998a: Henning Genz, *Nothingness – The Science of Empty Space*; Helix Imprint of Perseus Books, Reading 1998. Taschenbuch 2000

Genz 1999a: Henning Genz, *Gedankenexperimente*; Wiley / VCH, Weinheim 1999

Genz 2002a: *Wie die Naturgesetze Wirklichkeit schaffen – Über Physik und Realität;* Hanser, München 2002. Rowohlt Science Taschenbuch, Reinbek 2004

Genz 2003a: Henning Genz, *Elementarteilchen*; Fischer Taschenbuch Verlag, Frankfurt / Main 2003

Genz 2004a: Henning Genz, *Nichts als das Nichts*; Wiley / VCH, Weinheim 2004

Genz 2005a: *Gedankenexperimente* – Neubearbeitung von [1999a]. Rowohlt Science, Reinbek 2005

Genz und Decker 1991a: Henning Genz und Roger Decker, *Symmetrie und Symmetriebrechung in der Physik*; Vieweg, Braunschweig 1991

Genz und Fischer 2004a: Henning Genz und Ernst Peter Fischer, *Was Professor Kuckuck noch nicht wusste*; Rowohlt, Reinbek 2004

Gnedin 2005a: Nickolay Y. Gnedin, Digitizing the Universe; *Nature 435*, 572 (2005)

Goethe 1982a: Johann Wolfgang von Goethe, *Schriften zur Biologie*; Langen Müller, München 1982

Goethe 1994a: Johann Wolfgang von Goethe, *Faust-Texte*; Deutscher Klassiker Verlag, Frankfurt / Main 1994

Goldsmith 2000a: Donald Goldsmith, *The Runaway Universe*; Perseus Books, Cambridge MA 2000

Greene 2004a: Brian Greene, *The Fabric of the Cosmos*; Alfred A. Knopf, New York 2004

Greenstein 1991a: George Greenstein, *Die zweite Sonne – Quantenmechanik, Rote Riesen und die Gesetze des Kosmos*; dtv, München 1991

Greenstein und Kropf 1989: George Greenstein und Allen Kropf, Cognizable worlds: The anthropic principle and the fundamental constants of nature; *Am. J. Phys.* 57, 746 (1989)

Gribbin und Rees 1989a: John Gribbin und Martin Rees, *Cosmic Coincidences – Dark Matter, Mankind and Anthropic Cosmology*; Bantam Books, New York 1989

Grolle 2005a: Johann Grolle (Hrg.), *Evolution – Wege des Lebens*; DVA, München 2005

Guth 1997a: Alan H. Guth, *The Inflationary Universe*; Jonathan Cape, London 1997

Guth 2001a: Alan H. Guth, Eternal Inflation; Vortrag bei der Tagung *Cosmic Questions*, April 14–16, 1999, National Museum of Natural History, Washington, D. C.; Erscheint in den *Proceedings*, The New York Academy of Sciences Press. Internet: arXiv: astro-ph/0 101 507 v1 29 Jan 2001

Halliwell et al. 1994a: J. J. Halliwell (Hrsg.), *Physical Origins of Time Asymmetry*; Cambridge University Press, Cambridge 1994

Halpern 2004a: Paul Halpern, *The Great Beyond – Higher Dimensions, Parallel Universes, and the Extraordinary Search for a Theory of Everything*; Wiley, Hoboken 2004

Harris und Arseculeratne 1996a: Sidney Harris und S. N. Arseculeratne, *At Home with the Einsteins*; Karunaratne & Sons, Colombo, Sri Lanka 1996

Henderson 1913a: Lawrence J. Henderson, *The Fitness of the Environment – An Inquiry into the Biological Significance of the Properties of Matter*; The Macmillan Company, New York 1913

Hoerner 2003a: Sebastian von Hoerner, *Sind wir allein? – Seti und das Leben im All*; C. H. Beck, München 2003

Hogan 2000a: Craig J. Hogan, Why the universe is just so; *Rev. Mod. Phys.* 72, 1149 (2000)

Hoyle 1986a: Fred Hoyle, *Die schwarze Wolke*; Ullstein, Berlin 1986

Hoyle 1993a: Fred Hoyle, The anthropic and perfect cosmological principles: similarities and differences; in: [Bertola und Curi 1993 a], S. 85

Hume 1981 a: David Hume, *Dialoge über natürliche Religion*; Reclam, Stuttgart 1981

Hurlbutt 1985 a: Robert H. Hurlbutt III, *Hume, Newton and the Design Argument*; University of Nebraska Press, Lincoln & London 1985

Jammer 1980 a: Max Jammer, *Das Problem des Raumes*; Wiss. Buchgesellschaft, Darmstadt 1980

Jones 2003 a: Steve Jones, Genetik plus Zeit; in: Fischer und Wiegandt 2003a, S. 84

Jones 2005 a: Steve Jones, Gott pfuscht auch; *Die Zeit*, 11. August 2005, S. 31

Jordan 1987 a: Pascual Jordan, *Der Naturwissenschaftler vor der religiösen Frage*; Quell Verlag, Stuttgart 1987

Kaku 1994 a: Michio Kaku, *Hyperspace – A Scientific Odyssey through Parallel Universes, Time Warps, and the 10th Dimension*; Oxford University Press, New York 1994

Kaku 2004 a: Michio Kaku, *Einstein's Cosmos – How Albert Einstein's Vision Transformed Our Understanding of Space and Time*; Weidenfels & Nicolson, London 2004

Kane et al. 2003 a: Gordon L. Kane et al., *The Beginning of the End of the Anthropic Principle*; im Internet: arXiv.astro-ph/0001197 v2 28 Jan 2000

Kanitscheider 1989 a: B. Kanitscheider, Das Anthropische Prinzip – ein neues Erklärungsschema der Physik?; *Phys. Bl.* 45, 471 (1989)

Kanitscheider 1993 a: Bernulf Kanitscheider, Anthropic arguments – are they really explanations?; in: [Bertola und Curi 1993 a], S. 171

Kanitscheider 1995 a: Bernulf Kanitscheider, *Auf der Suche nach dem Sinn*; Insel, Frankfurt/Main 1995

Kanitscheider 2001 a: Bernulf Kanitscheider, Die Feinabstimmung des Universums – Ein neues metaphysisches Rätsel?; In: Uwe Meixner (Hrsg.), *Metaphysik im post-metaphysischen Zeitalter*; öbvt&hpt, Wien 2001

Kepler 2005 a: Johannes Kepler, *Was die Welt im Innersten zusammen-*

hält (herausgegeben von Fritz Krafft); marixverlag, Wiesbaden 2005

KIRSHNER 2002 a: Robert P. Kirshner, *The Extravagant Universe*; Princeton University Press, Princeton 2002

KRÄTZ 1998 a: Otto Krätz, *Goethe und die Naturwissenschaften*; Callwey, München 1998

KRAUSS 2000 a: Lawrence Krauss, *Quintessence – The Mystery of Missing Mass in the Universe*; Basic Books, New York 2000

KRAUSS 2004 a: Lawrence M. Krauss, What is dark energy?; *Nature 431*, 519 (2004)

KRAUSS 2005 a: Lawrence M. Krauss, School Boards Want to «Teach the Controversy.» What Controversy?; in: *The New York Times*, 17. Mai 2005

KRAUSS et al. 2005 a: *Lawrence M. Krauss, Franciso Ayala und Kenneth Miller*, Offener Brief im Internet an Papst Benedict XVI; krauss@cwru.edu, 12. Juli 2005

KRIST 1971 a: Th. Krist, *Neue internationale Einheiten der Technik und Physik – SI-Einheiten*; Technik-Tabellen-Verlag Fikentscher & Co, Darmstadt 1971

KÜNG 2005 a: Hans Küng, *Der Anfang aller Dinge – Naturwissenschaft und Religion*; Piper, München 2005

KURTZ 2003 a: Paul Kurtz (Hrg.), *Science and Religion*; Prometheus Books, Amherst 2003

KUTSCHERA 2004 a: Ulrich Kutschera, *Streitpunkt Evolution – Darwinismus und Intelligentes Design*; LIT Verlag, Münster 2004

LAMOREAUX 2002 a: Steve K. Lamoreaux, Testing times in space; *Nature 416*, 803 (2003)

LEIBNIZ 1982 a: G. W. Leibniz, *Vernunftprinzipien der Natur und der Gnade, Monadologie*; Felix Meiner, Hamburg 1982

LEIBNIZ 1985 a: Gottfried Wilhelm Leibniz, *Die Theodizee von der Güte Gottes, der Freiheit des Menschen und dem Ursprung des Übels*; Wissenschaftliche Buchgesellschaft, Darmstadt 1985

LEMONICK 2003 a: Michael D. Lemonick, *Echo of the Big Bang*; Princeton University Press, Princeton 2003

LESLIE 1996 a: John Leslie, *Universes*; Routledge, London 1996

LESLIE 1998 a: John Leslie (Hrsg.), *Modern Cosmology and Philosophy*; Prometheus Books, Amherst 1998

Leslie 1998 b: John Leslie, Introduction und The Anthropic Principle Today; in: [Leslie 1998 a], S. 1–34 und S. 289–310

Leslie 2001 a: John Leslie, *Infinite Minds – A Philosophical Cosmology*; Clarendon Press, Oxford 2001

Linde 2004 a: Andrei Linde, Inflation, quantum cosmology, and the anthropic principle; in: [Barrow et al. 200 a], S. 426

Livio 2000 a: Mario Livio, *The Accelerating Universe*; Wiley, New York 2000

Livio et al. 1989 a: The anthropic significance of the existence of an exited state of ^{12}C; *Nature 340*, 281 (1989)

Longair 1974 a: M. S. Longair, *Confrontation of Cosmological Theories with Observational Data*; Reidel, Dodrecht 1974

Longo 1993 a: Oddone Longo, Anthropic principle and ancient science; in: [Bertola und Curi 1993 a], S. 17

Magueijo 2005 a: Joao Magueijo, *Schneller als die Lichtgeschwindigkeit?*; Goldmann, München 2005

Mann 1960–1974 a: Thomas Mann, *Gesammelte Werke in dreizehn Bänden*; S. Fischer Verlag, Frankfurt / Main 1960–1974

Margulis und Sagan 1987 a: Lynn Margulis und Dorion Sagan, *Microcosmos – Four Billion Years of Evolution from Our Microbial Ancestors*; Allen & Unwin, London 1987

Margulis und Sagan 1995 a: Lynn Margulis und Dorion Sagan, Leben – vom Ursprung zur Vielfalt; *Spektrum*, Heidelberg 1995

Matthews 1992 a: Robert Matthews, *Unravelling the Mind of God*; Virgin Books, London 1992

Maxwell 1890 a: C. Maxwell, Address of the British Association (1873). In: *Scientific Papers*, Band 2, S. 376; Cambridge University Press, Cambridge 1890. Unsere Darstellung folgt [Barrow und Tipler 1986 a], S. 88 f und 118.

Meyer 1981 a: *Meyers Grosses Universallexikon*; Bibliographisches Institut, Mannheim 1981

Mittelstrass 1995 a: Jürgen Mittelstraß, *Enzyklopädie Philosophie und Wissenschaftstheorie* 1–4; J. B. Metzler, Stuttgart 1995

Monod 1983 a: Jacques Monod, *Zufall und Notwendigkeit – Philosophische Fragen der modernen Biologie*; dtv, München 1983

Morris 2003 a: Simon Conway Morris, *Life's Solution*; Cambridge University Press, Cambridge 2003

Morris 2003 b: Simon Conway Morris, Die Konvergenz des Lebens; in: Fischer und Wiegandt 2003a, S. 127

Morris 2005 a: Simon Conway Morris, Darwins Suchmaschine; in: *Frankfurter Allgemeine Zeitung*, 16. Juli 2005, S. 38

Müller 2004 a: Helmut A. Müller (Hrsg.), *Kosmologie – Fragen nach Evolution und Eschatologie der Welt*; Vandenhoeck und Ruprecht, Göttingen 2004

Mulvey 1981 a: J. H. Mulvey (Ed.), *The Nature of Matter*; Clarendon Press, Oxford 1981

Newton 1979 a: *Sir Isaac Newton*, Opticks; Dover, New York 1979

Oberhummer 2002 a: Heinz Oberhummer, Maßarbeit im Universum; *Physik in unserer Zeit*, 33. Jahrgang 2002, Nr. 3, S. 160

Oberhummer 2002 b: Heinz Oberhummer, Report on the Conference «Anthropic Arguments in Cosmology and Fundamental Physics» in Cambridge; *Nuclear Physics News 12*, 35 (2002)

Oberhummer et al. 2001 a: H. Oberhummer et al., Bridging the mass gaps at A=5 and A=8 in nucleosynthesis; *Nucl. Phys. A689, 269 c* (2001)

Overbye 2003 a: Dennis Overbye, A New View of Our Universe – Only One of Many; in: [Dawkins 2003 a], S. 181

Pagels 1985 a: Heinz R. Pagels, A Cozy Cosmology; *The Sciences 25* Nr. 2, März / April 1985, S. 35. Nachgedruckt in: [Leslie 1998 a], S. 180

Pagels 1988 a: Heinz R. Pagels, *The Dreams of Reason – The Computer and the Sciences of Complexity*; Bantam Books, New York 1988

Pais 1986 a: Abraham Pais, *Raffiniert ist der Herrgott ...*; Vieweg, Braunschweig 1986

Paley und Paxton: William Paley und James Paxton, Natural Theology – Nachdruck ohne Datum; Kessinger Publishing, ohne Adresse

Parker 1988 a: Barry Parker, *Creation – The Story of the Origin and Evolution of the Universe*; Plenum Press, New York 1988

Peat 1989: F. David Peat, *Superstrings – Kosmische Fäden*; Hoffmann und Campe, Hamburg 1988

Penrose 2004 a: Roger Penrose, *The Road to Reality – A Complete Guide to the Laws of the Universe*; Jonathan Cape, London 2004

POLKINGHORNE 1989 a: John Polkinghorne, *Science and Creation – The Search for Understanding*; New Science Library, Boston 1989

POLKINGHORNE 1996 a: John Polkinghorne, *Beyond Science*; Cambridge University Press, Cambridge 1996

POLKINGHORNE 1998 a: John Polkinghorne; *Belief in God in an Age of Science*; Yale University Press, New Haven 1998

RANDALL 2005 a: Lisa Randall, *Warped Passages – Unravelling the Universe's Hidden Dimensions*; Penguin / Allen Lane, London 2005

REES 1987 a: Martin Rees, The anthropic Universe; *New Scientist*, 6. August 1987, S. 14

REES 1997 a: Martin Rees, *Before the Beginning – Our Universe and Others*; Simon & Schuster, New York 1997

REES 2000 a: Martin Rees, *Just Six Numbers – The Deep Forces That Shape the Universe*; Basic Books, New York 2000

REES 2001 a: Martin Rees, *Our Cosmic Habitat*; Princeton University Press, Princeton 2001

REES 2003 a: Martin Rees, *Das Rätsel unseres Universums*; C. H. Beck, München 2003

REES 2004 a: Martin Rees, Explaining the universe; in: [Cornwell 2004 a], S. 39

REEVES 1993 a: Hubert Reeves, The growth of complexity in an expanding universe; in: [Bertola und Curi 1993 a], S. 67

RIESS 1999 a: Adam G. Riess, Universal peekabo; *Nature 40*, 219 (1999)

RINDLER 1977 a: Wolfgang Rindler, *Essential Relativity*; Springer, New York 1977

ROSEN 1985 a: Joe Rosen, The anthropic principle; *Am. J. Phys. 53*, 335 (1985)

ROWAN-ROBINSON 1999 a: Michael Rowan-Robinson, *The Nine Numbers of the Cosmos*; Oxford University Press, Oxford 1999

ROZENTAL 1988: I. L. Rozental, *Big Bang Big Bounce – How Particles and Fields Drive Cosmic Evolution*; Springer, Berlin 1988

RUELLE 1992 a: David Ruelle, *Zufall und Chaos*; Springer, Berlin 1992

RÜHMKORF 1959 a: Peter Rühmkorf, *Irdisches Vergnügen in g*; Rowohlt, Hamburg 1959

RUSSELL 1975 a: Bertrand Russell, *A Critical Exposition of the Philosophy of Leibniz*; George Allen and Unwin, London 1975

Russell 2001a: Bertrand Russell, *Philosophie des Abendlandes*; Europaverlag, München 2001

Rutherford 1995a: Donald Rutherford, *Leibniz and the Rational Order of Nature*; Cambridge University Press 1995

Schmidt 2001a: Ernst A. Schmidt, *Musen in Rom – Deutung von Welt und Geschichte in großen Texten der römischen Literatur*; Attempo Verlag, Tübingen 2001

Schönborn 2005a: Christoph Schönborn, Finding Design in Nature; in: *The New York Times*, 7. Juli 2005

Schrödinger 2004a: Erwin Schrödinger, *Was ist Leben?*; Piper, München 2004

Schüller 1991a: Volkmar Schüller, *Der Leibniz-Clarke Briefwechsel*; Akademie Verlag, Berlin 1991

Sciama 1993a: D. W. Sciama, The anthropic principle and the non-uniqueness of the Universe; in: [Bertola und Curi 1993a], S. 107

Shapiro und Feinberg 1982a: Robert Shapiro und Gerald Feinberg, Possible Forms of Life in Environments Very Different from the Earth; Kapitel 13 von: Michael M. Hart und Ben Zuckerman, *Extraterrestrials: Where Are They*; Pergamon Press, New York 1982. Nachgedruckt in [Leslie 1998a], S. 254–261

Shimony 1999a: Abner Shimony, Can the fundamental laws of nature be the result of evolution?; in: [Butterfield und Pagonis 1999a], S. 208

Singer 2002a: Wolf Singer, *Der Beobachter im Gehirn – Essays zur Hirnforschung*; Suhrkamp, Frankfurt / Main 2002

Singh 2005a: Simon Singh, *Big Bang – Der Ursprung des Kosmos und die Erfindung der modernen Naturwissenschaft*; Hanser, München 2005

Smolin 1999a: Lee Smolin, *Warum gibt es die Welt? Die Evolution des Kosmos*; C. H. Beck, München 1999

Smolin 2000a: *Three Roads to Quantum Gravity*; Weidenfeld & Nicolson, London 2000

Smolin 2005a: Why No ‹New Einstein›?; *Physics Today*, Juni 2005, S. 56

Springel et al. 2005a: Volker Springel et al., Simulation of the formation, evolution and clustering of galaxies and quasars; *Nature* 435, 629 (2005)

STADELMANN 2004 a: Hans-Rudolf Stadelmann, *Im Herzen der Materie*; Wiss. Buchgesellschaft, Darmstadt 2004

STENGER 2004 a: Victor J. Stenger, Is the Universe Fine-Tuned for us?; in: [Young und Edis 2004 a], S. 172

STRAUS 1956 a: Ernst Straus, Assistent bei Albert Einstein; in: C. Seelig, *Helle Zeit – Dunkle Zeit*, S. 65; Europa Verlag, Zürich 1956

SUSSKIND 2003 a: Leonard Susskind, A Universe like no other; *New Scientist*, Nov. 1, 2003, S. 35

SUSSKIND 2003 b: *The Anthropic Landscape of String Theory*; Stanford University Preprint SU-ITP 02–11; Internet: arXiv: hep-th/0302219 v1 27. Feb 2003

SWIFT 1958 a: Jonathan Swift, *Reisen in ferne Länder der Welt von Lemuel Gulliver*; Wissenschaftliche Buchgesellschaft, Darmstadt 1958

THIRRING 2004 a: Walter Thirring, *Kosmische Impressionen*; Molden, Wien 2004

TOMASELLO 2002 a: Michael Tomasello, *Die kulturelle Entwicklung des menschlichen Denkens*; Suhrkamp, Frankfurt/Main 2002

TREFIL 1989 a: James Trefil, *Reading the Mind of God*; Anchor Books Doubleday, New York 1989

ULMSCHNEIDER 2003 a: Peter Ulmschneider, *Intelligent Life in the Universe*; Springer, Berlin

UNSÖLD UND BASCHEK 2002 a: Albrecht Unsöld und Bodo Baschek, *Der neue Kosmos*; Springer, Berlin 2002

VAAS 2004 a: Rüdiger Vaas, 10^{40} und der Mensch im All; *bild der wissenschaft* 3/2004, S. 37

VAAS 2004 b: Rüdiger Vaas, Ein Universum nach Maß?; in: Jürgen Hübner u. a. (Hrsg.), *Theologie und Kosmologie*; Mohr Siebeck, Tübingen 2004

VAAS 2005 a: Rüdiger Vaas, *Tunnel durch Raum und Zeit*; Kosmos, Stuttgart 2005

VAAS 2005 b: Rüdiger Vaas, Gott im Gehirn; in: *bild der wissenschaft*, Heft 7, S. 28–45 (2005)

VOLTAIRE 2001 a: *Voltaire, Candide oder der Optimismus*; Reclam, Leipzig 2001

WABBEL 2004 a: Tobias Daniel Wabbel (Hrsg.), *Im Anfang war kein Gott*; Patmos, Düsseldorf 2004

WARD UND BROWNLEE 2001a: Peter D. Ward und Donald Brownlee, *Unsere einsame Erde*; Springer, Berlin 2001

WEBB 2004a: Stephen Webb, *Out of this World*; Copernicus Books, New York 2004

WECKWERTH 2004a: Gerd Weckwerth, Das anthropische Prinzip in der Entwicklung unseres Kosmos; in: [Müller 2004a], S. 53

WEINBERG 1977a: Steven Weinberg, *Die ersten drei Minuten – Der Ursprung des Universums*; Piper Verlag, München 1977

WEINBERG 1987a: *Phys. Rev. Lett.* 59, 2607 (1987)

WEINBERG 1989a: The Cosmological Constant Problem; *Rev. Mod. Phys.* 61, 1 (1989)

WEINBERG 1993a: Steven Weinberg, *Der Traum von der Einheit des Universums*; C. Bertelsmann, München 1993

WEINBERG 1997a: Steven Weinberg, Theories of the Cosmological Constant; in: Neil Turok (Hrsg.), *Critical Dialogues in Cosmology*; World Scientific, Singapore 1997. Im Internet: arXiv:astro-ph/9610044 v1 07 Oct 1996

WEINBERG 1999a: Steven Weinberg, A Designer Universe?; *The New York Review of Books*, 21. Oktober 1999, S. 46. Zahlreiche Nachdrucke, z.B. in [Weinberg 2001a] und [Kurtz 2003a]. Als Übersetzung ins Deutsche z.B. in *bild der wissenschaft*, Dezember 1999

WEINBERG 2000a: Steven Weinberg, *The Cosmological Constant Problems*. Vortrag an der Konferenz «Dark Matter 2000», Martina del Rey, CA, February 2000; Universität von Texas Preprint UTTG-07–00. Im Internet: arXiv:astro-ph/0005265 v1

WEINBERG 2001a: Steven Weinberg, *Facing Up – Science and Its Cultural Adversaries*; Harvard University Press, Cambridge 2001

WEINBERG 2005a: Steven Weinberg, Can science explain everything? Can science explain anything? In: [Cornwell 2004a], S. 23

WEIZSÄCKER 2004a: C. F. v. Weizsäcker, *Der begriffliche Aufbau der theoretischen Physik*; Hirzel, Stuttgart 2004

WETTERICH 2004a: Christof Wetterich, Quintessenz – die fünfte Kraft?; *Physik Journal* 3, Nr. 12, S. 43 (2004)

WHEELER 1994a: John Archibald Wheeler, Time Today; in: [Halliwell et al. 1994a], S. 1

Wheeler 1994b: John Archibald Wheeler, *At Home in the Universe*; AIP Press, Woodbury 1994

Wolfram 2002: Stephen Wolfram, *A New Kind of Science*; Wolfram Media Inc., Champaign 2002 (info@wolfram-media.de)

Xenophon 2002a: Xenophon, *Memorabilia – Oeconomicus – Symposium: Apology*; Harvard University Press, Cambridge, MA, 2002

Young und Edis 2004a: Matt Young und Taner Edis (Hrsg.), *Why Intelligent Design Fails – A Scientific Critique of the New Creationism*; Rutgers University Press, New Brunswick 2004

Quellen der Abbildungen

Soweit nicht anders angegeben, stammen die Vorlagen für die Neuzeichnungen Achim Norwegs vom Autor.

1 Neuzeichnung Achim Norweg, München.
2 © dpa, picture-alliance / dpa / dpaweb, Foto: Rolf Haid.
3 © Jaeger-LeCoultre.
4 Übernahme aus: Busch, Wilhelm, Fipps der Affe; in: ders., *Lustige Bildergeschichten für Kinder*, Verlag von Fr. Bassermann, München o. J.
5 Übernahme aus: [Swift 1958 a], S. 161 (Illustration von Grandville zu der Ausgabe von 1838).
6 (a)–(c) Übernahme aus: [Genz und Fischer 2004 a], S. 67. Ursprüngliche Quelle für (b): [Feynman, u. a. 1991 b], S. 21, Abb. 1–1 und (c): edb., S. 24, Abb. 1–4.
7 Übernahme aus: [Genz und Fischer 2004 a], S. 63. Ursprüngliche Quelle: Wolfram 2002, S. 423, Teilabbildung Mitte unten.
8 Übernahme aus [Genz 2002 a], S. 82.
9 Übernahme aus: [Hendersen 1913], S. 204.
10 Neuzeichnung Achim Norweg, München.
11 Übernahme aus: [Goethe 1982 a], S. 449.
12 Übernahme aus: [Paley und Paxton], Plate XXVI.
13 Neuzeichnung Achim Norweg, München.
14 Übernahme aus: [Genz 2005 a], S. 105, Abb. 21, Ursprüngliche Quelle für (b): [Mulvey 1981 a], S. 65, Abb. 3.10.
15 Neuzeichnung Achim Norweg, München.
16 Übernahme aus: [Ward und Brownley 2001 a], S. 61, Abb. 4.1.
17 Neuzeichnung Achim Norweg, München.
18 Neuzeichnung Achim Norweg, München.
19 Computerzeichnung des Autors.
20 Neuzeichnung Achim Norweg, München.
21 © NASA (WMAP Group).

22 Neuzeichnung Achim Norweg, München.
23 Übernahme aus: [Genz 2002 a], S. 139, Abb. 4.11 (Zeichnung: Achim Norweg, München).
24 Übernahme aus: [Genz 2004 a], S. 77, Abb. 3.7. Ursprüngliche Quelle: [Genz 1994 a], S. 231, Abb. 65.
25 © Ivan Steiger, FAZ.
26 Neuzeichnung Achim Norweg, München.
27 Neuzeichnung Achim Norweg, München.
28 Neuzeichnung Achim Norweg, München.
29 Übernahme aus: [Genz und Fischer 2004 a], S. 116, Abb. 24. Ursprüngliche Quelle von (b): [Genz 1994 a], S. 314, Abb. 93, Quelle von (c): [Genz 1998 a], S. 260, Abb. 83.
30 Neuzeichnung Achim Norweg, München.
31 Übernahme aus: [Müller 2004 a], Titelbild.

S5/3

rororo science

Kopfnüsse für Querdenker

John D. Barrow
Ein Himmel voller Zahlen
Auf den Spuren mathematischer Wahrheit
rororo 19742

Pierre Basieux
Abenteuer Mathematik
Brücken zwischen Wirklichkeit und Fiktion
rororo 60178

Beck-Bornholdt/Dubben
Der Hund, der Eier legt
Erkennen von Fehlinformation durch Querdenken
rororo 62196

Dietrich Dörner
Die Logik des Misslingens
Strategisches Denken in komplexen Situationen
rororo 61578

László Mérö
Die Logik der Unvernunft
Spieltheorie und die Psychologie des Handelns
rororo 60821

Gero von Randow
Das Ziegenproblem
Denken in Wahrscheinlichkeiten
rororo 61905

Tschernjak/Rose
Die Hühnchen von Minsk und 99 andere hübsche Probleme

rororo 60363

Weitere Informationen in der Rowohlt Revue *oder unter* www.rororo.de